Visual FoxPro

程序设计教程

CHENGXU SHEJI
JIAOCHENG

● 鲍永刚 主编

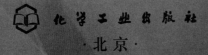

化学工业出版社

·北京·

本书以 Visual FoxPro 数据库管理为核心，以 Visual FoxPro 可视化程序设计为主线展开内容。本书主要介绍了关系数据库的基本概念和 Visual FoxPro 数据库基本操作，程序设计的基本概念及通过程序实现数据库管理和操作的基本方法，Visual FoxPro 数据库管理及操作，Visual FoxPro 表单设计，菜单设计和报表设计，Visual FoxPro 应用程序发布，另外还对应用程序设计及 Visual FoxPro 程序设计问题作了进一步展开和介绍，并且给出了一个简单的应用程序设计实例。

本书讲解通俗易懂，避免片面地介绍生涩的概念。书中配有大量的举例，以便于读者理解和掌握相关知识。本书还免费提供下载使用配套的学习材料。

本书适合作为各类高校非计算机专业数据库应用程序设计教材，也可以作为计算机等级考试培训教材和自学 Visual FoxPro 应用程序设计的辅助资料。

图书在版编目（CIP）数据

Visual FoxPro 程序设计教程/鲍永刚主编. —北京：化学工业出版社，2009.1
ISBN 978-7-122-04100-5

Ⅰ. V… Ⅱ. 鲍… Ⅲ. 关系数据库-数据库管理系统，Visual FoxPro-程序设计-教材 Ⅳ. TP311.138

中国版本图书馆 CIP 数据核字（2008）第 175294 号

责任编辑：王听讲　　　　　　　　文字编辑：陈　元
责任校对：洪雅姝　　　　　　　　装帧设计：刘丽华

出版发行：化学工业出版社（北京市东城区青年湖南街 13 号　邮政编码 100011）
印　　刷：大厂聚鑫印刷有限责任公司
装　　订：三河市延风印装厂
787mm×1092mm　1/16　印张 18　字数 444 千字　2009 年 2 月北京第 1 版第 1 次印刷

购书咨询：010-64518888（传真：010-64519686）　　售后服务：010-64518899
网　　址：http: // www. cip. com. cn
凡购买本书，如有缺损质量问题，本社销售中心负责调换。

定　　价：29.00 元

版权所有　违者必究

前　言

　　本书是面向本科、专科非计算机专业的数据库应用程序设计教材。本教材以数据管理为核心，以程序设计为主线展开。教材不偏重概念的讲解，而是围绕可视化程序设计的需要编排内容，主要介绍可视化程序设计中经常使用的基本命令（含 SQL 命令）和 Visual FoxPro 对象。命令讲解不深究完整的语法，主要从应用的角度讲解命令的典型语法结构，较详细的语法结构在附录中列出。对于那些可视化程序设计中不常用的命令，只在附录中列出，正文不作详细讲解。基于程序设计的特点，本教材不把 SQL 语言作为独立的内容讲授，而是把相应的内容结合到程序设计中去，并与 Visual FoxPro 命令对比介绍。

　　本书包含 8 章：第 1 章介绍关系数据库的基本概念和 Visual FoxPro 数据库基本操作，是理解和掌握关系数据库的基础；第 2 章介绍程序设计的基本概念以及通过程序实现数据库管理和操作的基本方法，是 Visual FoxPro 程序代码设计的基础；第 3 章介绍 Visual FoxPro 数据库管理及操作，是数据库应用操作的基础；第 4 章介绍 Visual FoxPro 表单设计，是可视化程序设计的核心内容；第 5 章介绍菜单设计和报表设计；菜单是 Windows 应用程序设计的基本内容，是交互操作的基本手段，报表是数据库应用程序数据输出的重要手段；第 6 章介绍了 Visual FoxPro 应用程序发布，对 Visual FoxPro 软件发布和安装向导使用作了较全面的介绍；第 7 章对应用程序设计及 Visual FoxPro 程序设计问题作了进一步展开和介绍；第 8 章给出了一个简单的应用程序设计实例。

　　本书讲授内容可视学时情况灵活选择。1～5 章为基本内容；第 6 章可以简单介绍；第 7 章内容可以选择讲授部分内容；第 8 章可以作为综合举例或完全由学生自学。

　　本书还免费提供配套的学习材料，内容包括可以用于教学的案例项目、表单、程序等的调试和演示文件，读者如果需要，可以到化学工业出版社网站（http://www.cip.com.cn）免费下载使用。

　　本书由鲍永刚主编并完成 1～3 章、第 4 章部分内容、6～7 章、第 8 章部分内容的编写和全书统稿工作，李宏岩编写第 4 章部分内容和附录部分内容，隋励丽编写第 5 章、第 8 章部分内容及部分习题和附录。

　　受作者的知识水平所限，书中难免会有不足之处，望读者不吝指正。

编　者

2008 年 10 月

目　　录

第 1 章　Visual FoxPro 数据库基础···1

1.1　关系数据库的基本概念···1

　　1.1.1　数据模型的基本概念···1

　　1.1.2　关系模型···2

　　1.1.3　关系运算···3

　　1.1.4　关系数据库及数据库系统···6

1.2　Visual FoxPro 项目、数据库、数据库表、自由表···7

　　1.2.1　Visual FoxPro 主界面及环境设置···7

　　1.2.2　Visual FoxPro 项目管理器···9

　　1.2.3　数据库表与自由表···11

1.3　数据库表的基本操作···16

　　1.3.1　输入与编辑记录···16

　　1.3.2　修改结构···17

　　1.3.3　删除与永久删除记录···18

本章小结与深入学习提示···18

习题 1···19

第 2 章　Visual FoxPro 程序设计基础···21

2.1　程序的基本概念···21

　　2.1.1　命令、语句、续行···21

　　2.1.2　内存变量、字段变量、常量、表达式···22

　　2.1.3　常用语句、命令、函数···30

　　2.1.4　程序的执行与相互调用···34

2.2　利用程序实现表的基本操作···35

　　2.2.1　数据库的建立、打开和关闭···35

　　2.2.2　工作区与表的打开和关闭···35

　　2.2.3　记录定位与检测···37

　　2.2.4　浏览数据···39

　　2.2.5　插入记录···42

　　2.2.6　修改记录···43

　　2.2.7　删除记录···44

2.3　利用表单及表单控件改进操作界面···44

2.3.1　建立和运行表单 ·· 45

2.3.2　设置表单属性 ··· 46

2.3.3　编写表单事件程序代码 ·· 47

2.3.4　调用表单方法 ··· 49

2.3.5　表单控件 ··· 49

2.4　程序分支控制 ·· 54

2.4.1　简单条件语句 ··· 54

2.4.2　分支条件语句 ··· 55

2.4.3　多分支语句 ··· 56

2.5　循环控制 ·· 56

2.5.1　DO WHILE　循环 ··· 57

2.5.2　FOR 循环 ·· 58

2.5.3　SCAN 循环 ··· 60

本章小结与深入学习提示 ·· 61

习题 2 ··· 62

第 3 章　数据库管理 ··· 63

3.1　索引 ··· 63

3.1.1　结构复合索引 ··· 63

3.1.2　独立复合索引 ··· 66

3.1.3　独立索引 ··· 68

3.1.4　删除索引 ··· 69

3.2　关系与参照完整性 ·· 70

3.2.1　表之间的关系（联系） ·· 70

3.2.2　参照完整性定义 ··· 71

3.3　字段有效性规则与输入控制 ·· 73

3.3.1　字段有效性规则 ··· 73

3.3.2　字段输入掩码 ··· 75

3.4　SQL 表定义及删除 ·· 75

3.4.1　定义数据库表 ··· 75

3.4.2　删除数据库表 ··· 77

3.5　数据查询与统计 ·· 77

3.5.1　利用 Visual FoxPro 命令进行查询和统计 ··························· 77

3.5.2　利用 SQL 命令进行查询和统计 ···································· 88

3.6　查询、视图 ·· 97

3.6.1　查询 ··· 97

3.6.2　视图 ··· 102

本章小结与深入学习提示 ·· 104

习题 3 ··· 104

第4章　表单设计 …………………………………………………………………… 105

4.1　表单设置 …………………………………………………………………… 105

4.1.1　表单类型设置 ……………………………………………………… 105

4.1.2　表单控件及其布局调整 …………………………………………… 107

4.1.3　属性设置与方法调用 ……………………………………………… 110

4.1.4　控件的 Tab 顺序设置 ……………………………………………… 111

4.1.5　表单数据环境 ……………………………………………………… 112

4.2　常用表单控件 ……………………………………………………………… 115

4.2.1　命令按钮与命令按钮组控件 ……………………………………… 115

4.2.2　文本框与编辑框控件 ……………………………………………… 120

4.2.3　列表框控件 ………………………………………………………… 125

4.2.4　组合框控件 ………………………………………………………… 131

4.2.5　选项按钮组控件 …………………………………………………… 134

4.2.6　复选框控件 ………………………………………………………… 139

4.2.7　表格控件 …………………………………………………………… 144

4.2.8　页框控件 …………………………………………………………… 148

4.2.9　计时器控件 ………………………………………………………… 151

4.2.10　微调器控件 ……………………………………………………… 152

4.2.11　线条、形状、图像控件 ………………………………………… 153

4.3　自动表单生成与调整 ……………………………………………………… 154

本章小结与深入学习提示 ……………………………………………………… 161

习题 4 …………………………………………………………………………… 161

第5章　菜单、报表设计 ……………………………………………………… 163

5.1　菜单 ………………………………………………………………………… 163

5.1.1　下拉式菜单 ………………………………………………………… 163

5.1.2　快捷菜单 …………………………………………………………… 164

5.2　下拉式菜单应用 …………………………………………………………… 164

5.2.1　创建下拉式菜单 …………………………………………………… 164

5.2.2　运行菜单程序 ……………………………………………………… 169

5.3　快捷菜单应用 ……………………………………………………………… 173

5.4　报表 ………………………………………………………………………… 174

5.4.1　利用报表向导创建报表 …………………………………………… 174

5.4.2　报表设计器及其工具栏和数据环境设置 ………………………… 181

5.4.3　利用报表设计器设计快速报表 …………………………………… 184

5.4.4　利用报表设计器设计自定义报表 ………………………………… 186

5.4.5　输出报表 …………………………………………………………… 193

本章小结与深入学习提示 ……………………………………………………… 194

习题 5 …………………………………………………………………………… 194

第6章 应用程序发布 ··· 196

6.1 应用程序开发者和应用者 ··· 196

  6.1.1 开发者的基本问题 ·· 196

  6.1.2 应用者的基本问题 ·· 197

6.2 利用项目管理器管理应用程序对象 ································· 197

  6.2.1 管理和调试应用程序对象 ·································· 197

  6.2.2 应用程序执行入口与事件处理循环 ·························· 197

  6.2.3 连编应用程序 ·· 201

6.3 发布应用程序 ·· 203

  6.3.1 发布软件的制作 ·· 203

  6.3.2 说明文档 ·· 208

本章小结与深入学习提示 ··· 209

习题6 ·· 209

第7章 程序设计进阶 ··· 210

7.1 程序结构的图示化表示 ··· 210

  7.1.1 程序流程图 ·· 210

  7.1.2 盒图（N-S图）··· 213

7.2 交互式输入输出语句 ··· 214

  7.2.1 交互式输入语句 ·· 214

  7.2.2 定位输入/输出语句 ······································· 215

7.3 嵌套分支 ·· 217

7.4 子程序、自定义函数、过程文件、变量作用域 ······················ 218

  7.4.1 子程序 ·· 219

  7.4.2 自定义函数 ·· 222

  7.4.3 过程文件 ·· 223

  7.4.4 变量的作用域 ·· 224

7.5 表单设计进阶 ·· 225

  7.5.1 自定义表单属性与方法 ···································· 225

  7.5.2 表单控件的快速访问键设置 ································ 228

  7.5.3 表格控件高级应用 ·· 229

7.6 程序设计方法简介 ··· 232

  7.6.1 结构化程序设计 ·· 232

  7.6.2 面向对象程序设计 ·· 232

第8章 应用程序设计实例 ··· 234

8.1 示例程序结构概述 ··· 234

8.2 主程序、主表单、主菜单设计 ····································· 235

  8.2.1 主程序与主表单 ·· 235

    8.2.2　主菜单 ·· 237

  8.3　功能表单设计 ·· 237

    8.3.1　部门数据编辑表单 ·· 237

    8.3.2　部门数据浏览表单 ·· 240

    8.3.3　职工记录编辑表单 ·· 241

    8.3.4　职工记录查询表单 ·· 243

    8.3.5　工资记录编辑表单 ·· 245

    8.3.6　工资记录浏览表单 ·· 245

    8.3.7　工资报表打印表单 ·· 248

    8.3.8　工资数据查询表单 ·· 251

  8.4　发布程序制作 ·· 253

附录 ·· 257

  附录 1　常用命令 ·· 257

  附录 2　常用函数 ·· 265

  附录 3　ASC II 编码表 ·· 270

  附录 4　计算机二级等级考试说明 ·· 271

参考文献 ·· 276

第 1 章 Visual FoxPro 数据库基础

Visual FoxPro 是微软公司开发的数据库应用软件开发工具，利用它可以实现数据库管理和应用程序开发的双重功能。Visual FoxPro 首先是一种关系数据库管理系统，它适用于数据量不大、应用要求不高的数据处理需求。同时，Visual FoxPro 还是一种程序设计语言，利用它可以快速设计出满足一般日常业务处理需求的数据库应用软件。

1.1 关系数据库的基本概念

人们在各种管理活动中经常需要保存和处理大量的数据，随着信息技术的普及，这些数据管理的工作已经充分的计算机化。一般而言，信息技术中的数据通常是指能由计算机进行处理的数字、字母和符号等。在计算机内部，数据是以二进制字节的形式存储和处理的。数据处理是指从某些已知的数据出发，推导加工出一些新的数据的过程。例如，企业可以由一个时期的经营数据来预测未来的发展趋势，从而为企业经营决策提供依据。数据处理的基本任务之一是数据的存储，数据库即是用来保存数据的工具。数据库（Database，DB）是长期存储在计算机内、有组织的、统一管理的相关数据的集合。数据库能为各种用户共享，它可以充分保证数据的合理存储和安全、高效的数据操作。

1.1.1 数据模型的基本概念

数据库可以存储大量的相关数据，这些数据必须按照一定的规范组织和存储。依据数据库组织数据的方式可以把数据库分成若干类型：层次数据库、关系数据库、网状数据库、面向对象数据库等。数据模型就是数据库数据的组织方式和操作方式的描述。

在数据模型中，用实体及其联系来描述客观事物。

1. 实体

（1）实体（Entity）：客观存在，可以相互区分的事物称为实体。

（2）属性（Attribute）：实体一般具有一些特征，这些特征称为属性。每个属性都有一个合理的取值范围，称为值域，其类型可以是整数型、实数型、字符型等。

（3）实体型：用实体名及其属性集合来抽象描述同类实体，是实体类型的描述，简称实体型。

（4）实体集：同型实体的集合称为实体集。

例如，学生可以用实体来描述，每个学生都是一个实体。学生有学号、姓名、性别、出生日期、专业、班级等属性，每个具体的学生通过属性相互区别。所有学生都可以用学生实体型来描述：学生（学号，姓名，性别，出生日期，专业，班级）。它规定了学生实体的属性集合。显然，学生的性别有确定的取值范围，一般是"男"和"女"两种可能。同样，学生的出生日期也有一个确定的合理取值范围，如果某个学生的出生日期是 2050 年 1 月 8 日，显然是错误的（相对于当前日期而言）。

按照学生实体型的描述可以具体表示一系列学生：

20070102001，张大伟，男，1988年1月7日，　　　　管理，工管071

20070102002，许佳，　女，1987年12月23日，　　　管理，工管071

20070102003，高秀丽，女，1989年2月5日，　　　　管理，工管071

20070201003，任大华，男，1988年5月8日，　　　　生物，生物072

　　…　　　　…　　　…　　　　…　　　　　…　　　…

上述学生数据就是满足同一个"学生实体型"的具体实体描述，是一个实体集。

2．实体之间的联系

实体之间不是孤立的，它们之间往往存在某种联系。实体之间的联系有三种，即一对一、一对多和多对多联系。

（1）一对一联系（1：1联系）：如果对于实体集A中的每一个实体，实体集B中有且只有一个实体与之联系，反之亦然，则称实体集A与实体集B具有一对一的联系。

（2）一对多联系（1：n联系）：如果对于实体集A中的每一个实体，实体集B中有多个实体与之联系，反之，对于实体集B中的每一个实体，实体集A中至多只有一个实体与之联系，则称实体集A与实体集B具有一对多的联系。

（3）多对多联系（m：n联系）：如果对于实体集A中的每一个实体，实体集B中有多个实体与之联系，而对于实体集B中的每一个实体，实体集A中也有多个实体与之联系，则称实体集A与实体集B之间具有多对多的联系。

每个学生都可以到图书馆借阅图书，假定借阅人实体描述为：借阅人（学号，开始年月，截止年月，限借册数，限借期限，注销标志）。开始和截止年月是指定学生可以借阅图书的时间范围，限借册数是指定学生可以借阅图书的最高限额，超出则不许借阅，注销标志为"注销"的学生不能借阅图书。显然每一个学生实体都有一个借阅人实体与之对应，反过来也是如此，学生实体和借阅人实体之间存在一对一联系。假定借阅实体描述为：借阅（学号，书号，借阅时间，还书时间，还书标志）。一个学生可以借阅多本图书，而一本图书不可能同时为多个学生借阅，因此学生（借阅人）实体与借阅实体之间存在一对多联系。假定课程实体描述为：课程（课程号，课程名，任课教师）。一般而言，每个学生可以选修多门课程，而一门课程可以有多个学生选修，因此学生实体和课程实体之间存在多对多的联系。

数据模型既要能描述实体，也要能描述实体之间的联系。依据描述方式的不同，可以把数据模型分为层次模型、关系模型、网状模型和面向对象模型。数据库的分类即是依据其数据模型的不同来划分的。目前最成熟、最常用的数据库是关系数据库，它采用的数据模型是关系模型。

1.1.2　关系模型

关系模型的核心是关系（Relation）。简单地说，关系就是一个二维表，在这个二维表中既不能有重复的行，也不能有重复的列。表1-1、表1-2就是两个典型的关系。

表1-1　系部表

系 部 编 号	系 部 名 称
01	计算机科学系
02	电子工程系
03	数理系
04	管理系

表1-2 教师表

所属部门号	教 师 号	教师姓名	性 别	出 生 日 期	籍 贯	学 历
01	001	王大伟	男	1972 年 1 月 1 日	吉林	大学专科
01	002	周婷婷	女	1969 年 10 月 1 日	黑龙江	大学本科
02	001	徐德林	男	1970 年 5 月 12 日	北京	硕士
03	001	王林	男	1959 年 10 月 8 日	上海	博士

关系（表）中的数据行叫做元组（Tuple）。元组也可以称为记录或行。

关系（表）中的列叫做属性（Attribute）。元组中与属性对应的值称为分量或数据项。

关系中可以唯一标识一个元组的属性或属性组可以作为该关系的主键（或称主关键字，Primary Key）。例如，表 1-1 中的系部编号可以作为该关系的主键，表 1-2 中的所属部门号和教师号可以作为该关系的主键（这种包含多个属性的主键一般也叫复合主键）。

1．关系模式

关系是元组的集合。关系及其属性的形式化描述叫做关系模式，其定义形式如下：

关系名（属性名 1，属性名 2，…，属性名 n）

表1-1、表1-2的关系模式可以如下描述：

系部（<u>系部编号</u>，系部名称）
教师（<u>所属部门号</u>，<u>教师号</u>，教师名，性别，出生日期，籍贯，学历）

对关系模型的基本要求是关系的属性必须是原子属性，即该属性不能进一步分解。在关系模式中，一般把关系的主键属性或属性组用下划线标出（系部关系中的"系部编号"，教师关系中的"所属部门号"和"教师号"）。

2．关系数据的完整性

数据的完整性是指数据的正确性、有效性和相容性。关系数据的完整性包括三个方面：一是实体完整性；二是参照完整性；三是用户定义完整性。

实体完整性是指关系的主键不得为空且取值必须唯一，否则，相应记录（元组）不能被输入到关系表中。实体完整性保证了关系中不会含有不确定或不可区分的实体。

参照完整性是指当一个关系（表）中包含另外一个关系（表）的主键属性（或属性组）时，该关系（表）在相应属性或属性组上的取值或者为空，或者为另一个关系（表）中已有的分量值。例如，教师关系（表 1-2）中的所属部门号只能取 01、02、03、04 或空值，如果取 08 则表示相应教师属于一个不存在的部门，这是不合逻辑的，因此不应允许出现这样的情况。关系数据库通过外键（Foreign Key，也可以叫做外部关键字）定义来实现参照完整性控制。当某个关系中出现其他关系的主键属性时，可以把这些属性定义为外键。例如，教师关系中的"所属部门号"就可以定义为外键，这样就可以防止输入不合理的系部编号。

实体完整性和参照完整性可以由关系数据库软件自动维护。

用户定义完整性也叫域完整性，是指元组在指定列的取值范围，它由用户根据实际应用进行定义，以保证数据库数据的正确性。例如，教师关系中的性别属性一般只能在"男"和"女"之间取值，出生日期不应该超出某一合理的范围，籍贯不能是一个不存在的省份等都属于用户定义完整性的范畴。

1.1.3 关系运算

关系运算包括集合运算和专门的关系运算两类，集合运算有并、差、交、笛卡儿乘积运算，专门的关系运算包括选择、投影和连接。这里只介绍笛卡儿乘积、选择、投影和连接运算。

1. 笛卡儿乘积

两个分别具有 m 行和 n 行的关系（表）的笛卡儿乘积是依次把第一个关系的每一行和第二个关系的所有行分别并接在一起，从而形成一个具有 m×n 行的结果关系。结果关系中的列依次包含第一个关系和第二个关系的所有列。设有专业表如表 1-3 所示。

表 1-3　专业表

专 业 编 号	专 业 名 称	专 业 类 别	修 业 年 限
001	计算机科学与技术	本科	4
002	计算机维护	专科	3
003	电子工程	本科	4
004	工业企业管理	本科	4
005	会计	本科	4

用表 1-1 和表 1-3 所列的数据做笛卡儿乘积结果如表 1-4 所示。

表 1-4　系部表、专业表的笛卡儿乘积

系部编号	系部名称	专业编号	专业名称	专业类别	修业年限
01	计算机科学系	001	计算机科学与技术	本科	4
01	计算机科学系	002	计算机维护	专科	3
01	计算机科学系	003	电子工程	本科	4
01	计算机科学系	004	工业企业管理	本科	4
01	计算机科学系	005	会计	本科	4
02	电子工程系	001	计算机科学与技术	本科	4
02	电子工程系	002	计算机维护	专科	3
02	电子工程系	003	电子工程	本科	4
02	电子工程系	004	工业企业管理	本科	4
02	电子工程系	005	会计	本科	4
03	数理系	001	计算机科学与技术	本科	4
03	数理系	002	计算机维护	专科	3
03	数理系	003	电子工程	本科	4
03	数理系	004	工业企业管理	本科	4
03	数理系	005	会计	本科	4
04	管理系	001	计算机科学与技术	本科	4
04	管理系	002	计算机维护	专科	3
04	管理系	003	电子工程	本科	4
04	管理系	004	工业企业管理	本科	4
04	管理系	005	会计	本科	4

两个关系 R1 和 R2 的笛卡儿乘积记为：R1×R2。

可以进行任意多个关系的笛卡儿乘积运算，只要依次进行相邻两个关系的运算，然后用结果关系替换掉已经运算完的关系直至只有一个结果关系时为止即可。当两个运算关系中包含同名列时，可以通过后缀序号加以区分，例如，系部表关系与其自身的笛卡儿乘积的四个列可以用"系部编号_a"，"系部名称_a"，"系部编号_b"，"系部名称_b"来表示。

2．选择

选择运算是从关系中找出符合指定条件的行的操作。选择条件以逻辑表达式指定，选择运算将选取使逻辑表达式为真的所有行。选择运算的结果是原关系的一个子集，其关系模式与原关系相同。例如，对表 1-3 进行选择操作，选择条件是：专业类别 ="本科"，即结果关系中只包含本科专业（表 1-5）。

表 1-5 本科专业表

专 业 编 号	专 业 名 称	专 业 类 别	修 业 年 限
001	计算机科学与技术	本科	4
003	电子工程	本科	4
004	工业企业管理	本科	4
005	会计	本科	4

对关系 R 的选择操作记为：$\sigma_{<选择条件>}$(R)，例如，上述对专业表进行的选择操作可以表示为：

$$\sigma_{\text{专业类别}="本科"}(\text{专业表})$$

选择操作可以从原关系中过滤出满足指定条件的行，因此结果关系中的行数小于或等于原关系的行数。

3．投影

投影运算是从关系中选取若干列的操作。投影运算从关系中选取若干列形成一个新的关系，其中列的个数和排列顺序可以与原关系不同。投影运算的结果依然是一个关系，即投影运算结果需要去掉内容重复的行。例如，对表 1-3 按修业年限、专业类别进行投影运算的结果关系如表 1-6 所示。

表 1-6 修业年限-专业类别表

修 业 年 限	专 业 类 别
4	本科
3	专科

对关系 R 的投影操作记为：$\pi_{<列名序列>}$（R），例如，上述对专业表的投影运算可以表示为：

$$\pi_{\text{修业年限，专业类别}}（\text{专业表}）$$

投影运算可以从原关系中删除若干列和重组列的顺序，由于去掉关系的若干列后，可能存在重复的行，因此结果关系中的行数小于或等于原关系的行数。

4．连接

连接运算是将两个关系的所有行按指定条件拼接成一个新关系行的操作，生成的新关系中包含两个关系中满足连接条件的所有行的拼接结果行。例如，表 1-1、表 1-2 按系部编号等于所属部门号的连接结果如表 1-7 所示。

表 1-7 教师及所属系部表

系部编号	系部名称	所属部门号	教师号	教师名	性别	出 生 日 期	籍 贯	学 历
01	计算机科学系	01	001	王大伟	男	1972 年 1 月 1 日	吉林	大学本科
01	计算机科学系	01	002	周婷婷	女	1969 年 10 月 1 日	黑龙江	大学专科
02	电子工程系	02	001	徐德林	男	1970 年 5 月 12 日	北京	硕士
03	数理系	03	001	王林	男	1959 年 10 月 8 日	上海	博士

连接运算可以这样理解：

① 生成两个关系的笛卡儿乘积；

② 在笛卡儿乘积的结果行中把满足运算条件的行保留下来，去掉其他行。

关系 R1 与关系 R2 的连接运算记为：

$$\text{R1} \quad \bowtie \quad \text{R2}$$

条件

例如，表 1-7 结果的连接运算可以表示为：

$$\text{系部表} \quad \bowtie \quad \text{教师表}$$

系部表.系部编号 = 教师表.所属部门号

在连接运算条件表达式中可以包含关系的列名（相同列名可以通过关系名前缀加以区分）、常数和运算符，其运算结果是"真"（条件成立）或"假"（条件不成立）。

连接条件为等式的连接也叫等值连接，由于等值连接结果行的对应列完全相同（如表 1-7 的"系部编号"和"所属部门号"列的内容就完全一样），因此只要保留其中的一列即可，一般把去掉重复列的等值连接叫做自然连接。

上述关系运算对于理解 SQL 语言的查询操作非常重要。

1.1.4　关系数据库及数据库系统

所谓关系数据库是指采用关系模型组织和管理数据的数据库。

要按某种数据模型组织和管理数据，首先必须有一个数据库管理软件，这个管理软件就是数据库管理系统（DBMS-Database Management System）。数据库管理系统是位于用户与操作系统（OS-Operating System）之间的一层数据库管理软件，它为用户或应用程序提供访问数据库的方法，包括建立和维护数据库、查询和更新数据库数据以及各种数据访问控制等。依据 DBMS 所支持的数据模型可以把它划分为关系、层次、网状和面向对象数据库管理系统。用关系型 DBMS 所建立的数据库就是关系数据库。目前常用的数据库管理系统大多都是关系数据库管理系统，如 Sybase、SQL Server、DB2 等。

数据库一般只完成数据的组织和管理任务，要把数据库中的数据展示给用户或对数据进行某种加工处理往往还需要一个专门的应用软件来完成，这种应用软件就是数据库应用系统（DBAS-Database Application System）。数据库应用系统可以用任何可以连接和操作数据库的开发工具实现，目前常用的开发工具有 Visual Basic、PowerBuilder、Delphi、Visual C++、C#、Java 等。

对于具体的数据库应用而言，往往需要专门的人员来维护和管理数据库及其应用系统，这些人员就是数据库管理员（DBA-Database Administrator）。

包含数据库、数据库应用系统及相关硬件、软件环境的计算机系统称为数据库系统（DBS-Database System）。广义的数据库系统还应包括数据库管理员。

Visual FoxPro 是一个集数据库管理系统和数据库应用开发工具于一身的软件系统，它以关系模型组织和管理数据，是一种关系数据库管理系统。利用 Visual FoxPro 可以设计各种实用的数据库应用系统，它为数据库应用开发提供了全面、高效的技术支持手段。

1.2　Visual FoxPro 项目、数据库、数据库表、自由表

1.2.1　Visual FoxPro 主界面及环境设置

在安装了 Visual FoxPro 的计算机"开始"菜单的"所有程序"组中可以找到 Microsoft Visual FoxPro 程序项，以 6.0 版为例，其程序项名为"Microsoft Visual FoxPro 6.0"，选择该程序项即可打开 Visual FoxPro 主界面（图 1-1）。主界面一般也叫主窗口。

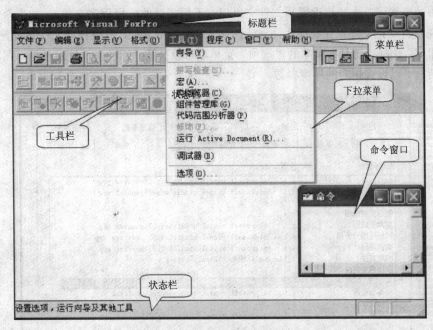

图 1-1　Visual FoxPro 主界面

标题栏左端显示主窗口的图标及标题，标题内容是 Microsoft Visual FoxPro 或设计器标题。标题栏右端显示主窗口控制盒，其中包括最小化、最大化和关闭按钮。

菜单栏显示主窗口菜单，其内容随着操作窗口的变化会自动调整。通过下拉菜单可以选择合适的菜单操作。

工具栏中包括一些操作按钮，点击某一工具栏按钮可以快速执行相应的操作。工具栏内容可以通过"工具栏"对话框（图 1-2，选择"显示"菜单的"工具栏"菜单项即可打开此对话框）进行设置。

选定"工具栏"列表中指定工具栏首部的复选框，然后点击"确定"按钮即可，这时指定的工具栏按钮组就会显示在主窗口工具栏中。

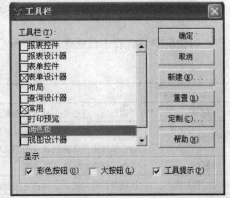

图 1-2　工具栏设置对话框

主界面菜单栏以下的区域是主窗口，它可以显示其他设计窗口或命令执行结果。

命令窗口用于输入操作命令，在输入完命令行后按回车键即可执行相应的命令，执行结果会自动显示在主窗口中。如果命令窗口已经被关闭，选择"窗口"菜单的"命令窗口"菜单项或按下组合键 Ctrl+F2 即可再次打开命令窗口。

状态栏显示 Visual FoxPro 当前状态，其显示内容会随着操作的变化而不断变化。状态栏可以通过命令或"选项"设置对话框（图 1-3）切换。在命令窗口中执行 SET STATUS ON 命令可以显示状态栏，执行 SET STATUS OFF 命令可以关闭状态栏。

Visual FoxPro 应用程序由多种类型的文件组成，在开发数据库应用前，一般应先规划应用程序文件的保存位置及系统环境设置。人们往往习惯于把一个应用程序的文件放到一个特定的文件夹内（当然可以进一步设置子文件夹以保存不同类型的应用程序文件），如果希望 Visual FoxPro 总是自动把文件保存到该文件夹或到该文件夹读取文件，只要把该文件夹设置为"默认目录"即可。选择"工具"菜单的"选项"菜单项可以打开"选项"设置对话框（图 1-3），通过该对话框可以设置相应的环境参数。

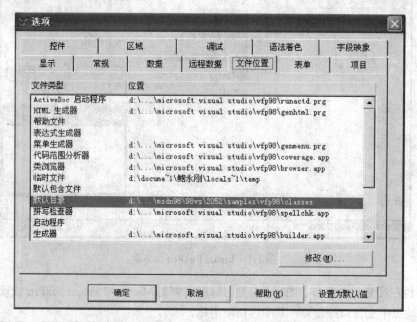

图 1-3 选项设置对话框

对话框中包含若干设置选项卡，每个选项卡的设置内容参见表 1-8。

表 1-8 各选项卡设置内容列表

选 项 卡	设 置 内 容
显示	界面选项，包括是否显示状态栏、时钟、命令结果或系统信息等选项设置
常规	数据输入与编程选项，包括设置警告音，是否记录编译错误，是否自动填充新记录，使用什么定位键，调色板使用什么颜色以及覆盖文件之前是否警告等
数据	表数据管理和操作选项设置
远程数据	远程数据访问选项，包括连接超时限定值，一次获取的记录数目以及如何使用 SQL 更新等
文件位置	系统目录选项，包括默认目录位置，帮助文件存储位置以及辅助文件存储位置等
表单	表单设计器选项，包括网格设置，刻度单位，最大设计区域等
项目	项目管理器选项，包括是否提示使用向导，双击时运行或修改文件以及源代码管理等选项

续表

选 项 卡	设 置 内 容
控件	控件设置选项
区域	日期、时间、货币及数字格式设置选项
调试	调试器显示及跟踪选项，如使用什么字体与颜色等
语法着色	区分程序元素所用的字体及颜色，如注释与关键字颜色设置等
字段映象	设置从数据环境设计器、数据库设计器或项目管理器中向表单拖动表或字段时自动创建控件的类型

以默认目录设置为例，在"文件位置"选项卡中选中"默认目录"，然后点击"修改"按钮，系统显示"更改文件位置"对话框（图1-4）。

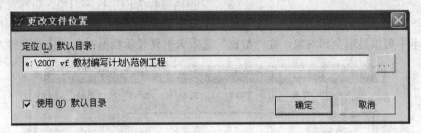

图1-4　更改文件位置对话框

"使用默认目录"复选框用于确定是否使用默认目录，选中此复选框时才能编辑修改默认目录。可以直接在"定位默认目录"输入框中输入默认目录绝对路径，点击输入框右侧的按钮可以打开"选择目录"对话框并交互选择默认目录。设置完成后，点击"确定"按钮返回"选项"设置对话框，这时默认目录就会自动变为新设置的目录。

设置完所有选项卡的内容之后，点击"确定"按钮即可按新的设置参数改变系统环境。一般情况下，设置的环境在关闭 Visual FoxPro 后自动失效，要想永久保持设定的环境，在点击"确定"按钮之前点击"设置为默认值"按钮即可。

1.2.2　Visual FoxPro 项目管理器

Visual FoxPro 应用程序的所有内容，包括数据库、表单、程序、菜单等文件可以通过一个界面来统一管理，这个界面就是项目管理器。使用项目管理器可以快速熟悉 Visual FoxPro，它以简捷、可视化的方式为用户组织和处理表、表单、数据库、报表、查询、程序、菜单及其他文件提供方便。在开发 Visual FoxPro 应用程序时，首先应该在默认目录中建立自己的项目。选择"文件"菜单的"新建"菜单项或点击"新建"工具栏按钮即可打开"新建"对话框（图1-5）。

选择对话框中"项目"单选钮，然后点击"新建文件"按钮将打开"创建"对话框（图1-6）。

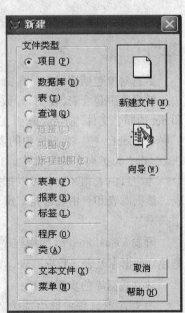

图1-5　新建对话框

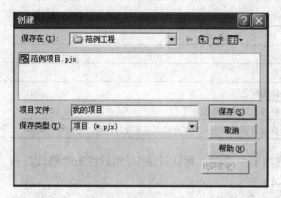

图1-6　创建对话框

Visual FoxPro 项目是以项目文件的形式保存和管理的，其文件扩展名是.pjx，创建对话框用于选择项目文件的保存目录（文件夹）和文件名。以图1-6为例，待创建的项目文件名为"我的项目.pjx"，它会被保存在默认文件夹（e:\2007 vf 教材编写计划\范例工程）内。点击"保存"按钮即可创建该项目文件并在项目管理器中自动打开该项目文件（图1-7）。

项目中包含了所有应用程序设计内容，这些内容称为应用程序对象，简称对象。应用程序对象被分类保存在不同的选项卡中。在"全部"选项卡中可以显示全部对象，在"数据"选项卡中只显示数据对象，依此类推。

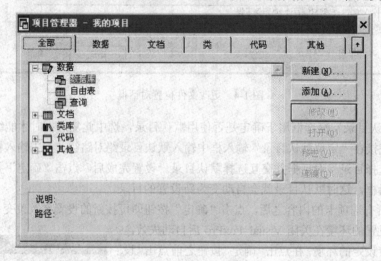

图1-7　项目管理器

数据对象包括数据库、自由表和查询等对象。

数据库中包含表、视图等，数据库存储在扩展名为 .dbc 的文件中（同时会建立扩展名是.dcx 和.dct 的同名文件，前者是索引文件，后者是备注文件），数据库中的表被单独存储在表文件（其扩展名是.dbf）中。数据库中的表可以互相关联并自动实现复杂的完整性控制。自由表也存储在以 .dbf 为扩展名的文件中，但它不是数据库的组成部分。为与自由表相区别，可以把数据库中的表叫做数据库表。数据库表和自由表都是二维表（即关系数据库中的所谓关系）。

开发 Visual FoxPro 应用程序时，首先要面对的问题就是建立数据库及表（数据库表、自由表）的问题。

建立数据库的步骤如下：

<1> 在项目管理器中选中"数据库"节点，然后点击右侧的"新建"按钮，系统显示"新建数据库"对话框（图1-8）；

图1-8　新建数据库对话框

　　<2> 在"新建数据库"对话框中点击"新建数据库"按钮，系统显示"创建"数据库对话框（图 1-9）；

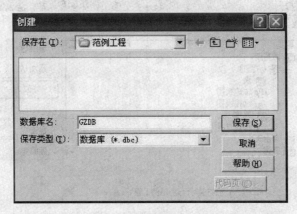

图 1-9　创建数据库对话框

　　<3> 在数据库名输入区中输入要建立的数据库名称（不含扩展名，本例为 GZDB），然后选择合适的保存文件夹（默认的文件夹是当前文件夹，本例为默认目录）。点击"保存"按钮即在指定文件夹内建立了指定的数据库文件（本例为 GZDB.dbc），同时打开数据库设计器（图 1-10）。

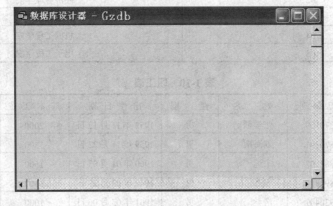

图 1-10　数据库设计器

　　打开数据库设计器后，系统菜单条中自动显示"数据库"菜单，在其下拉菜单中可以选择进行数据库设计操作。也可以用鼠标右击数据库设计器窗口，然后在弹出菜单中选择执行数据库设计操作。

　　数据库建立完成后，项目管理器中即出现所建立的数据库名（名称均为小写，本例为 gzdb），点击数据库名左端的"+"号可以展开其内容（图 1-11），点击已展开数据库名左端的"-"号可以折叠其内容（前端符号自动变为"+"号）。设计器中其他对象节点的展开和折叠操作与此相同。

1.2.3　数据库表与自由表

　　数据库的核心是数据库表。假定 gzdb 数据库中包含三个表：部门表、职工表和工资表，其具体内容分别如表 1-9、表 1-10 和表 1-11 所示。

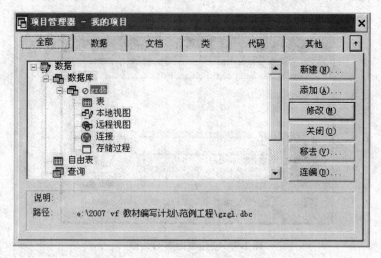

图 1-11 数据库节点展开后的内容

表 1-9 部门表

部 门 编 号	部 门 名 称
01	综合管理处
02	经济管理学院
03	计算机学院
04	机械工程学院
05	电子工程学院

表 1-10 职工表

部 门 编 号	职 工 编 号	姓 名	性 别	出 生 日 期	基 本 工 资	工资调整时间
03	19870109	张学师	男	1952 年 11 月 12 日	2000	2008 年 1 月 31 日
03	19870391	刘海南	男	1959 年 11 月 22 日	1500	2006 年 1 月 31 日
05	19881102	宋远	男	1960 年 01 月 03 日	1500	2006 年 1 月 31 日
05	19890810	田杰	男	1962 年 02 月 27 日	1500	2006 年 1 月 31 日
03	19920401	洛桑	男	1961 年 05 月 06 日	1000	2006 年 1 月 31 日
03	19920412	欧阳红	女	1964 年 02 月 01 日	2000	2008 年 1 月 31 日
05	19990112	马奔	男	1966 年 11 月 17 日	2000	2008 年 1 月 31 日
02	20000101	张良	男	1963 年 12 月 30 日	2000	2008 年 1 月 31 日
04	20000701	张天凯	男	1962 年 09 月 03 日	1000	2006 年 1 月 31 日
04	20001109	王婷丽	女	1961 年 12 月 08 日	2000	2008 年 1 月 31 日
01	20010101	赵天明	男	1961 年 01 月 02 日	1500	2006 年 1 月 31 日
01	20010102	李旭日	男	1960 年 09 月 19 日	1000	2006 年 1 月 31 日
02	20010103	王立秋	女	1962 年 10 月 01 日	1500	2006 年 1 月 31 日
04	20010203	赵子丰	男	1960 年 03 月 09 日	1500	2006 年 1 月 31 日
02	20011202	王红	女	1963 年 08 月 13 日	1500	2006 年 1 月 31 日
05	20020729	周思卿	男	1962 年 10 月 01 日	1500	2006 年 1 月 31 日
04	20030788	孙维志	男	1968 年 04 月 05 日	2000	2008 年 1 月 31 日

表 1-11　工资表

年　　月	职工编号	基本工资	奖　金	补　贴	扣　款	实发工资	发放标志
2008 年 1 月	20010101	1500	1000	200		2700.00	已发
2008 年 1 月	20010102	1000	1000	200	1000.00	1200.00	已发
2008 年 1 月	20000101	1000	1000	200		2200.00	已发
2008 年 1 月	20010103	1500	1000	200		2700.00	已发
2008 年 1 月	20011202	1500	1000	200		2700.00	已发
2008 年 1 月	19870109	1500	1000	300		2800.00	已发
2008 年 1 月	19870391	1500	1000	300		2800.00	已发
2008 年 1 月	19920401	1000	1500	200		2700.00	已发
2008 年 1 月	19920412	1500	1000	200		2700.00	已发
2008 年 1 月	20000701	1000	1000	200		2200.00	已发
2008 年 1 月	20001109	1000	1000	200		2200.00	已发
2008 年 1 月	20010203	1500	1000	200		2700.00	已发
2008 年 1 月	20030788	1500	1000	200		2700.00	已发
2008 年 1 月	19881102	1500	1000	200		2700.00	已发
2008 年 1 月	19890810	1500	1000	200		2700.00	已发
2008 年 1 月	19990112	1000	1000	200		2200.00	已发
2008 年 1 月	20020729	1500	1000	200	200.30	2499.70	已发
2008 年 2 月	20010101	1500	1000	200		2700.00	已发
2008 年 2 月	20010102	1000	1000	200		2200.00	已发
2008 年 2 月	20000101	2000	1500	200		3700.00	已发
2008 年 2 月	20010103	1500	1000	200		2700.00	已发
2008 年 2 月	20011202	1500	1000	200		2700.00	已发
2008 年 2 月	19870109	2000	1500	200		3700.00	已发
2008 年 2 月	19870391	1500	1000	200		2700.00	已发
2008 年 2 月	19920401	1000	1000	200		2200.00	已发
2008 年 2 月	19920412	2000	1000	200		3200.00	已发
2008 年 2 月	20000701	1000	1000	200		2200.00	已发
2008 年 2 月	20001109	2000	1000	200		3200.00	已发
2008 年 2 月	20010203	1500	1000	200	1500.00	1200.00	已发
2008 年 2 月	20030788	2000	1000	200		3200.00	已发
2008 年 2 月	19881102	1500	1000	200		2700.00	已发
2008 年 2 月	19890810	1500	1000	200		2700.00	已发
2008 年 2 月	19990112	2000	1000	200		3200.00	已发
2008 年 2 月	20020729	1500	1000	200		2700.00	已发

为了把这些表及数据输入到 gzdb 数据库中，首先需要建立每一个表，然后才能把数据输入到这些表中。每个表必须有一个名字，这个名字既是表文件的名字，也是数据库中管理该表的名字，表文件的扩展名是.dbf。每个表都有固定的列，每一列的内容都有明确的取值限制，例如，出生日期不能是"2089 年 13 月 60 日"，也不能是"伟大"等，它必须是合法、合理的日期内容。在表中是通过列（也叫字段）名及其数据类型来控制表的列及其取值限制的。字段名规定了表的每一列的名字，字段数据类型规定了数据的表示方式和取值范围。Visual FoxPro数据库表及自由表字段数据类型如表 1-12 所示。一般把表的字段及其类型定义叫做表的结构

（Structure）。建立数据库表及自由表的核心就是定义其结构。

表 1-12 字段类型表

字段数据类型	类型描述符	字段宽度	小数位数	说　　明
字符型	C	n	无	n 个字节（每个汉字占 2 个字节）宽度
货币型	Y	8	4	固定占用 8 个字节存储，小数位数固定为 4 位
数值型	N	n	d	n 位数字（含小数点和符号位），小数位占 d 位
浮动型	F	n	d	同数值型
日期型	D	8	无	固定占用 8 个字节存储
日期时间型	T	8	无	固定占用 8 个字节存储
双精度型	B	8	d	固定占用 8 个字节存储，小数位数为 d 位
整型	I	4	无	固定占用 4 个字节存储，无小数部分
逻辑型	L	1	无	固定占用 1 个字节存储
备注型	M	4	无	固定占用 4 个字节存储内容指针
通用型	G	4	无	固定占用 4 个字节存储内容指针

建立数据库表的步骤如下：

<1> 在项目管理器中选中指定数据库（本例为 gzdb）的"表"节点，然后点击右侧的"新建"按钮，系统显示"新建表"对话框（与图 1-8 类似，只是把"数据库"换成了"表"）；

<2> 在"新建表"对话框中点击"新建表"按钮，系统显示"创建"数据库表对话框（与图 1-9 类似，只是把"数据库"换成了"表"），在表名输入文本框中输入要建立的数据库表名称（不含扩展名，例如 bmb），然后选择合适的保存文件夹（默认的文件夹是当前文件夹，本例为默认目录）。点击"保存"按钮即在指定文件夹内建立了指定的数据库表文件（本例为 bmb.dbf），同时打开表设计器（图 1-12）。

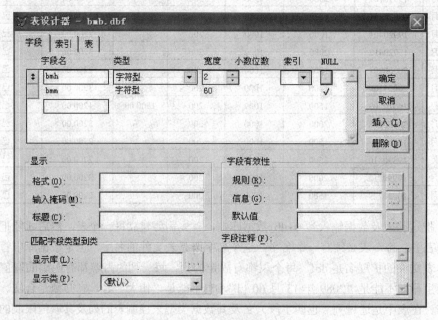

图 1-12 表设计器

表设计器的"字段"选项卡用于定义表的各个字段，其首部列表用于定义表的字段，每个字段定义占一行。点击表设计器中的"取消"按钮可以放弃本次表的定义，点击"插入"按钮可以在当前正在编辑的字段之前插入一个新字段，点击"删除"按钮可以删除当前正在编辑的字段。"显示"、"字段有效性"、"匹配字段类型到类"、"字段注释"等区域用于定义当前正在编辑字段的相关控制信息。

字段名输入区用于输入字段名，它是字段的标识，表中列的数据通过字段名进行查找和处理。自由表的字段名最多可包含 10 个字符，数据库表的字段名最多可包含 128 个字符。一个表中至多可以有 255 个字段，这些字段的字段名不能重复。字段名一般用字母、汉字、数字串表示，其中不能包含标点符号、运算符等特殊字符。用汉字命名字段比较直观易懂，但会给数据库操作和程序设计带来麻烦（经常需要在汉字状态和英文状态之间切换），用英文或汉语拼音字母命名字段是较普遍的做法。

类型下拉列表用于选择指定字段的数据类型，应根据字段的实际内容选择合适的数据类型。

对于字符型、数值型、浮动型等类型的字段还须指定宽度信息。字符型字段的宽度为 1～254。数值型、浮动型字段的宽度不能超过 20，其中包括符号位和小数点位置（各占一位宽度）。

对于数值型、浮动型等类型的字段还须指定小数位数信息，小数位数必须小于宽度值。

索引主要用于指定记录的排序顺序。上箭头表示升序，这时，表的记录按该字段值从小到大的顺序排序。下箭头表示降序，这时，表的记录按该字段值从大到小的顺序排序。索引的详细信息在索引选项卡中设置，相关内容将在第 3 章介绍。

NULL 复选框用于定义字段是否可以取空值。选中表示可以取空值。空值表示记录的对应字段值不确定或尚未产生，其内容为空，即空值。

"显示"、"字段有效性"、"匹配字段类型到类"和"字段注释"等用于定义当前编辑字段的附加信息。"显示"定义中的"标题"用于指定显示表的内容时对应字段的显示标题（如果用英文或拼音字母定义字段名，可以定义汉字标题，这样在浏览时会显示汉字标题），"字段有效性"中的"默认值"用于指定增加新记录时如果没有给出对应字段的值时该字段的取值。"显示"定义中的"输入掩码"，"字段有效性"的其他定义内容将在 3.3 节详细介绍，"匹配字段类型到类"的作用将在 4.1.5 节予以说明。

在表设计器中依次定义完各个字段后，点击"确定"按钮即可完成表的字段定义，然后就可以输入数据了。

自由表的建立过程与数据库表类似。在项目管理器中选中"自由表"节点，然后点击右侧的"新建"按钮就可打开表设计器，字段的定义过程与数据库表一样。数据库表属于某一个数据库，自由表则不属于任何数据库。自由表设计器界面中没有"显示"、"字段有效性"、"匹配字段类型到类"和"字段注释"等定义内容，这些内容可以实现对表的更严格的操作控制定义。

假定依次建立部门表（bmb.dbf）、职工表（zgb.dbf）和工资表（gzb.dbf），其字段定义分别如表 1-13、表 1-14 和表 1-15 所示。

表 1-13 bmb.dbf 字段定义

原表表头内容	字 段 名	类 型	宽 度	索 引	空 值	标 题
部门编号	bmh	字符型	2	无	不允许	部门号
部门名称	bmm	字符型	60	无	允许	部门名

表 1-14 **zgb.dbf** 字段定义

原表表头内容	字 段 名	类 型	宽 度	索 引	空 值	标 题	默 认 值
部门编号	bmh	字符型	2	无	允许	部门号	
职工编号	zgh	字符型	8	无	不允许	职工号	
姓名	zgm	字符型	12	无	允许	姓名	
性别	xb	字符型	2	无	允许	性别	
出生日期	sr	日期型	8	无	允许	生日	
基本工资	jbgz	数值型	6	无	允许	基本工资	1000
工资调整时间	tzsj	日期型	8	无	允许	调整时间	

表 1-15 **gzb.dbf** 字段定义

原表表头内容	字 段 名	类 型	宽 度	小 数 位 数	索 引	空 值	标 题	默 认 值
年月	ny	字符型	6		无	不允许	发放年月	
职工编号	zgh	字符型	8		无	不允许	职工号	
基本工资	jbgz	数值型	6	0	无		基本工资	0
奖金	jj	数值型	4	0	无		奖金	0
补贴	bt	数值型	4	0	无		补贴	0
扣款	kk	数值型	8	2	无		扣款	0
实发工资	sfgz	数值型	10	2	无		实发工资	0
发放标志	ffbz	逻辑型	1		无	不允许	标志	.F.

1.3 数据库表的基本操作

1.3.1 输入与编辑记录

在定义完表的字段并确认后，系统将显示是否输入记录提示对话框（图 1-13）。

图 1-13 输入记录提示对话框

点击"否"按钮可以结束表定义操作，点击"是"按钮则进入记录追加编辑界面（图 1-14），其输入方式是连续追加编辑方式，即输入完当前记录后会自动添加一个新记录。

如果在建立表的时候没有输入记录，可以按如下操作步骤输入记录：

<1> 在项目管理器中选中指定的表。

<2> 点击"浏览"按钮，系统显示浏览编辑界面（如图 1-15 所示，但不能追加记录）。

<3> 选择"显示"菜单中的"追加方式"菜单项，这时即为追加浏览编辑方式（图 1-15）。

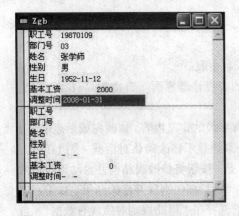

图 1-14　追加编辑方式　　　　　　　　　图 1-15　追加浏览编辑方式

<4> 选择"显示"菜单中的"编辑"菜单项可以切换回追加编辑方式（图 1-14）。

如果只是修改记录，在进入浏览界面之后只要不选择"显示"菜单中的"追加方式"菜单项即可，这时可以编辑修改已有记录。

字符型字段可以直接输入文本内容，系统自动控制输入内容的宽度（汉字或全角字符占两位宽度），数值型字段可以直接输入数字，系统会自动分割整数及小数部分，如果输入时输入小数点，则小数点之后输入的内容自动作为小数部分。日期型数据的输入格式取决于系统选项（图 1-3）中"区域"选项的设置，假定在区域选项中设置的"日期和时间"如图 1-16 所示。

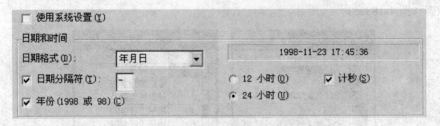

图 1-16　日期和时间设置

"日期格式"指定日期值各部分的顺序（本例为年、月、日顺序），"日期分隔符"前的复选框选中时可以指定日期各部分之间的分隔字符（本例为减号），"年份"前的复选框选中时表示 4 位年份显示，否则只显示年份的后两位，还可以选择计时方式为 12 小时制（区分上午和下午）或 24 小时制，选择计秒时日期时间值将显示秒值。图 1-14 所示的日期即是按上述设置输入的，输入时依次输入 4 位年份，2 位月份和 2 位的日即可，如果输入的月份或日不合理，则会显示"无效日期"提示。可以根据自己的习惯设置日期格式及日期分隔符。

逻辑型字段值可以输入 T 或 F，T 表示逻辑"真"，F 表示逻辑"假"。可以用逻辑真假来表示某种是与否的判断，比如工资表中的 ffbz 字段为 T 时表示已经发放，为 F 表示尚未发放。

其他类型字段的数据输入将在后续章节中介绍。

在编辑记录时，如果按 Esc 键则自动关闭编辑界面，当前记录中正在编辑字段的编辑结果无效。

1.3.2　修改结构

一般而言，总是先确定数据库及表的结构，然后才建立它们。但有时可能由于对问题的分析不准确而使得已经建立的表不能满足预定的设计要求，这时就要对表的结构进行修改。

修改表结构的操作步骤如下：

<1> 在项目管理器中选中待修改结构的数据库表或自由表；

<2> 点击"修改"按钮即可进入如图 1-12 所示的表设计器界面（自由表只有字段定义部分）。

在表设计器中可以插入、删除字段，也可以修改已有字段的定义内容。修改完成后点击"确定"按钮，系统显示修改确认对话框（图 1-17）。

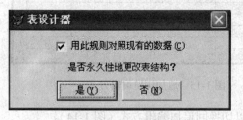

图 1-17　修改确认对话框

点击"是"按钮将修改表结构并自动调整记录数据，点击"否"按钮则放弃修改结果。如果点击"是"按钮前选择了"用此规则对照现有数据"（自由表无此选择），则会按新定义的字段有效性规则检查已有记录，如果违反规则要求则给出提示并拒绝结构修改操作。

修改结构时如果修改了字段的类型或减少了字段的宽度，修改后记录对应字段的内容会发生改变。应慎重进行表结构的修改。

1.3.3　删除与永久删除记录

在浏览编辑界面中，记录左端的矩形框用于显示删除标记，标记为黑色的表示该记录已处于删除状态（图 1-18）。

图 1-18　记录浏览编辑界面中的删除标记

用鼠标点击删除标记区可以切换删除状态标记，一般把设置删除标记的操作叫做删除，把去除删除标记的操作叫恢复。也可以选择"表"菜单的"删除记录"和"恢复记录"菜单项来删除或恢复记录。菜单操作的功能更强，也更复杂。

已经标记为删除的记录依然保存在表中，这种删除状态叫逻辑删除状态。如果希望从表中永久清除逻辑删除的记录，只要在浏览编辑状态下选择"表"菜单中的"彻底删除"菜单即可，这时系统显示删除确认对话框，点击对话框中的"是"按钮即可从表中永久清除已标记为逻辑删除状态的记录。一般也把从表中彻底删除记录的操作叫做物理删除。

本章小结与深入学习提示

1. 数据通常是指能由计算机进行处理的数字、字母和符号等。在计算机内部，数据是二进制字节的集合。数据处理是指从某些已知的数据出发，推导加工出一些新的数据的过程。数据库（DB-Database）是长期存储在计算机内、有组织的、统一管理的相关数据的集合。数据库能为各种用户共享，它可以充分保证数据的合理存储和安全、高效的数据操作。

2. 关系通常是指满足一定规范要求的二维表，表中既不能有重复的行，也不能有重复的列。关系中的行叫做元组，列叫做属性。关系中可以唯一标识一个元组的属性或属性组可以作为该关系的主键（或称主关键字，Primary Key），如果主键中包含多个属性则称为复合主键。

3. 关系的完整性是非常重要的概念，包括实体完整性、参照完整性和用户定义（域）完整性。实体完整性是指关系的主键不得为空且取值必须唯一，否则，相应记录（元组）不能被输入到关系表中。实体完整性保证了关系中不会含有不确定或不可区分的实体。参照完整性是指当一个表中包含另外一个表的主键属性（或属性组）时，该关系在相应属性或属性组上的取值或者为空，或者为另一个表中已有的值。关系数据库通过外键（Foreign Key）定义来实现参照完整性控制。当某个关系中出现其他关系的主键属性时，可以把这些属性定义为外键。用户定义完整性是指元组在指定列的取值范围定义，它由用户根据实际应用进行定义，以保证数据库数据的正确性。

4. 可以通过 Visual FoxPro 选项设置来整体设置 Visual FoxPro 运行环境，如默认目录、区域设置、字段映象设置等。选项设置操作通过"工具"菜单中的"选项"菜单实现。"默认目录"是非常重要的选项设置，它是应用程序中所有文件的缺省存储位置。

5. Visual FoxPro 项目管理器是 Visual FoxPro 程序设计的重要工具，利用它可以直观管理所有程序对象。通过项目管理器建立和维护数据库、表及所有应用程序对象是利用 Visual FoxPro 进行应用程序设计的规范做法。

6. Visual FoxPro 数据库保存在扩展名为.dbc 的文件中，数据库本身并不存储数据，它仅仅保存数据库对象的相关定义信息。数据库表是数据库中的表，用于存储数据库数据，数据库表可以定义字段有效性规则、默认值及其他附加定义信息。自由表是独立于数据库的表，它不在任何一个数据库中。

·习 题 1

1. 如果希望在输入表中的日期值时按"月日年"的顺序输入，日期分隔符用"/"号，应该怎样设置？

2. 数据库表和自由表的区别是什么？

3. 表文件和数据库文件的扩展名是什么？数据库文件中保存表的记录内容吗？请通过观察对比作出判断。

4. 已知两个关系如下：

关系 R1

A	B	C
100	AB	1
200	TTT	4
300	SSS	6

关系 R2

A	D	E	F
100	abc	21	32
90	sss	45	2
200	us	76	43
600	t	32	45

请求以下结果关系：

（1）R1×R2 ，R2×R1

（2）$\sigma_{A>=200}$(R2)， $\sigma_{B>'A'}$(R1)

（3）$\pi_{R1.A,R1.B,R1.C,R2.D,R2.E}(\sigma_{R1.A=R2.A}(R1\times R2))$

5. 记录的逻辑删除和物理删除是一样的吗？是否可以找回已经物理删除的记录？

第 2 章　Visual FoxPro 程序设计基础

第 1 章介绍了在 Visual FoxPro 项目管理器中建立数据库、数据库表和自由表的操作方法，也介绍了如何输入、修改、删除、浏览表中的记录。一般情况下，人们只是在设计软件阶段使用项目管理器来设计数据库和应用程序，最终用户要通过设计好的程序来操作和管理数据库。通过程序可以实现在项目管理器中能够进行的所有数据库操作。

2.1　程序的基本概念

在项目管理器的"代码"选项卡中包含"程序"、"API 库"和"应用程序"三个节点，其中程序节点包含的是所有程序文件名。选中"程序"节点后点击"新建"按钮即可打开程序编辑窗口，编辑完程序代码后关闭窗口并保存程序文件即可，程序文件的扩展名是.prg。如果希望修改某一程序，在项目管理器中选中该程序，然后点击"修改"按钮即可打开程序编辑窗口。

在程序编辑窗口中输入程序行，每行结束时按回车键。程序就是程序行序列。程序在执行时通常会按程序行的位置顺序依次执行。

2.1.1　命令、语句、续行

Visual FoxPro 程序的核心是程序行，程序行可以是一个语句或命令，语句一般只能在程序中使用，它能被 Visual FoxPro 理解和执行，完成某一特定的操作。命令同样能被 Visual FoxPro 理解和执行，它既可以在程序中使用，也可以在命令窗口中执行（输入完命令后按回车键开始执行命令，执行结果立即在主窗口中显示输出）。在 Visual FoxPro 中还有一些预先设计好的程序模块，叫做函数（或称系统函数、标准函数），可以直接在语句和命令中使用函数。

Visual FoxPro 命令可以分成两类，一类是 Visual FoxPro 所特有的命令，他们只能在 Visual FoxPro 中应用，另一类是关系数据库标准语言的命令（Structure Query Language，SQL），它是所有大型关系数据库管理系统都支持的命令。Visual FoxPro 应用程序可以通过 SQL 命令访问 Visual FoxPro 数据库或其他关系数据库。

Visual FoxPro 程序是语句和命令的有限序列，它能完成某种特定的功能。任一程序的程序行数都是有限的，其中的语句和命令当然也是有限的。程序中的程序行不是任意罗列在一起的，而是按照特定的功能要求依次排列的。程序总是为解决某种特定的问题而编制的，其功能是确定的。命令、语句以及函数都有明确的书写格式要求，即语法要求，在使用他们的时候，必须遵循其语法要求，否则语句或命令就不能正常执行。

本教材按以下约定描述语句/命令语法：

{ }——大括号中列出若干选项，用户至少应选择其中的一个选项，输入时，不应把大括号输入进去；

[ ]——方括号表示可选项目，同大括号一样，方括号不属于语句或命令本身的内容，输入时不应把方括号输入进去；

〈〉——尖括号表示必须输入的语法项目，同大括号一样，输入时不应把尖括号输入进去；

（）——圆括号是命令或函数的一部分，输入时应原样输入；

|——竖线用于分隔若干选项，用户只能选择其中的一个选项，同大括号一样，输入时不应把竖线输入进去；

，——逗号用于分隔若干输入内容，逗号本身必须输入；

……——省略号表示其前面的语法项目可重复多次，省略号本身不应输入；

英文单词——命令或函数的定义字符，一般也叫关键字（Keyword），输入时必须原样输入（大小写不限）；

汉字——描述性说明文字。

在大括号中列出多个用竖线分隔的输入项时，用户必须选择其中之一；而在大括号中列出多个用逗号分隔的输入项时，用户至少应选择其中之一，选择多个时，各选项用逗号分开。

在方括号中只列出一个选项时，用户可以选择，也可不选择；在方括号中列出多个用竖线分隔的选项时，用户可以一个都不选、或只选择其中之一；在方括号中列出多个用逗号分隔的选项时，用户可以一个都不选、选择一个或多个，选择多个时，各选项要用逗号分开。

Visual FoxPro 常用命令和常用函数的典型语法描述请参阅附录 1 和附录 2。Visual FoxPro 命令及函数的关键字可以只取前 4 个字符，例如，DISPLAY 命令可以只输入 DISP。在输入命令时需要注意，在命令的关键字之间、关键字与选项之间都应留有至少一个空格符。

无论是程序中的语句行还是在命令窗口中输入的命令行都是以回车换行结束的，一般不能在多行输入。当语句或命令行较长时，编辑或阅读会比较困难，这时可以用续行标志把它分为多行。如果一行的末尾最后一个字符是分号（;），则表示该行没有结束，它与下一行是同一个语句（命令）行。在输入 SQL 命令时一般应多行书写，这时在命令的最后一行之前的每一行末尾都应加上续行标志。

由于有些 SQL 命令的命令关键字与 Visual FoxPro 命令相同，一般为表示区别，往往通过后缀 SQL 来表示该命令是 SQL 命令。例如，INSERT – SQL、CREATE – SQL、SELECT – SQL 等。

2.1.2　内存变量、字段变量、常量、表达式

在 Visual FoxPro 操作中需要表示一些运算量，这些运算量包括常量和变量。Visual FoxPro 中的变量包括内存变量和字段变量两类。内存变量是由用户定义的、在其存在期间取值可以改变的运算量。在程序或命令窗口中可以引用已打开的表的字段名，其取值随着记录位置的改变而改变，因此叫做字段变量。相对的，取值确定、不能被改变的量就是常量。由常量、内存变量、函数等与运算符组成的有运算意义的式子叫做表达式。

正如 Visual FoxPro 表的结构包含多种类型的字段一样，内存变量、常量、表达式也有确定的数据类型。

1. 内存变量及变量赋值

在建立内存变量的时候，需要区分不同的内存变量，这是通过内存变量的名字实现的。内存变量名可以用字母、汉字或下划线开头，后接字母（汉字、下划线）数字串表示。变量名字符总数不能超过 254 个 ASC II 字符（ASC II 字符编码表参见附录 3，一个汉字按 2 个字符计算）。例如，_红旗、abc、abc12345、h1b2c3 等都是合法的内存变量名。变量名中的英文字母是不区分大小写的，实际建立内存变量时，其变量名字符均转换为大写。

内存变量的值保存在特定的内存单元中，赋值语句用于给变量赋值，其语法格式如下：

<变量名> = <表达式>

赋值语句首先计算表达式的值，然后把结果值赋给对应的变量，也就是把结果存储到变量的内存单元中。赋值语句中的"="号是赋值号，不应当作等号看待。在 Visual FoxPro 中，变量可以通过赋值语句建立，如果执行赋值语句时相应的赋值变量存在则修改该变量的值，否则自动建立该变量。不同变量的变量名不应相同，否则可能导致处理错误。

需要特别注意的是，变量可以多次被赋值，在一次赋值之后、下一次赋值之前变量将一直保持最后一次的赋值结果。

字段变量不能通过赋值语句赋值。

2. 常量

常量依其数据类型的不同而不同。

字符型常量是用英文单引号、双引号或方括号括起来的字符序列。例如，"abc"、'abc'、[abc] 表示的都是字符型常量，而'abc"，?abc?，"abc]则不是字符型常量。字符型常量也叫做字符常量、字符串常量或字符串。用于表示字符串常量的符号（单引号、双引号和方括号）也叫字符串定界符。如果一个字符串是另一个字符串的一部分，则称其为另一个字符串的子字符串，简称子串。例如"aa"、"aba"，"aabaaa"等都是字符串"abaabaaa"的子串。

数值型常量可以是整数、小数或科学记数法表示的数。例如-100、123.56、1E20 等都是数值型常量，而 a100、1h10、29b 等就不是数值型常量。数值型常量一般简称为数值常量或数值。

逻辑型常量包括逻辑"真"和逻辑"假"，用.T.（或.t.，.Y.，.y.）表示逻辑"真"，用.F.（或.f.，.N.，.n.）表示逻辑"假"。

日期型常量用于表示一个确定的日期，形如{^yyyy/mm/dd}、{^yyyy-mm-dd}、{^yyyy.mm.dd}或{^yyyy mm dd}，其中 yyyy 表示 4 位的年份数字，mm 表示 2 位的月份数字，dd 表示 2 位的日数字。例如，{^2008/01/19}、{^1987-2-5}、{^2001/12/30}等都是合法的日期常量。

3. 表达式及表达式输出

在 Visual FoxPro 中经常使用的表达式有算术表达式、字符串表达式、关系表达式和逻辑表达式。

有时需要在主窗口上输出表达式的内容。如果希望输出内容从新的一行开始输出，可以用换行输出命令，其语法格式为：

? [<表达式列表>]

表达式列表中可以包含一个或多个表达式，相互间用逗号分隔。省略表达式列表时只产生换行动作，有表达式列表时，将首先换行，然后在新行上依次输出每一个表达式的值。

如果希望在当前行继续输出，则可以用 ?? 命令实现，其语法格式为：

?? [<表达式列表>]

省略表达式列表时不产生任何动作，有表达式列表时，将在当前行输出位置依次输出每一个表达式的值。

4. 算术表达式

算术表达式是由算术运算符连接数值型运算量（常量、变量、函数）所形成的符合语法要求的式子，其运算结果是一个数值。算术运算符及其举例说明如表 2-1 所示（假定内存变量 aa 的值是 10）。

表 2-1　算术运算符

运　算　符	运　算　功　能	举　　例	结果值说明
**或^	乘方运算	aa^2，aa**2	求 aa 的 2 次方，值为 100
*	乘运算	10*aa	求 10 乘以 aa 的结果，值为 100
/	除运算	10/aa	求 10 除以 aa 的结果，值为 1
%	取模运算	aa％9	求 aa 除以 9 的余数，结果为 1
+	加运算	aa＋200	求 aa 加上 200 的结果，值为 210
−	减运算	aa－20	求 aa 减去 20 的结果，值为−10

　　算术表达式中可以包含圆括号且可以嵌套，运算优先级为先计算内重括号，后计算外重括号；括号内按先乘方，再乘除和取模，最后加减的顺序计算，优先级相同时从左至右计算。

　　取模运算可以用来判断一个整型数 A 是否能被另一个整型数 B 整除，如果 A％B 的值为 0，则 A 能被 B 整除，否则 A 不能被 B 整除。利用取模运算可以方便地判断出一个整型数是奇数还是偶数，如果整型数 x 能被 2 整除，即 x％2 结果为 0，则 x 是偶数，否则一定是奇数。

　　一个数值变量、数值常量或返回值为数值型结果的函数调用是最简单的算术表达式。

【例 2-1】 把下列数学表达式表示成 Visual FoxPro 表达式。

（1） $\dfrac{x-y}{x+y}\sin x$

（2） $\dfrac{-b}{2a}\sqrt{b^2-4ac}$

　　（1）左端分式应该先计算 x-y 和 x+y，然后才能相除，最后与 SIN(x)相乘，符合 Visual FoxPro 语法要求的表达式为：

```
(x-y)/(x+y)*SIN(x)
```

　　（2）根号左端的系数可以表示为-b/(2*a)或-b/2/a，根号内的表达式可以表示为 b**2-4*a*c 或 b*b-4*a*c，符合 Visual FoxPro 语法要求的表达式为(SQRT()是开平方函数)：

```
-b/(2*a)*SQRT(b**2 - 4*a*c)
```

　　在把数学表达式转换为 Visual FoxPro 算术表达式时，需要注意以下问题：

　　① 一般应通过括号来实现运算次序的控制，必要时可以加多重括号；

　　② 表达式中不同运算量之间的运算符不能省略；

　　③ 表达式中不能有上下角标，其内容必须在一行内表示。

【例 2-2】 求下列表达式的运算结果（假定变量 AA 的值为 180）。

　　　　（1）AA/20*(5-7)

　　　　（2）SQRT(100)-15/3

　　　　（3）(6+4*SQRT(16)-8)/((3+7)/(12-2)-(2*4)/(4/2)*2)

　　　　（4）AA % 18**2 / 200

　　（1）首先计算括号内结果，表达式可以转换为 AA/20*(-2)，再求 AA/20，表达式进一步转换为 9*(-2)，最终结果为-18。

　　（2）在有函数的表达式中先计算函数，表达式可以转换为 10-15/3，继续求 15/3，表达式转换为 10-5，最终结果为 5。

　　（3）表达式可以分解为(6+4*SQRT(16)-8)和((3+7)/(12-2)-(2*4)/(4/2)*2)，二者相除为最终结果。分子可以分步求解如下：

```
6+4*4-8
6+16-8
22-8
14
```

分母可以分步求解如下：

```
10/10-8/2*2
1-4*2
1-8
-7
```

最终结果为 14/（-7）= -2。

（4）表达式中乘方优先级最高，然后是取模运算和除运算，求解步骤如下：

```
180%324/200
180/200
0.9
```

5. 字符串连接表达式

字符串连接表达式是由加、减运算符连接两个字符串所形成的表达式。加连接运算将后面的字符串连接在前面字符串的尾部形成一个新字符串，减连接运算也将后面的字符串连接在前面字符串的尾部，但会将前面字符串尾部的连续空格移到结果串的尾部。无论是加连接运算还是减连接运算，结果字符串的字符个数都是两个字符串字符个数的和。字符串表达式中的函数优先计算。

【例2-3】 求"1000"+"2000 "-"123"的结果。

"1000"+"2000 "的结果为"10002000 "，求"10002000 " - "123"时，要把前面的字符串尾部的连续空格移到结果字符串的末尾，因此最终结果是"10002000123 "。

【例2-4】 分析执行下列命令序列后的输出结果是什么？

```
AA = "abcd  "
BB = "dcba  "
? AA - BB
? BB + (AA - BB)
```

计算 AA－BB 时，要把 AA 末尾的 3 个空格移到结果字符串的末尾，输出字符串连接结果为"abcddcba   "（尾部连续 6 个空格）。计算 BB＋(AA－BB)时，首先求 AA－BB，然后将其连接到 BB 之后，输出字符串连接结果为"dcba   abcddcba   "（中间连续 3 个空格，尾部连续 6 个空格）。

6. 日期表达式

日期表达式是由加、减运算符连接日期量和整型量所形成的符合语法要求的运算式。一个日期变量、日期常量或返回值为日期型结果的函数调用是最简单的日期表达式。日期表达式的基本结构有如下几种：

（1）<日期>+天数，结果是指定日期经过指定天数时的日期值，满足交换率；

（2）<日期>－天数，结果是指定日期之前指定天数的日期值，不能交换运算量位置；

（3）<日期1>－<日期2>，结果是日期 1 和日期 2 之间相差的天数，不满足交换率。

日期表达式中的函数优先计算，然后是算术运算，最后是日期运算。

【例2-5】 求下列表达式的运算结果。

    （1）{^2008-7-28} + 3

    （2）{^2008-7-28} - 3

（3）{^2008-7-28}- {^2008-7-25}

（4）{^2008-7-25}- {^2008-7-28}

（5）{^2008-7-28}- {^2008-7-25} + {^2008-7-20}

（1）结果是 2008 年 7 月 28 日再过 3 天的日期，为 2008 年 7 月 31 日。

（2）结果是 2008 年 7 月 28 日之前 3 天的日期，为 2008 年 7 月 25 日。

（3）结果是两个日期相差的天数，结果为 3。

（4）结果同样是两个日期相差的天数，结果为-3。

（5）计算顺序是先求前两个日期的差，结果再加上第三个日期，即 3+{^2008-7-20}，最终结果是{^2008-7-23}。

7. 关系表达式

关系表达式是由关系运算符与同类型运算量（算术、字符串、日期等）连接而成的、符合语法要求的运算式。关系表达式的运算结果是一个逻辑值。一个逻辑型变量、逻辑型常量或返回值为逻辑型结果的函数调用是最简单的关系表达式。常用的关系运算符及其举例说明如表 2-2 所示（假定内存变量 aa 的值是 10）。

表 2-2　关系运算符

运 算 符	运 算 功 能	举　　　例	结果值说明
<	小于	aa < 100	比较 aa 是否小于100，结果为.T.
<=	小于等于	100<=aa + 20	比较100是否小于或等于 aa+20，结果为.F.
>	大于	aa>100	比较 aa 是否大于100，结果为.F.
>=	大于等于	100>=aa + 20	比较100是否大于或等于 aa+20，结果为.T.
==	字符串精确比较相等（非字符型）	"AA"=="AAA"	字符个数及对应字符均相等时结果才为"真"，结果为.F.
=	字符串非精确比较相等（非字符型）	"AAA"="AA"	取决于 SET EXACT/ANSI ON/OFF 状态设置。OFF 状态时，右端字符串与左端字符串首部连续字符对应相等即为"真"，结果为.T.。ON 状态时，在较短字符串尾部添加空格使二者长度相同，然后逐一字符比较，结果为.F.
<>, !=, #	不等于	10!=aa	判断10是否不等于 aa，结果为.F.
$	包含于(仅用于字符型表达式)	"Abc" $ "AbbAbcb"	左端字符串包含于右端字符串时结果为"真"。"Abc" 是 "AbbAbcb"的子串，结果为.T.

在关系表达式中，运算次序依次是函数运算、算术运算、字符串连接运算、日期运算、关系运算，可以通过括号区分运算的优先次序。

【例 2-6】 求下列表达式的结果。

（1）SQRT(16)+29 < 88/4

（2）"AAA" =="AAAA"

（3）"AAA" $ "AAAA"

（4）{^2008-9-10} + 10 > {^2009-9-10}

（1）小于号左端表达式结果为 33，右端表达式结果为 22，33 不小于 22，结果为.F.。

（2）精确比较。关系运算符两端字符串不相等，结果为.F.。

（3）左端字符串是右端字符串的子串，结果为.T.。

（4）左端日期运算结果为{^2008-9-20}，小于{^2009-9-10}，结果为.F.。

在关系运算表达式中，关系运算符两端可以是算术表达式、日期表达式或字符串连接表达式。这时，先计算关系运算符两端的表达式，然后才做关系运算。

在比较两个字符型量的大小时，比较结果取决于系统选项 "数据"选项卡中"排序序列"选项的（"选项"对话框参见 1.2.1 节图 1-3）设置，该设置有三种：Machine、PinYin 和 Stroke。

选择 Machine 时按字符的机器码大小进行比较。ASCII 字符比较其 ASCII 码大小，中文字符比较其国标编码大小。汉字国标码从小到大的排列方式是：一级汉字按汉语拼音字母顺序排序，二级汉字按笔划排序，一级汉字在前（编码小），二级汉字在后（编码大）。按字符编码从小到大的顺序是：空格符，0～9，A～Z，a～z，一级汉字，二级汉字。

选择 PinYin 时按汉语拼音顺序比较。ASCII 字符按拼音顺序从小到大排列，小写字母小于大写字母，汉字按汉语拼音顺序从小到大排列。按字符拼音从小到大的顺序是：空格符，0～9，aAbB～zZ，汉字。

选择 Stroke 时按字符笔划多少进行比较。ASCII 字符笔划顺序与 PinYin 方式相同，汉字按笔划数从小到大排列，笔划少的小于笔划多的。按字符笔划从小到大的顺序是：空格符，0～9，aAbB～zZ，汉字。

上述选项设置可以通过命令实现，其语法格式如下：

```
SET COLLATE TO {"Machine" | "PinYin" | "Stroke"}
```

执行 SET COLLATE TO "Machine"命令后，字符串按字符机器码大小比较，执行 SET COLLATE TO "PinYin"命令后，字符串按汉语拼音字母顺序比较，执行 SET COLLATE TO "Stroke"命令后，字符串按笔划多少比较。

在比较两个字符串时，如果他们的字符个数相等，对应字符相同，则两者相等。如果运算符右端的字符串字符个数少于运算符左端的字符串字符个数且与左端字符串对应位置字符完全相同，其比较结果既取决于比较运算符、也取决于系统选项 "数据"选项卡中"字符串比较"选项的设置。SET ANSI ON 选项用于设置 SQL 命令中的字符串比较规则，SET EXACT ON 选项用于设置 Visual FoxPro 命令中的字符串比较规则。SET NEAR ON 选项将在 3.5.1 节中说明。

SET ANSI ON/OFF 与 SET EXACT ON/OFF 作用相同，只是针对的命令不同。二者的设置只影响字符串等于（=）的比较结果，对精确比较（==）没有影响。

【例 2-7】 非精确等于比较举例。

表 2-3 中给出了字符串非精确比较的比较结果。

表 2-3 字符串非精确比较结果

表达式 （下划线表示空格符）	SET EXACT ON SET ANSI ON	SET EXACT OFF SET ANSI OFF
"abc" = "abc"	.T.	.T.
"ab" = "abc"	.F.	.F.
"abc" = "ab"	.F.	.T.
"abc" = "ab_"	.F.	.F.
"ab" = "ab_"	.T.	.F.
"ab_" = "ab"	.T.	.T.
"" = "ab"	.F.	.F.
"ab" = ""	.F.	.T.
"_" = ""	.T.	.T.
"" = "__"	.T.	.F.

【例2-8】 字符串比较举例。

表2-4给出了不同比较方式下字符串的比较结果。

表2-4 不同比较方式下字符串的比较结果

表达式 （下划线表示空格符）	SET COLLATE TO "Machine"	SET COLLATE TO "PinYin"	SET COLLATE TO "Stroke"
"Abc" > "aBc"	.F.	.T.	.T.
"大海" < "河流"	.T.	.T.	.T.
"河流" > "小溪"	.F.	.F.	.T.
"我们" > "大家好"	.T.	.T.	.T.
"今天" < "明天"	.T.	.T.	.T.
"吉林" < "黑龙江"	.F.	.F.	.T.

8. 逻辑表达式

逻辑表达式是由逻辑运算符连接逻辑运算量（常量，关系表达式）组成的符合语法要求的式子。逻辑表达式的结果是一个逻辑值。一个逻辑型变量、逻辑型常量或返回值为逻辑型结果的函数调用是最简单的逻辑表达式。逻辑运算符及其举例说明如表2-5所示（假定内存变量 aa 的值是10）。NOT、AND、OR 可以写作.NOT.、.AND.、.OR.。

表2-5 逻辑运算符

运 算 符	运算功能	举 例	结果值说明
NOT，!	逻辑"非"运算	!aa=10	aa = 10 的结果为.T.，!aa=10 的结果为.F.
AND	逻辑"与"运算	!aa=10 AND aa=10	当!aa=10 和 aa=10 同为"真"时结果才为"真"，结果为.F.
OR	逻辑"或"运算	!aa=10 OR aa=10	当!aa=10 和 aa=10 有一个为"真"时结果就为"真"，结果为.T.

在逻辑表达式中，运算次序依次是函数运算、算术运算、字符串连接运算、日期运算、关系运算、"非"运算、"与"运算、"或"运算。可以通过括号区别运算的优先次序。

【例2-9】 求逻辑表达式的运算结果（假定变量 aa 的值为180）。

表2-6给出了不同逻辑表达式的运算结果。

表2-6 不同逻辑表达式的运算结果

表 达 式	SET COLLATE TO "PinYin"
"abc" > "aBc" OR aa+100 > 200	.T.
("大海" > "河流" AND "你们">"我们") OR !"今天"="明天"	.T.
"大海" > "河流" AND ("你们">"我们" OR !"今天"="明天")	.F.
SQRT(100)/10 + aa > 200 AND !aa/10 = 22	.F.

9. 字符串的宏替换

宏替换也称为宏代换，其语法格式如下：

&<字符串变量>[.<字符序列>]

宏替换的结果是用字符串变量的内容替换&<字符串变量>本身，其后可以选择连接一个字符序列。

【例2-10】 宏替换用于组织表达式。

下面的命令序列用宏替换组成表达式并输出结果（语句行中&&引导的是语句说明）。

```
BB="aaa"
```

```
aaa=10
aaaaaa=100
? &BB                    && 用 BB 的内容替换&BB，即输出 aaa 的内容
? &BB.aaa                && 用 BB 的内容替换&BB，再连接 aaa，即输出 aaaaaa 的内容
? &BB + 100 - &BB.aaa       && 相当于计算 aaa+100-aaaaaa
```

【例 2-11】 宏替换可以用来求解表达式。

下面的命令序列通过宏替换求解表达式 a1+a2/5。

```
a1=100
a2=25
aa="a1+a2/5"
bb = &aa
? bb
```

【例 2-12】 宏替换可以用来提交命令。

下面的命令序列通过宏替换提交执行 Visual FoxPro 命令。

```
AA="SET COLLATE TO 'PinYin'"
BB="SET COLLATE TO "
&AA                      && 提交执行 SET COLLATE TO 'PinYin'
? "他们">"你们"            && 按拼音顺序比较，结果为.T.
&BB.'Stroke'              && 提交执行 SET COLLATE TO 'Stroke'
? "他们">"你们"            && 按笔划多少比较，结果为.F.
```

10. 表达式运算及变量赋值举例

【例 2-13】 执行下列语句后各变量的值是多少？

```
ABC = 190.21                          && 建立变量 ABC，初值为190.21
BBB = [大海航行靠舵手] - [，我们的队伍向太阳]    && 建立变量 BBB，结果为字符串
CCC = {^1987/10/01} + 20              && 建立变量 CCC，结果为日期值
DDD = "aa" + "bb" = "cc" - "dd"       && 建立变量 DDD，结果为逻辑值
? ABC       && 输出 ABC 的值：190.21
? BBB       && 输出 BBB 的值：大海航行靠舵手，我们的队伍向太阳
? CCC       && 输出 CCC 的值：1987-10-21
? DDD       && 输出 DDD 的值：.F.
```

【例 2-14】 执行下列程序后，AA、BB 变量的值是多少。

```
AA=1
BB = 2
AA = 10*BB + AA
BB = 10*BB + AA
```

分析：程序依次执行第一、二、三、四条语句，执行各语句的结果如表 2-7 所示。

表 2-7 【例 2-14】执行结果

执行语句序号	AA 变量的值	BB 变量的值
1	1	
2	1	2
3	21	2
4	21	41

在分析赋值语句时，需要特别注意它的执行顺序：先计算赋值号右端的表达式的值，然后再把表达式结果赋给赋值号左端的变量（存入变量对应的内存单元中）。例如，在执行【例 2-14】的第 3 条语句前，AA 的值是 1，BB 的值是 2，执行第 3 条语句先计算 10*BB + AA，

结果是 21，所以赋给 AA 的值是 21，这时 AA、BB 的值分别是 21、2，所以执行第 4 条语句时 10*BB + AA 的结果是 10*2+21=41，即赋给 BB 的结果值是 41。

2.1.3　常用语句、命令、函数

1．注释语句

程序中的注释语句不执行任何实际操作，它仅仅起说明作用，以便程序员能够准确地理解相关程序段的内容。在前面的举例中已经应用了注释，语句行末尾用 && 引导的文本内容都是注释。一般应在设计程序时加入适量的注释，这样既有利于程序员自己的程序设计工作，也便于其他程序员理解和修改相应的程序。

注释语句的语法格式如下：

{NOTE | * | &&} <注释文字串>

NOTE 和 * 必须在行首，用于引导一个完整的注释行，&& 既可以放在行首，也可以放在程序行后面来引导该行的注释内容。

【例 2-15】　下面的程序说明了注释的用法。

```
NOTE 下面的程序段用于给变量赋值
AAA=100          && 给 AAA 赋值 100
BBB=[abcd]       && 给 BBB 赋字符串 abcd
* 输出变量的值
? AAA, BBB
```

在程序代码中添加适当的注释是很好的程序设计习惯。注释的添加应该遵循一定的规范，这样既可以使程序易于理解，形式上也会较为美观。

2．清除屏幕信息

清除屏幕信息用 CLEAR 语句实现，该语句没有其他选项，只有一个语句关键字。

【例 2-16】　下列程序首先清除屏幕信息，然后执行其他操作。

```
CLEAR                        && 清除屏幕信息
aaa=120                      && 建立 aaa 变量，赋初值 120
bbb="I am a student"         && 建立 bbb 变量，赋初值字符串 "I am a student"
? aaa, bbb                   && 输出 aaa, bbb 的值
```

清除屏幕信息的好处是易于分辨屏幕输出结果，不至于把不同程序或命令的输出结果混淆。

3．RETURN 语句

RETURN 语句用于结束程序的执行，在一个程序执行过程中如果执行到 RETURN 语句则结束该程序的执行。RETURN 语句的简单语法格式没有任何选项。在同一段程序代码中可以包含多个 RETURN 语句，无论执行到其中的哪个 RETURN 语句都会立即结束该程序的执行。

4．SET TALK 命令

一般情况下，Visual FoxPro 会自动显示某些命令或语句的执行状态，这种状态叫做交互状态，可以通过 SET TALK 命令设置该状态，其语法格式为：

SET TALK {ON | OFF}

执行 SET TALK ON 启动交互状态，执行 SET TALK OFF 则关闭交互状态。一般在程序开始执行时关闭交互状态，在程序结束执行时恢复交互状态。

5．数组说明语句

数组是同名变量的有序集合，在一个数组中包含多个名字相同的变量，其中的每个变量通过下标相互区分，叫做下标变量或数组元素。Visual FoxPro 数组可以有一至两个下标，只有一

个下标的数组叫做一维数组，包含两个下标的数组叫做二维数组。数组需要先说明，然后才能使用。数组说明用 DIMENSION 或 DECLARE 语句，其语法格式如下：

```
{DIMENSION | DECLARE} <数组名1>（<行数>[, <列数>]）[, <数组名2>（<行数>
[, <列数>]）… …]
```

数组名与变量名的命名规则相同，行数和列数分别为第一维和第二维的下标上界，下标下界固定为 1。一维数组的元素个数等于行数，二维数组的元素个数等于行数、列数的乘积。可以同时说明若干个数组，相互之间用逗号分隔即可。

同一个数组的元素可以赋给不同类型的值，其数据类型与赋值表达式的类型相同。数组在说明之后赋值之前，其数组元素的数据类型为逻辑型，初值为.F.。

【例 2-17】 下列程序说明了数组的建立和使用。

```
DIMENSION AA(2),BB(2,2)              && 说明一维数组 AA 和二维数组 BB
AA(1)=100                           && 给 AA 数组的第一个下标变量赋值 100
BB(1,1)=200                         && 给 BB 数组的第一行、第一列的下标变量赋值 200
BB(2,1)=300 + AA(1)                 && 给 BB 数组的第二行、第一列的下标变量赋值 400
? AA(1),AA(2)                                && 输出结果为 100  .F.
? BB(1,1),BB(1,2),BB(2,1),BB(2,2)           && 输出结果为 200  .F.  400  .F.
```

6. 提示信息对话框函数

在程序执行过程中可能需要提示用户操作，在 Windows 环境下，一般用提示信息对话框来提示，实现此功能的 Visual FoxPro 函数是 MESSAGEBOX 函数，其简单语法格式如下：

```
MESSAGEBOX(<提示信息字符串>，<标题>)
```

【例 2-18】 修改【例 2-17】，在显示提示信息框之后输出结果。

```
DIMENSION AA(2),BB(2,2)
AA(1)=100
BB(1,1)=200
BB(2,1)=300 + AA(1)
MessageBox("按任意键继续","提示！")     && 显示提示信息对话框，关闭后继续执行
? AA(1),AA(2)
? BB(1,1),BB(1,2),BB(2,1),BB(2,2)
```

提示信息框函数可以用于获得用户的响应操作，完整的提示信息框函数语法如下：

```
MESSAGEBOX(<提示信息字符串>[,<对话框类型>[,<标题>]])
```

对话框类型是一个整型参数，通过该参数可以指定对话框上包含的按钮、提示图标和缺省按钮。三种设置分别对应三个不同的数（表 2-8），对话框类型参数为三者的和。

表 2-8　对话框类型参数及返回值

对话框类型参数						返回值及说明	
按钮参数及按钮说明		图标参数及说明		缺省按钮参数及说明		1	选择"确定"（OK）
0	确定	16	停止号	0	选中第一个按钮	2	选择"取消"（Cancel）
1	确定，取消	32	问号	256	选中第二个按钮	3	选择"终止"（Abort）
2	终止，重试，忽略	48	感叹号	512	选中第三个按钮	4	选择"重试"（Retry）
3	是，否，取消	64	信息（i）符号			5	选择"忽略"（Ignore）
4	是，否					6	选择"是"（Yes）
5	重试，忽略					7	选择"否"（No）

7. 常用数据类型转换函数

在对表的字段或变量进行处理时常常需要把一种类型的量转换成其他数据类型的量，这时

就需要使用数据类型转换函数。常用的数据类型转换函数如下所述。

（1）STR(<数值表达式>，[<len>[,<n>]])——将给定数值表达式的值转换为长度为 len，包含 n 位小数的字符串。省略 len 和 n 时转换为 10 位宽度的字符串，省略 n 时转换结果没有小数。转换结果最后一位为四舍五入结果，小数点和负号各占一位宽度。

（2）VAL(<数字字符串>)——将数字字符串转换为对应的数值。

（3）CTOD(<字符串>)——将字符串转换为对应的日期值。

（4）DTOC(<日期>|<日期时间>[，1])——将指定日期或日期时间转换为 MM/DD/YY 格式的字符串(选 1 选项则为 YYYYMMDD)。

（5）CHR(<数值表达式>)——返回 ASCII 码（机器码）值与数值表达式结果值相等的代码所对应的字符或汉字（0-255 为 ASCII 字符，33088 以上为汉字和全角字符，无对应字符时产生错误信息）。

（6）ASC(<字符串表达式>)——返回字符串首字符的 ASCII 码（机器码）值。

【例 2-19】 下列语句注释中说明了对应函数的输出结果。

```
? STR(1999.29,6,1)     && 输出：1999.3，小数点后第 2 位四舍五入
? STR(1999.29,6,3)     && 输出：1999.3，宽度不足，只能保留 1 位小数
? STR(1999.29,10,2)    && 输出：   1999.29，前面补 3 个空格补足 10 位宽度
? STR(1999.29,8,3)     && 输出：1999.290，小数位数不足，后面补 0
? STR(1999.29,5,2)     && 输出： 1999，宽度不足以输出小数部分，只输出整数部分
? STR(1999.29,4,2)     && 输出：1999，宽度只够输出整数部分，只输出整数部分
? STR(1999.29,3,2)     && 输出：***，宽度不足以输出整数部分，用*号填充
? VAL("198.23")        && 输出：   198.23,参数是合法数字串，原样转换
? VAL("12ABC")         && 输出：    12.00,参数含有非数字字符，取前面连续数字
? VAL("XY")            && 输出：  0.00,参数首部无数字位，转换结果为 0
? CTOD("07-19-08")     && 输出：07-19-2008，参数为月日年格式
? DTOC({^2008-9-18})   && 输出：09-18-2008
? CHR(101)             && 输出：e，即"e"的 ASCII 码是 101
? CHR(52912)           && 输出：伟，即"伟"的机器码是 52912
? ASC("ABC")           && 输出：65，即 A 的 ASCII 码是 65
```

8．常用数值函数

数值型函数的参数及返回值均为数值型数据。常用数值函数如下所述。

（1）ABS(<数值表达式>)——返回表达式的绝对值。

（2）SIGN(<数值表达式>)——取表达式运算结果的符号（负数返回–1，零返回 0，正数返回 1）。

（3）SQRT(<数值表达式>)——求表达式运算结果的平方根。

（4）INT(<数值表达式>)——对表达式运算结果取整（简单去掉小数部分）。

（5）FLOOR(<数值表达式>)——取底，返回小于或等于表达式结果的最大整数。

（6）CEILING(<数值表达式>)——取顶，返回大于或等于表达式结果的最小整数。

（7）ROUND(<数值表达式>,<舍入位置>)——对表达式结果按指定位置下一位四舍五入（舍入位置：正数为舍入到小数位数，0 为舍入到个位，负数为舍入到个位前位数）。

（8）MOD(<数值表达式 1>,<数值表达式 2>)——求数值表达式 1 除以数值表达式 2 后的余数（等效于取模运算）。

（9）MAX(<表达式序列>)——求表达式序列中各结果的最大值。

（10）MIN(<表达式序列>)——求表达式序列中各结果的最小值。

（11）RAND([数值表达式])——省略数值表达式时返回一个（0，1）区间内的随机小数，有参数时，参数不变则结果亦不变。

【例 2-20】 下列语句注释中说明了对应函数的输出结果。

```
? ABS(-18.8)*SIGN(-12.22)/SQRT(100)   && 输出：-1.88
? FLOOR(-18.8)                        && 输出：-19，小于-18.8 的最大整数是-19
? FLOOR(18.8)                         && 输出： 18，小于 18.8 的最大整数是 18
? CEILING(-18.8)                      && 输出：-18，大于-18.8 的最小整数是-18
? CEILING(18.8)                       && 输出： 19，大于 18.8 的最小整数是 19
? ROUND(188.768,2)   && 输出：188.77，保留 2 位小数，第三位小数进位 1
? ROUND(18.768,0)    && 输出：19，无小数，第一位小数进位 1
? ROUND(18.768,-1)   && 输出：20，在个位上四舍五入，个位向十位进位 1
? ROUND(18.768,-2)   && 输出：0，在十位上四舍五入，不产生进位，百位是 0
? ROUND(88.768,-2)   && 输出：100，在十位上四舍五入，进位 1，百位是 1，
? MOD(199,9)                          && 输出： 1，199 除以 9 的余数为 1
? MAX(1,22,23,11,223,4,255)           && 输出： 255
? MIN(1,22,23,11,223,4,255)           && 输出： 1
? INT(RAND()*10+1)                    && 输出 1-10 之间的随机整数
```

9．常用日期时间函数

常用日期时间函数如下所述。

（1）DATE()——返回当前系统日期（日期型）。

（2）TIME()——返回当前系统时间字符串（字符型），形如<时>:<分>:<秒>，如 11:20:45。

（3）DATETIME()——返回当前系统日期和时间（日期时间型）。

（4）YEAR(<日期表达式>|<日期时间表达式>)——返回指定日期或日期时间的年份数值。

（5）MONTH(<日期表达式>|<日期时间表达式>)——返回指定日期或日期时间的月份数值。

（6）DAY(<日期表达式>|<日期时间表达式>)——返回指定日期或日期时间的日数值。

（7）HOUR(<日期时间表达式>)——返回指定日期时间的小时数值。

（8）MINUTE(<日期时间表达式>)——返回指定日期时间的分数值。

（9）SEC(<日期时间表达式>)——返回指定日期时间的秒数值。

【例 2-21】 已知字段变量 SR 为出生日期（日期型），请计算年龄。

计算年龄最简单的办法是用当前的年度减去 SR 的年度，结果是周岁。当前日期可以通过 DATE()函数求得，当前年度为 YEAR(DATE())，计算年龄的表达式为：

```
YEAR(DATE()) - YEAR(SR)
```

10．常用字符串处理函数

在程序中经常需要进行字符串处理，选择合适的字符串处理函数非常重要。常用的字符串处理函数如下所述。

（1）LEN(<字符串表达式>)——返回字符串长度（一个 ASCII 字符长度为 1，一个全角字符长度为 2）。

（2）LOWER(<字符串表达式>)——将字符串中大写字母转换为小写。

（3）UPPER(<字符串表达式>)——将字符串中小写字母转换为大写。

（4）SPACE(<数值表达式>)——生成包含指定个数空格符的字符串。

（5）TRIM(<字符串表达式>)——去掉字符串尾部连续空格。

（6）LTRIM(<字符串表达式>)——去掉字符串首部连续空格。

（7）ALLTRIM(<字符串表达式>)——去掉字符串首尾连续空格。

（8）LEFT(<字符串表达式>,<长度>)——取指定长度的左子串。

（9）RIGHT(<字符串表达式>,<长度>)——取指定长度的右子串。

（10）SUBSTR(<字符串表达式>,<起始位置>[,<长度>])——从指定起始位置取指定长度子串。省略长度时一直取到字符串结尾字符。

（11）AT(<字符串表达式 1>,<字符串表达式 2>[,<次数>])——查找字符串 1 在字符串 2 中出现指定次数时的位置，省略次数等效于 1，区分大小写。

（12）ATC(<字符串表达式 1>,<字符串表达式 2>[,<次数>])——功能同 AT，不区分大小写。

（13）OCCURS(<字符串表达式 1>,<字符串表达式 2>)——测试字符串 1 在字符串 2 中出现的次数，区分大小写。

（14）REPLICATE(<字符串表达式>,<重复次数>)——将指定字符串连续重复连接指定次数后形成新字符串。

【例 2-22】 下列语句注释中说明了对应函数的输出结果。

```
? LEN(ALLTRIM(SPACE(10)+"AAAAA"))      && 输出：5
? UPPER(LOWER("aBcDE"))                && 输出：ABCDE
? SUBSTR("1234567890",4,60)            && 输出：4567890
? SUBSTR("1234567890",1)               && 输出：1234567890
? SUBSTR("1234567890",15,6)            && 输出：（空白），不足 15 个字符，取不到子串
? RIGHT("1234567890",6)                && 输出：567890，取右端 6 个字符
? RIGHT("1234",9)                      && 输出：1234，不足 9 个字符，取整个字符串
? REPLICATE("123",3)                   && 输出：123123123，123 重复连接 3 次
? OCCURS("a","agfsAgayyawq")           && 输出：3，"a"出现 3 次
? AT("a","agfsAgayyawq",3)             && 输出：10，a 第三次出现的位置为 10
? ATC("a","agfsAgayyawq",3)            && 输出：7，a（包括 A）第 3 次出现的位置是 7
? AT("a","agfsAgayyawq",8)             && 输出：0，没出现 8 次，结果为 0
```

2.1.4 程序的执行与相互调用

可以在项目管理器中执行程序，也可以在命令窗口执行程序。

在项目管理器中执行程序的步骤如下：

<1> 在项目管理器"代码"选项卡中展开"程序"节点并选中要执行的程序；

<2> 点击"运行"按钮即可执行相应的程序。

在命令窗口中通过 DO 命令执行程序，其语法结构如下：

```
DO   <程序文件名>
```

列如，假定有程序文件 example.prg，则可用如下的 DO 命令执行该程序：

```
DO  example
```

在程序中可以调用其他程序，其作用相当于执行一次被调用程序。

【例 2-23】 程序 p2_23.prg

```
CLEAR                    && 清除屏幕信息
SET TALK OFF             && 关闭交互状态
```

【例 2-24】 程序 p2_24.prg

```
DO  p2_23
aaa=120                  && 建立 aaa 变量，赋初值 120
bbb="I am a student"     && 建立 bbb 变量，赋初值字符串 "I am a student"
? aaa, bbb               && 输出 aaa, bbb 的值
```

p2_24 在执行时，首先调用 p2_23 清屏和关闭交互状态操作，然后执行后续语句，其效果与直接执行下列程序代码完全相同：

```
CLEAR                     && 清除屏幕信息
SET TALK OFF              && 关闭交互状态
aaa=120                   && 建立 aaa 变量，赋初值 120
bbb="I am a student"      && 建立 bbb 变量，赋初值字符串 "I am a student"
? aaa, bbb                && 输出 aaa, bbb 的值
```

2.2 利用程序实现表的基本操作

2.2.1 数据库的建立、打开和关闭

可以通过命令建立、打开和关闭数据库。一般来说，先应打开数据库，然后操作其中的数据库表，操作结束后，应先关闭表，然后再关闭数据库。

1．建立数据库

建立数据库的命令是 CREATE DATABASE 命令，其语法格式如下：

```
CREATE DATABASE <数据库名>
```

执行该命令将自动建立由数据库名指定的数据库，同时以独占方式打开该数据库。

2．打开数据库

打开数据库用 OPEN DATABASE 命令，其语法格式如下：

```
OPEN DATABASE <数据库名> [EXCLUSIVE | SHARED] [NOUPDATE]
```

执行该命令将按指定方式打开指定数据库，EXCLUSIVE 选项表示以独占方式打开，SHARED 选项表示以共享方式打开。省略 EXCLUSIVE 和 SHARED 时按系统选项的"数据"选项卡（参见 1.2.1 节图 1-3）中"以独占方式打开"复选框的设置方式打开，选中该复选框时以独占方式打开，未选中该复选框时以共享方式打开。在定义数据库表及关系时需要以独占方式打开数据库，独占打开数据库时，其他用户不能打开该数据库。多个用户可以以共享方式同时打开一个数据库。选择 NOUPDATE 选项时数据库是只读的，不能修改。

3．关闭数据库

关闭数据库的命令是 CLOSE DATABASES 命令，其语法结构如下：

```
CLOSE DATABASES [ALL]
```

执行该命令将关闭当前打开的数据库及该数据库中已经打开的表。选择 ALL 选项时会关闭所有已打开的数据库及已经打开的数据库表及自由表、索引等。

2.2.2 工作区与表的打开和关闭

表及其数据存储在磁盘上，要对某一个表进行操作首先必须把该表的数据从磁盘上读入到程序的内存空间中，这时才能对表的数据进行处理。Visual FoxPro 中用于管理表及其数据的内存空间叫做工作区。Visual FoxPro 可以使用 32767 个工作区，这些工作区依次从 1～32767 进行编号，前 10 个工作区也可以通过别名（A～J）指定。任一时刻只能对一个工作区操作，这个工作区称为当前工作区。每个工作区只能管理一个表，在指定工作区处理表的步骤如下：

<1> 选择一个工作区；

<2> 打开表；

<3> 处理表中的数据；

<4> 关闭表。

在利用 Visual FoxPro 命令进行表处理时必须按照上述步骤进行操作，否则可能导致操作错误。

1．选择工作区

选择工作区用 SELECT 命令，其语法格式如下：

```
SELECT  <工作区号> | <已打开表的别名>
```

工作区号可以是数字（0～32767）或字母（A～J，对应于 1～10 号工作区），分别表示对应编号的工作区。工作区中有打开的表时可以通过表的别名选择对应的工作区。当指定的工作区号为 0 时，表示选择编号最低的可用工作区。比如，1、2、3、4、5、7 号工作区中均有打开的表，这时选择 0 号工作区操作将自动选择 6 号工作区（编号最小的、没有打开表的工作区）。

如果工作区中已经打开了表则可以用表的别名来选择相应的工作区。当前被选中的工作区叫做当前工作区。

2．打开/关闭表

在当前工作区中打开表用 USE 命令，其语法格式如下：

```
USE  [<表名> [ALIAS <别名>] [EXCLUSIVE | SHARED]]
```

表名是表文件名（不含扩展名），如果希望给打开的表取一个别名，在 ALIAS 后面给出别名字符串（命名规则与变量相同）即可。如果不指定别名，则取打开表的表名作为别名。EXCLUSIVE 和 SHARED 用于指定表的打开方式。EXCLUSIVE 为独占方式，SHARED 为共享方式。以独占方式打开表时，网络上的其他用户或程序不能以任何方式打开该表。有些操作，如修改表的结构或彻底删除表中的记录等需要以独占方式打开表。以共享方式打开表时，网络上的其他用户或程序也可以以共享方式打开该表。如果 USE 命令中未指定打开方式，则打开方式取决于打开方式设置，其命令语法格式为：

```
SET EXCLUSIVE ON | OFF
```

如果已经执行了 SET EXCLUSIVE ON 命令，后续打开表时如果未指定共享打开方式，则自动以独占方式打开。反之，如果已经执行了 SET EXCLUSIVE OFF 命令，后续打开表时如果未指定独占打开方式，则自动以共享方式打开。

USE 后面没有任何内容时将关闭当前工作区中已经打开的表。

在用 USE 命令打开表时，如果当前工作区中已经有打开的表，则首先关闭该表，然后再打开新的表。

3．关闭表

可以用 USE 命令或 CLOSE 命令关闭已经打开的表。CLOSE 命令的语法结构如下：

```
CLOSE  ALL
```

CLOSE ALL 命令将关闭所有已经打开的表。

【**例 2-25**】 工作区选择程序举例。

```
SELECT 1                        && 选择 1 号工作区
USE  bmb                        && 在 1 号工作区打开 bmb
SELECT C                        && 选择 3 号工作区
USE zgb ALIAS zg                && 在 3 号工作区打开 zgb，指定别名 zg
SELECT 0                        && 选择了 2 号工作区
USE gzb                         && 在 2 号工作区打开 gzb
* 此处应添加数据处理程序代码
```

```
SELECT bmb                    && 选择 bmb 打开的工作区
USE                           && 关闭打开的表（bmb）
SELECT zg                     && 选择别名是 zg 的表打开的工作区
USE                           && 关闭打开的表（zgb）
SELECT 2                      && 选择 2 号工作区
USE                           && 关闭打开的表（gzb）
```

上述程序中的最后 6 行语句可以用一个 CLOSE ALL 替换，其效果是相同的。

2.2.3 记录定位与检测

表在打开之后，系统就自动为其维护一个记录位置指针，如果表中有 n 个记录，则打开时指针值是 1，指针可以在 1～（n+1）之间变化。在任一时刻，记录指针所指向的记录叫做当前记录，当前记录的字段值可以通过字段名直接引用。

1. 指针位置绝对移动

下面的 3 个命令都是把记录指针指向第 i 号记录：

```
<i>
GO <i>
GOTO <i>
```

可以在命令窗口或程序行中只输入一个数字，执行时会自动把当前工作区中的表记录指针移动到指定记录上。也可以在数字前面（之间至少留 1 个空格）加上 GO 或 GOTO，效果是一样的。上述命令把指针指向固定的记录，如果表中没有相应的记录则会产生"记录超出范围"错误。

下面的两个命令都可以把记录指针移动到第一条记录。

```
GO TOP
GOTO TOP
```

下面的两个命令都可以把记录指针移动到最后一条记录。

```
GO BOTTOM
GOTO BOTTOM
```

2. 指针位置的相对移动

所谓相对移动指针是指从当前记录开始向前（向低记录号）或向后（向高记录号）移动若干记录位置，其最终定位的记录号因当前记录的变化而变化。相对移动记录指针的命令语法格式如下：

```
SKIP <偏移值表达式>
```

偏移值表达式的结果是一个整型值，命令会将记录指针移动到<当前记录号> + <偏移值表达式>确定的记录位置，如果偏移值表达式结果是正数，则向后移动记录指针，如果是负数，则向前移动记录指针。

【例 2-26】 假定下列程序中指针移动不会超出表的实际记录范围（假定记录总数为 100）。程序中指针移动的结果在语句行尾的注释中给出了说明。

```
SET TALK OFF
USE zgb                  && 在当前工作区打开表，当前记录号为 1
AA = 10                  && 给变量 AA 赋值
6                        && 记录指针移动到 6 号记录
SKIP -5 + AA             && 移动记录指针到 6 + (-5 +10) = 11 号记录
GO TOP                   && 移动记录指针到 1 号记录
SKIP 76                  && 移动记录指针到 1 + 76 = 77 号记录
```

```
    SKIP -8                && 移动记录指针到 77 + (-8) = 69 号记录
    SKIP 15                && 移动记录指针到 69 + 15 = 84 号记录
```

3．记录检测函数

在对表进行操作的时候经常会面临这样的问题：

（1）表中有记录吗？如果有记录，记录总数是多少？

（2）当前记录指针是多少？

（3）指针能向前或向后移动吗？

（4）刚刚执行的记录查找操作成功了吗？

（5）当前记录是否已被删除（逻辑删除）？

Visual FoxPro 为此提供了相应的检测函数。表 2-9 给出了这些函数。

表 2-9　记录检测函数

函 数 格 式	返回值说明
RECCOUNT([<工作区号>|<"表别名">])	返回记录总数。无参数时返回当前工作区中打开的表的记录总数。如果指定工作区或别名，则返回指定工作区中打开的表的记录总数
RECNO([<工作区号>|<"表别名">])	返回当前记录号。无参数时返回当前工作区中打开的表的当前记录号。如果指定工作区或别名，则返回指定工作区中打开的表的当前记录号
BOF([<工作区号>|<"表别名">])	返回.T.或.F.，表中无记录或从 1 号记录向前移动记录指针后，BOF 函数返回值为.T.，表示指针已经指向文件开始位置
EOF([<工作区号>|<"表别名">])	返回.T.或.F.，表中无记录或从最后一条记录向后移动记录指针后，EOF 函数返回值为.T.，表示指针已经指向文件末尾
DELETED([<工作区号>|<"表别名">])	返回.T.或.F.，表中当前记录如果已经逻辑删除，DELETED 函数返回值为.T.，否则返回值为.F.
FOUND([<工作区号>|<"表别名">])	返回.T.或.F.，返回.T.表示记录查找成功，当前记录指针定位在满足查找条件的记录上

【例 2-27】 假定下列程序中指针移动不会超出表的实际记录范围（假定记录总数为 100，8 号记录已逻辑删除）。程序中的操作结果在语句行尾的注释中给出了说明。

```
    SET TALK OFF
    CLEAR
    USE zgb                      && 在当前工作区打开表，当前记录号为 1
    ? RECCOUNT(), RECNO()        && 输出结果为记录总数和当前记录号：100        1
    ? EOF(), BOF()               && 输出 BOF、EOF 结果：.F.      .F.
    ? bmh, zgh, zgm              && 输出当前记录的 bmh，zgh，zgm 字段的值
    AA = 10                      && 给变量 AA 赋值
    SKIP -3 + AA                 && 移动记录指针到 1 + (-3 +10) = 8 号记录
    ? RECNO(), DELETED()         && 输出当前记录号和删除标记：      8          .T.
    SKIP -76                     && 移动记录指针到 8 + (-76) = -68 号记录
    ? RECNO(), BOF()             && 输出结果（注意当前记录号不是-68）：     1      .T.
    SKIP 100+AA                  && 移动记录指针到 1 + (100 + 10) = 111 号记录
    ? RECNO, EOF()               && 输出结果（注意当前记录号不是111）：101 .T.
```

在【例 2-27】中，当试图把记录指针移动到第一条记录之前的记录（本例为移动到–68 号记录）时，实际移动结果是把记录指针移动到第一号记录的前一位置，但记录指针是 1。显然，这个指针值并不是指向 1 号记录，通过检测记录号和 BOF 结果可以判定记录指针的实际位置：

如果记录号为 1，且 BOF 返回值为.T.，则记录指针指向第一号记录之前，即指向了文件开始位置（BOF – Begin Of File）。同样，当试图把记录指针移动到最后一条记录之后（本例为移动到 111 号记录）时，实际移动结果是把记录指针移动到最后一条记录的后一位置，指针值为表的记录总数加一，显然，这个记录根本不存在，通过检测记录号和 EOF 结果可以判定记录指针的实际位置：如果 EOF 返回值为.T.，则记录指针指向的是最后一条记录的后面，即指向了文件结束位置（EOF – End Of File）。程序中的第六行直接引用表的字段名：bmh、zgh、zgm，在程序中字段名可以当作变量一样引用（不能通过赋值语句修改），这时，他们的取值是当前记录的对应字段值。

2.2.4 浏览数据

浏览表中的数据是最简单的表操作。可以用 Visual FoxPro 命令或 SQL 命令实现浏览操作。

1. BROWSE 命令

BROWSE 命令的功能十分强大，利用它可以全屏幕浏览编辑当前工作区中已打开的表，只进行数据浏览（不编辑修改数据）的典型语法如下：

```
BROWSE [FIELDS <字段名列表>] [NOEDIT] [TITLE <标题字符串>]
```

FIELDS 选项用于指定浏览的字段（在字段名列表中依次给出），如果选择了 NOEDIT，则浏览窗口不可编辑。不选择 TITLE 选项时，浏览结果窗口的标题即是当前表的别名，选择 TILE 选项时，则显示结果窗口的标题为标题字符串指定的标题。

【例 2-28】 下列程序执行到 BROWSE 命令时会显示如图 2-1 所示的全屏幕浏览窗口，关闭该窗口后程序继续执行 USE 命令关闭 bmb。

```
SELECT 1              && 选择 1 号工作区
USE bmb EXCL          && 以独占方式打开 bmb, EXCL 为 EXCLUSIVE 的简写方式
BROWSE NOEDIT         && 浏览 bmb
USE                   && 关闭 bmb
```

由图 2-1 可知，BROWSE 命令浏览窗口显示字段的标题（在建表时指定，参见 1.2.3 节图 1-12）而不是字段名。浏览窗口标题为表的别名，如果希望改变窗口标题，增加 TITLE 选项即可。

在用 BROWSE 命令浏览表时，记录左端白色框为删除标记区（黑色标记表示记录已被逻辑删除，图 2-1 中 04 号部门即已逻辑删除）。

图 2-1 浏览窗口

2. LIST 命令

LIST 命令用于在主窗口显示在当前工作区中打开的表的内容，其语法结构如下：

```
LIST  STRUCTURE
LIST  [OFF | ON]  [记录范围]  [FIELDS  <字段名列表>]  [FOR  <逻辑表达式>]
```

LIST STRUCTURE 命令显示当前工作区中打开的表的结构信息。

LIST 命令用于显示表的记录，OFF、ON 选项用于指定是否显示记录号，选 ON 或没选 OFF 时显示记录号，选 OFF 则不显示记录号。记录范围用于指定显示处理的记录都有那些，无此选项时表示处理所有记录，指定范围时，可以有以下几种选择：

```
ALL                   表示所有记录
NEXT <n>              表示从当前记录开始的连续 n 个记录
```

```
RECORD <i>           表示第 i 号记录
REST                 表示包括当前记录及其后的所有记录
```

FIELDS 选项用于指定浏览的字段，将按字段名列表中的字段顺序显示结果。FOR 选项用于指定显示哪些记录，在指定的记录范围内，只有那些使逻辑表达式的结果为.T.的记录才被显示。

【例 2-29】　分析下列程序中 LIST 命令的输出结果。

```
CLEAR
SET TALK OFF
SELECT 1                  && 选择 1 号工作区
USE bmb EXCL             && 以独占方式打开 bmb，EXCL 为 EXCLUSIVE 的简写方式
LIST OFF
2
LIST NEXT 3 FIELDS bmm FOR RECNO() > 3
```

第一个 LIST 命令只有 OFF 选项，所以不输出记录号、输出 bmb 所有记录的全部字段内容。输出结果如下（注意第 4 条记录首部的 ＊ 号表示该记录已经逻辑删除）：

BMH	BMM
01	综合管理处
02	经济管理学院
03	计算机学院
*04	机械工程学院
05	电子工程学院

第二个 LIST 命令的范围选项为从当前记录（2 号记录）开始的连续 3 个记录（即 2、3、4 号记录），指定的显示字段是 bmm，条件是记录号大于 3 的记录（显然，只有 4 号记录符合条件，注意部门名之前的 ＊ 号表示该记录已经逻辑删除）。输出结果如下：

记录号	BMM
4	*机械工程学院

对比 BROWSE、LIST 命令的输出结果可以看出他们主要有以下区别：

（1）BROWSE 命令在独立的窗口输出，且可以全屏幕编辑字段值，LIST 命令在主窗口输出，不能编辑输出内容；

（2）BROWSE 窗口显示字段标题，而 LIST 命令显示字段名。

3．DISPLAY 命令

DISPLAY 命令的语法格式与 LIST 命令相同，只要把 LIST 换成 DISPLAY 就行了。他们的区别在于，LIST 命令会连续输出全部满足条件的记录，当记录较多，一屏不能完整显示时，会自动滚动屏幕内容，最后屏幕上显示的只是最后若干条记录的内容；而 DISPLAY 命令会在输出满屏时暂停输出并提示用户，在用户点击鼠标或按下任一键之后再继续输出下一屏内容，其优点是用户可以仔细看清每一屏的输出内容。另外，在缺省范围选项时 DISPLAY 命令只显示当前记录。

4．用 SQL 命令浏览表的内容

在利用上述 Visual FoxPro 命令浏览表时，总是浏览当前工作区中已经打开的表，也就是说，他们的操作结果会因当前工作区中打开的表的不同而不同。

在 2.1.1 节所提到的 SQL 命令也可用于浏览表的内容，其优点是不需要选择工作区，也不必预先打开表，SQL 命令会根据命令的要求自动选择工作区并打开相应的表。可以用于浏览表的内容的 SQL 命令是 SELECT – SQL 命令（请注意：它和选择工作区的 Visual FoxPro 命令是不同的），其简单语法格式如下：

```
SELECT  [ALL | DISTINCT]  <输出字段名列表>
FROM  <表名>
[WHERE  <逻辑表达式>]
```

选择 ALL 时，输出所有符合检索条件的记录，选择 DISTINCT 时，将滤除重复的输出记录。未选择 ALL 及 DISTINCT 时按 ALL 处理。输出字段名列表中给出浏览的字段名，输出顺序与列表中的字段名先后顺序一致。当输出内容是表的所有字段且顺序与表的字段定义顺序相同时，可以用星号（*）代替。没选 WHERE 选项时，浏览表的所有记录，有 WHERE 选项时，只浏览使逻辑表达式的值为.T.的记录。在逻辑表达式中可以包含变量、字段名、函数、常数、对象属性等。

SELECT – SQL 命令会把结果显示在一个独立的窗口中，而不是在主窗口输出结果。

执行 SELECT * FROM bmb 命令的输出结果如图 2-2 所示。

Bmh	Bmm
01	综合管理处
02	经济管理学院
03	计算机学院
04	机械工程学院
05	电子工程学院

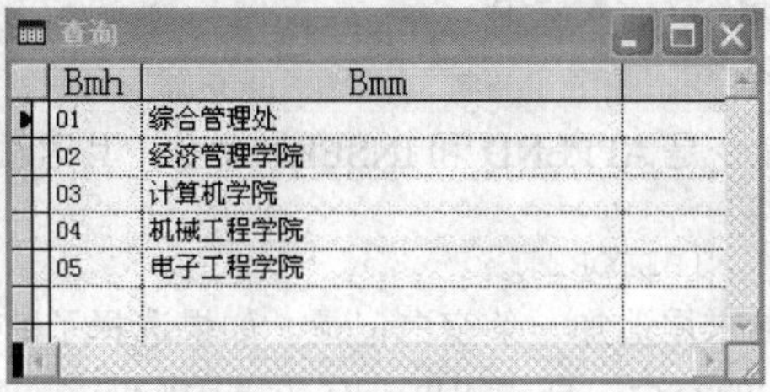

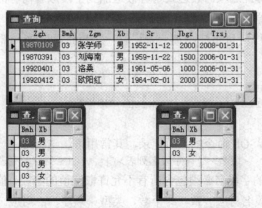

图 2-2 SELECT – SQL 命令输出窗口

命令 SELECT bmh, bmm FROM bmb 的执行结果与图 2-2 相同。命令 SELECT bmm, bmh FROM bmb 的结果与图 2-2 的差别仅仅是列的输出顺序不同而已。

下列命令的执行结果如图 2-3 所示。

```
SELECT * ;
FROM zgb ;
WHERE bmh = "03"

SELECT bmh,xb ;
FROM zgb ;
WHERE bmh = "03"

SELECT DISTINCT bmh,xb ;
FROM zgb ;
WHERE bmh = "03"
```

Zgh	Bmh	Zgm	Xb	Sr	Jbgz	Tzsj
19870109	03	张学师	男	1952-11-12	2000	2008-01-31
19870391	03	刘海南	男	1959-11-22	1500	2006-01-31
19920401	03	洛桑	男	1961-05-06	1000	2006-01-31
19920412	03	欧阳红	女	1964-02-01	2000	2008-01-31

Bmh	Xb
03	男
03	男
03	男
03	女

Bmh	Xb
03	男
03	女

图 2-3 SELECT – SQL 输出举例

图 2-3 中上部窗口是第一个命令的结果，左下方窗口是第二个命令的结果，右下方窗口是第三个命令的结果。03 号部门共有 4 位员工，其中 3 位男性，1 位女性。在第二个命令的结果中包含 3 个相同的行，而在第三个命令的结果中只有两个不同的行。

2.2.5 插入记录

插入记录是表的基本操作之一，录入数据时主要是向表中插入或追加新记录。如果插入新记录的位置是在最后一个记录之后，一般叫做追加记录，如果插入位置不是表的末尾，则称为插入记录。

可以利用 Visual FoxPro 命令插入记录，也可以用 SQL 命令插入记录。用 Visual FoxPro 命令插入记录时可能需要移动记录指针以定位插入记录的位置，用 SQL 命令插入记录时则不需要移动指针，SQL 命令会自动确定插入位置。

1. Visual FoxPro 命令

向表中添加新记录的命令是 APPEND 和 INSERT 命令，其语法格式如下：

```
APPEND [BLANK]
INSERT [BLANK] [BEFORE]
```

APPEND 命令会在表的末尾追加一条空白记录。如果选择了 BLANK，追加记录后自动结束操作，当前记录为新增加的空白记录。如果没有选择 BLANK，则会启动编辑窗口，用户可以编辑相应的新记录。在程序中一般应选择 BLANK。

INSERT 命令可以在当前记录位置插入记录。选择 BEFORE 时，在当前记录之前插入一条记录，否则在当前记录之后插入一条记录。如果选择了 BLANK，在插入空白记录后结束执行，否则启动编辑窗口。在程序中一般应选择 BLANK。APPEND 和 INSERT 命令执行完后，记录指针指向刚刚添加的记录。

无论是 APPEND BLANK 还是 INSERT BLANK 都只是在表中增加了一条空白记录，在程序中还需要用其他命令为新记录赋予确定的字段值（不能用赋值语句实现）。实现为记录字段赋值的命令是 REPLACE 命令，其语法格式如下：

```
REPLACE <替换字段名列表>
```

替换字段名列表项格式如下：

```
<字段名> WITH <表达式> [ADDITIVE]
```

REPLACE 命令会依次用对应表达式的值替换当前记录对应字段的值，ADDITIVE 选项仅用于 MEMO 字段，选择此选项时表达式内容被追加到字段原有内容的后面，未选此选项时则用表达式内容替换字段原有内容。

【例 2-30】 利用程序向 bmb 中追加一条记录，其 bmh 为：06，部门名是：理学院。

```
SELECT 0
USE bmb
APPEND BLANK
REPL bmh WITH "06", bmm WITH "理学院"
```

2. SQL 命令

可以利用 INSERT – SQL 命令插入新记录，其常用语法结构为：

```
INSERT INTO <表名> [(<字段名列表>)] VALUES（<值列表>）
```

字段名列表中给出的字段名必须包含所有不允许取空值的字段，值列表中给出的值序列必须与字段名列表中的字段名对应一致，即个数、类型、顺序一一对应。如果字段名列表包含表的全部字段且顺序与表的结构定义顺序相同，则可省略字段名列表。值列表中须给出与结构定义字段类型、顺序、个数对应一致的值序列。

利用 INSERT – SQL 命令向表中插入记录时同样不需要预先打开表。实现【例 2-30】相同功能的 SQL 命令如下：

```
INSERT INTO bmb(bmh,bmm) VALUES("06", "理学院")
```

上述命令也可简写为：

```
INSERT INTO bmb VALUES("06", "理学院")
```

需要注意的是，用 INSERT – SQL 命令插入记录时，给出的字段名顺序可以任意。例如，下面的命令与前两个命令的作用是一样的：

```
INSERT INTO bmb(bmm,bmh) VALUES("理学院", "06")
```

2.2.6 修改记录

数据库管理的主要日常工作之一是修改记录，修改记录的原因可能是：

（1）由于数据录入错误需要修改；

（2）由于客观事物的变化需要修改。

修改数据的时效往往决定了数据库系统的实际应用效果。比如，工资管理软件不能及时反映工资调整的情况会有什么结果，某人已经调离是否可以依然给其发工资。

利用 Visual FoxPro 命令修改记录的步骤如下：

<1> 选择合适的工作区并打开表（如果表已经打开则只选择其打开的工作区即可）；

<2> 定位并将记录指针指向待修改的记录；

<3> 利用 REPLACE 命令（2.2.5 节已介绍）修改记录。

前面已经介绍了移动记录指针的命令，他们可以用于定位记录，但有很大的局限性。比如，把记录指针定位到 bmh 为 06 的记录就难于用这些命令实现，因为只知道这个记录的一个字段的值是什么，并不知道它的记录号究竟是多少。可以实现记录查找定位操作的命令是 LOCATE 命令（还有两个索引查找命令 SEEK 和 FIND 将在 3.5.1 节中介绍），其语法格式为：

```
LOCATE FOR <逻辑表达式>
```

LOCATE 命令会把记录指针移动到当前表中第一个使逻辑表达式的值为.T.的记录，如果没有符合条件的记录，则会把记录指针移动到文件尾（EOF 函数返回值为.T.），执行该命令时可以依据 EOF 函数的返回值判定是否查找到满足条件的记录。也可以用 FOUND 函数判断是否查找到满足条件的记录，执行 LOCATE 命令后，如果 FOUND 函数返回.T.，则找到了满足条件的记录，否则没找到满足条件的记录。在 2.4 节中给出了利用 EOF 和 FOUND 函数进行查找判断的例子。

【例 2-31】 把 bmh 为 03 的部门的部门名修改为：计算机科学与工程学院。

```
SELECT 0
USE bmb
LOCATE FOR bmh = "03"
REPL bmm WITH "计算机科学与工程学院"
```

【例 2-31】程序在执行时可能发生处理错误，比如，当 03 号记录不存在时记录指针会指向最后一条记录之后，即指向了一条不存在的记录，接着的 REPLACE 命令就会产生错误。一般在利用 LOCATE 命令定位记录时应立即判断是否成功定位到符合条件的记录，其条件是 EOF() 返回的结果不是.T.。本教材 2.4 节中讲到的条件（IF）语句可以解决这样的判断处理问题。

也可以用 UPDATE – SQL 命令修改记录，其典型语法结构如下：

```
UPDATE <表名>
```

```
SET  <字段名 1> = <表达式 1>[, <字段名 2> = <表达式 2> … ]
WHERE  <逻辑表达式>
```

UPDATE – SQL 命令会把指定表中所有使逻辑表达式取值为.T.的记录的指定字段值替换为对应表达式的值。如果不存在满足条件的记录则什么也不做。在 UPDATE – SQL 命令的表达式和逻辑表达式中可以包含变量、字段名、函数、常数、对象属性等，但在 SET 选项的赋值表达式中不能包含对象属性（参见 2.3.5 节例 2-33）。实现例 2-31 功能的 UPDATE – SQL 命令为：

```
UPDATE bmb SET bmm = "计算机科学与工程学院"  WHERE bmh = "03"
```

用 SQL 命令的好处是有符合条件的记录则修改之，无则不修改，不会产生错误。而且只用一条命令就可以了，效率更高。

2.2.7 删除记录

删除记录也是数据库日常维护的基本操作，例如，当一个员工调离之后就要删除其职工及工资信息。可以用 Visual FoxPro 命令删除记录，也可以用 SQL 命令删除记录。

逻辑删除记录的 Visual FoxPro 命令的语法格式如下：

```
DELETE  [<范围>]  [FOR <逻辑表达式>]
```

省略范围和逻辑表达式选项时将删除当前记录（如果记录不存在则不删除任何记录），只选择范围时删除指定范围内的记录，选择了逻辑表达式选项时将删除指定范围内使逻辑表达式取值为.T.的所有记录。

逻辑删除记录的 DELETE – SQL 命令语法格式如下：

```
DELETE  FROM  <表名>
WHERE  <逻辑表达式>
```

该语句将会从指定表中逻辑删除所有使逻辑表达式取值为.T.的记录。与其他 SQL 命令一样，在逻辑表达式中可以包含变量、字段名、函数、常数、对象属性等。

逻辑删除只给删除记录设置删除标记，必要时可以恢复被删除的记录（即解除逻辑删除状态），实现此功能的 Visual FoxPro 命令语法格式如下：

```
RECALL  [<范围>]  [FOR <逻辑表达式>]
```

省略范围和逻辑表达式选项时将恢复当前记录（如果记录不存在则不恢复任何记录），只选择范围时恢复指定范围内的记录，选择了 FOR 选项时将恢复指定范围内使逻辑表达式取值为.T.的所有记录。

如果希望彻底删除，即物理删除记录（参阅 1.3.3 节），则应执行 PACK 命令，该命令没有任何选项，它会把所有已经标记为逻辑删除的记录从表中清除掉。物理删除后的记录就不存在了，因此也就不能用 RECALL 命令恢复。只有以独占方式打开的表才能彻底删除其记录。

在浏览表时，往往能够看到已经逻辑删除的记录。如果希望只处理那些没被逻辑删除的记录的话，就应把逻辑删除的记录滤除掉，可以用以下命令设置：

```
SET  DELETED  {ON|OFF}
```

执行 SET DELETED ON 命令后，已经逻辑删除的记录被过滤掉（即浏览编辑时看不到）。执行 SET DELETED OFF 命令后，浏览编辑时可以看到已经逻辑删除的记录。

2.3 利用表单及表单控件改进操作界面

在2.2节中介绍了如何在程序中实现对表的基本操作。在程序执行的过程中，如何向程序提交用户的操作请求、程序如何把处理结果展示给用户是程序设计的核心问题之一，一般把这两种操作的程序实现叫做用户与程序的交互接口或界面（Interface）。在 Visual FoxPro 中，可以用表单（Form）实现交互界面。表单设计是 Visual FoxPro 程序设计的核心和基础，表单可以像程序一样调用和运行。

2.3.1 建立和运行表单

建立表单的步骤如下：

<1> 在项目管理器的"文档"选项卡中选定"表单"节点；

<2> 点击"新建"按钮，系统显示与图1-8相似的"新建表单"对话框（提示文字中的"数据库"换为"表单"）；

<3> 点击"新建"按钮即可进入表单设计器窗口（图2-4左侧，标题为 Form1 的窗口即是新建的表单）；

<4> 在表单设计器窗口可以设置表单属性和设计表单事件程序；点击"数据环境"按钮、"属性窗口"按钮、"代码窗口"按钮、"表单控件工具栏"按钮、"布局工具栏"按钮等工具栏按钮可以切换显示相应的窗口或工具栏；选择"显示"菜单中相应的菜单项同样可以切换显示相应的窗口或工具栏；

<5> 在属性窗口（图2-4右侧）可以编辑修改表单属性；在"对象选择下拉表中"选择相应的表单后，即可在属性窗口中编辑修改该表单的属性；

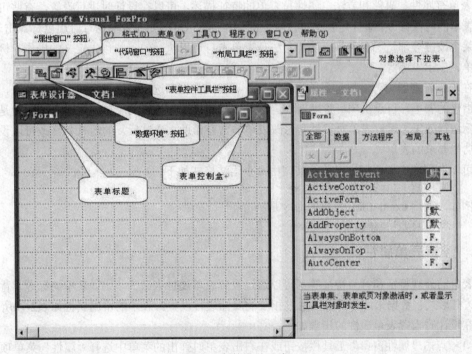

图 2-4　表单设计器窗口

<6> 设计完成后，可以点击"保存"工具栏按钮或选择"文件"菜单的"保存"菜单项保存设计好的表单，这时，系统显示"另存为"对话框（图2-5）；

<7> 选择保存文件夹（在"保存在"下拉列表中选择，对话框预置的文件夹为默认目录文

件夹），在"保存表单为"输入文本框输入表单文件名（不需要输入扩展名），点击"保存"按
钮即可保存表单到指定文件夹中，表单文件的扩展名为.SCX；

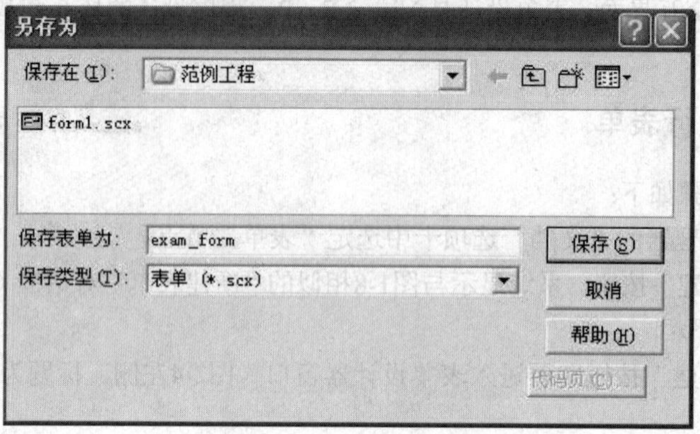

图 2-5 "另存为"对话框

<8> 可以运行测试已设计的表单，在保存完新表单或打开已有表单后，选择"表单"菜单
中"执行表单"菜单项或点击"运行"工具栏按钮（标题为感叹号的按钮）即可运行表单。

表单建立之后可以继续修改，在项目管理器"文档"选项卡中展开"表单"节点，然后选
中指定的表单，再点击"修改"按钮即可打开表单设计器修改表单。

表单有属性、事件和方法。属性是表单的特征描述，可以在设计时进行设置，有些可以在
运行表单的时候修改。事件是表单可以响应的操作的定义，例如在表单运行时用鼠标点击表单、
按下某个按键等都是一个表单事件。方法是表单本身可以执行的一些预先定义的操作，例如隐
藏表单、显示表单等。

在项目管理器中可以运行表单。在项目管理器"文档"选项卡中展开"表单"节点，然后
选中指定的表单，再点击项目管理器"运行"按钮即可运行相应的表单，这时看到的就是表单
的实际运行效果。运行表单对设计和修改表单非常有帮助，通过反复的运行和修改可以设计出
满足功能要求的表单。

可以在程序中调用运行表单，其调用命令语法格式如下：

    DO FORM <表单文件名.SCX>

例如，调用 exam_form 表单的命令是：

    DO FORM exam_form.scx

2.3.2 设置表单属性

表单的外观特征和行为特征等都可以通过设置表单属性来改变，比如表单的标题、背景颜
色、边框形式、数据来源等都可以通过相应的属性进行设置。表单的常用属性如表2-10所示。

在设计时设置表单属性的步骤如下：

<1> 点击"属性窗口"工具栏按钮或在右击表单时弹出的菜单中选择"属性"菜单项都可
以打开表单的属性窗口；属性窗口中"全部"选项卡中按字母顺序列出了全部属性和方法，其
他选项卡则分类列出全部属性和方法；

<2> 在属性窗口中选中待设置属性（用鼠标点击相应属性行即可）；

<3> 在属性编辑区选择或输入新的属性值，然后按回车键即可（图2-6）。

表 2-10　表单常用属性

属 性 名	类 型	说 明
Name	字符型	表单名。只能在设计表单的时候（设计时）设置，运行表单的时候（运行时）不能修改
Caption	字符型	表单标题。可以在设计时编辑修改，也可以在运行时赋值修改
WindowState	整型	表单初始状态。0为普通窗口，1为最小化，2为最大化。可在设计时和运行时修改
Visible	逻辑型	表单的可见性。.T. 为可见，.F. 为不可见。可在设计时和运行时修改
ControlBox	逻辑型	是否有表单控制盒（窗口右上角最小化、最大化、关闭按钮）。.T. 为有，.F. 为 没有。可在设计时和运行时修改
BorderStyle	整型	表单边框样式。0为无边框，1为单线边框，2为固定对话框，3为可调边框。可在设计时和运行时修改

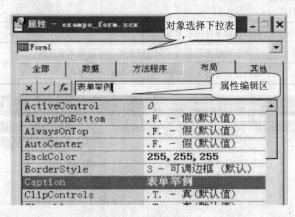

图 2-6　属性窗口

2.3.3　编写表单事件程序代码

　　表单在运行的时候可以响应用户对表单的操作事件，可以在表单事件发生的时候执行一段程序代码，从而完成某一特定的处理功能要求。表单常用事件如表2-11所示。

　　表单事件发生时执行的程序代码需要在设计表单时给出，这段程序代码叫做表单事件程序代码或脚本（Script）。显然，当某一事件发生时所执行的脚本是由设计者预先设计好的，这段脚本对相应的事件进行处理。

　　在表单内的程序代码中设置表单属性时，需要在属性名前加表单文件名前缀（不含扩展名）。如果是修改程序代码所在表单的属性，可以用 ThisForm 代替表单文件名。例如，假定在 Form1（文件名为 Form1.SCX）中修改其 Caption 属性为：表单举例，则可用下面的代码实现：

```
ThisForm.Caption = "表单举例"
Form1.Caption = "表单举例"
```

如果在其他对象脚本中修改，则只能用 Form1.Caption 引用。

　　在表单设计器中双击表单（或点击"代码窗口"工具栏按钮，或者在右击表单时弹出的菜单中选择"代码"菜单项）即可打开表单事件代码设计窗口（图2-7）。

表 2-11 表单常用事件

事 件	发生条件	说 明
Load	装入内存前	表单先要在内存中生成。可以在本事件发生时做一些表单运行环境初始化操作
Init	装入内存后	表单装入内存后要设置其初始状态。可以在本事件发生时做一些表单及表单控件初始化操作
GotFocus	获得焦点时	多窗口（表单）操作时处于激活状态的窗口可以响应用户操作，激活某一窗口该窗口即获得焦点。可以在表单获得焦点时设置表单的状态
LostFocus	失去焦点时	当焦点转移到其他表单时，原来获得焦点的表单即失去焦点。可以在表单失去焦点时处理表单
Click	点击鼠标左键时	可以通过鼠标接受用户的操作请求，在对应的事件代码中进行相应的操作
DblClick	双击鼠标左键时	
RightClick	点击鼠标右键时	
Refresh	刷新表单时	可以在此事件中设置表单控件状态
Destroy	从内存清除前	关闭表单时需要从内存中清除表单。可以在本事件发生时做一些表单控件善后处理操作
Unload	从内存清除后	可以在本事件发生时做一些表单善后处理操作

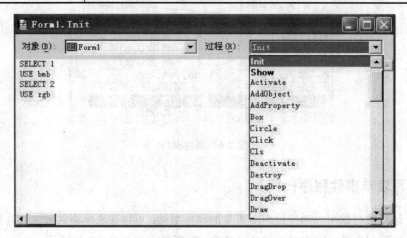

图 2-7 代码设计窗口

在"对象"下拉表中可以选择编写脚本的表单或控件名，在"过程"下拉表中可以选择要编写脚本的事件，在窗口中输入程序代码即可。例如，图2-7中的代码是为 Form1表单的 Init 事件设计的程序脚本，当 Form1装入内存后，分别在1号、2号工作区打开 bmb 和 zgb。

假定希望在用户双击鼠标时用BROWSE命令浏览 bmb，右击鼠标时用 LIST命令显示 bmb，则可编写如下脚本实现。

DblClick 事件脚本：

```
CLEAR
SELECT 1
BROWSE
```

RightClick 事件脚本：

```
CLEAR
SELECT 1
LIST OFF
```

在表单脚本中使用 LIST、DISPLAY、?等命令输出时，输出结果一般会显示在表单上而不是主窗口。使用 CLEAR 命令时会清除表单上显示的输出结果。

在关闭上述 Form1表单时应该把已经打开的表关闭掉，可以编写如下 Unload 事件脚本来实现：

```
SELECT  1
USE
SELECT  2
USE
```

2.3.4 调用表单方法

表单方法是一些预先定义好的操作，可以在程序中直接调用表单方法来完成需要的操作，就像执行普通命令一样。表单常用方法如表2-12所示。

表 2-12 表单常用方法

方　法	功　能　说　明
Release	将表单从内存中清除，即释放表单占用的内存空间。可以调用它关闭表单
Hide	隐藏表单（自动置 Visible 属性为.F.）。与修改 Visible 属性为.F.效果相同
Show	显示表单（自动置 Visible 属性为.T.）。与修改 Visible 属性为.T.效果相同
Cls	清除表单上输出的内容。与 CLEAR 命令的效果相同
Refresh	刷新表单及其上的控件。刷新可以使得表单显示内容与最新数据环境结果一致

在表单内的程序代码中调用表单方法时，需要在方法名前加表单文件名前缀。如果是调用程序代码所在表单的方法，也可以用 ThisForm 代替表单文件名。调用方法时，可以在方法名后加括号，不加也可以，例如，假定在 Form1（文件名为 Form1.SCX）中调用 Hide 方法，则可以用下面的代码实现：

```
Form1.Hide()
ThisForm.Hide
```

要关闭当前表单，则可用下面的命令实现：

```
ThisForm.Release
```

2.3.5 表单控件

在利用表单实现交互界面时，一般需要在表单上放置一些实现特定交互操作功能的对象，即控件来辅助实现预定的操作功能。本节只简单介绍三种控件：标签、文本框和命令按钮。第4章将详细介绍 Visual FoxPro 对象及控件的应用。

点击表单设计器中"表单控件工具栏"按钮或选择"显示"菜单的"表单控件工具栏"菜单项可以切换显示表单控件工具栏（图2-8），其中依次列出了所有可用的控件，当鼠标指向工具栏中的控件按钮时会自动弹出对应控件的控件名提示文本。

图 2-8 表单控件工具栏

向表单添加控件的步骤如下：

<1> 用鼠标按下控件工具栏中的相应控件按钮；

<2> 移动鼠标至表单上欲添加控件的位置，鼠标光标会自动变为十字显示；

<3> 按住鼠标左键向斜上（下）方拖拽，抬起鼠标时即在鼠标划过的区域添加一个指定的控件；

<4> 用鼠标点击某一个控件即选中该控件，选中控件的边缘显示选中标记（图2-9，Text2为选中的控件），把鼠标移动至标记点后按住左键拖拽鼠标可以调整控件的大小（也可以在选中控件后按住 SHIFT 键不放，同时按键盘箭头按键来调整控件大小）；

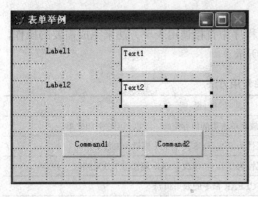

图 2-9　选中控件

<5> 将鼠标指向控件并按住左键拖拽可以移动控件的位置（选中控件，然后按箭头键也可以向箭头方向移动控件位置）。

和表单一样，控件也有属性、事件和方法。设置合适的属性，调用特定的方法，设计合适的事件代码是控件应用的基本内容。

设置控件属性与设置表单属性的方法相同（参见图2-6），选中控制后，属性窗口中即显示选中控件的属性，可以选择要设置的属性，然后在属性编辑区选择或输入新的属性值即可。控件事件代码的设计过程也与表单事件代码设计过程相同，用鼠标双击表单控件即可打开控件事件代码设计窗口（参见图2-7），可以在过程下拉表中选择事件，然后设计相应的事件脚本代码。

所有控件都有 Name（名称）属性，它是控件的标识，一个表单上的控件不能有相同的名称。名称只能在设计时设置，运行时不能修改。本书后续控件属性介绍中均不再介绍 Name 属性。

1. 标签与文本编辑框

标签控件用于显示提示文本，可以通过改变其相应属性动态改变其显示内容或显示方式。图2-9中，标记（实际上显示的内容是 Caption 属性值）为 Label1 和 Label2的控件即为两个标签控件。他们的名字分别是 Label1 和 Label2。标签控件的常用属性如表2-13所示。

表 2-13　标签控件的常用属性

属 性 名	类 型	说 明
Caption	字符型	标签标题，是标签控件显示的内容，可以在设计时编辑修改，也可以在运行时赋值修改
Alignment	整型	标题文本的对齐方式，0为左对齐，1为右对齐，2为居中对齐，可在设计时和运行时修改
FontName	字符型	标题文字字体选择，可在设计时和运行时修改
FontSize	整型	以磅值表示的字号大小，可在设计时和运行时修改
FontBold	逻辑型	为.T.表示加粗显示，为.F.表示正常显示
WordWrap	逻辑型	为.T.时自动调整控件高度并折行显示全部标题文本，为.F.时在一行内显示标题文本，如果宽度不足以显示全部标题文本，则只能显示标题文本左端的部分内容

文本框控件用于显示或编辑输入单行文本数据，在数据录入界面中主要用文本框控件接收用户的输入，然后对输入结果做必要的数据转换再存入表中。图2-9中，标记（实际上显示的内

容是 Name 属性值）为 Text1 和 Text2的控件即为两个文本框控件，它们的名字分别是 Text1和 Text2。文本框控件的常用属性如表2-14所示。

表 2-14　文本框控件的常用属性

属 性 名	类 型	说 明
ControlSource	字符型	与文本框绑定的表的字段名
Value	任意类型	保存文本框的输入值，其类型与绑定的字段类型相同，可在设计时和运行时修改
Text	字符型	保存文本框的输入文本字符串，只读
Alignment	整型	输入文本的对齐方式。0为左对齐，1为右对齐，2为居中对齐，3为自动，可在设计时和运行时修改
FontName	字符型	文本框文本字体选择，可在设计时和运行时修改
FontSize	整型	以磅值表示的字号大小，可在设计时和运行时修改
FontBold	逻辑型	为.T.表示加粗显示，为.F.表示正常显示
Format	字符型	文本显示格式
ReadOnly	逻辑型	为.T.时文本框只读，这时不能编辑录入内容
MaxLength	整型	允许的最大文本长度，可以用于控制输入字符串的长度
PasswordChar	字符型	口令占位填充字符，设置该属性时，会在用户输入字符位置显示指定字符而不是显示实际输入的字符，这样可以提高安全性
InputMask	字符型	是一个控制用户输入的字符串，叫做输入掩码，可以减少用户的输入错误
TabStop	逻辑型	为.T.时，按 Tab 键可以选中控件，否则不能选中控件
TabIndex	整型	从0开始的整数值，按 Tab 键时，依次从低到高选中 TabStop 设置为.T.的控件
SelectOnEntry	逻辑型	为.T.时，在文本框被选中时自动选中所有文本，为.F.则不自动选中文本

一般总是把标签控件和文本框控件结合使用，用标签控件显示文本框控件的说明信息，用文本框控件接收用户的输入结果。

一般不需要控制标签控件的事件，也基本不会使用标签控件的方法。关于文本框控件的事件和方法的应用将在第4章介绍。

【例2-32】　修改图2-9表单，用于输入部门号和部门名。

可以按表2-15设置控件属性。

表 2-15　控件属性设置

控 件	属 性	设 置 值	控 件	属 性	设 置 值
Label1	Caption	部门号：	Text1	MaxLength	2
Label2	Caption	部门名：	Text2	ReadOnly	.F.
Text1	ReadOnly	.F.	Text2	MaxLength	60

Text1 和 Text2分别用于输入部门号和部门名，其允许输入字符串长度与 bmb 中字段定义长度相同。由于这两个控件的 ReadOnly 属性设置为.F.，因此运行时可以输入内容，输入结果字符串可以通过 Text 属性得到。由于没有设置 ControlSource 属性，所以 Value 属性取其初值类型，缺省为"无"，按字符型处理（缺省类型可以在选项设置的"字段映象"选项卡中设置或查看，参见1.2.1节图1-3）。

当用文本框接收输入数据时，由于用户的操作问题，输入的内容可能不合理，比如【例2-32】中应该在 Text1中输入两位数字编码，表2-15的设置只能控制用户的输入字符个数不超过两个字符，但并不能控制用户输入的两个字符一定都是数字。可以用输入掩码进一步控制用户的输入。

输入掩码是一个特殊的字符串，它的字符个数限定了用户能够输入的字符串长度，它的每一个字符决定了用户在输入时在字符串的对应位置可以输入的字符限制。掩码字符串中常用的字符及其说明如表2-16所示。

表 2-16 常用掩码字符说明

掩 码 字 符	功 能 说 明
X	允许输入一个任意字符，如 XXX 表示可以输入三个任意字符
A	允许输入一个字母，如 AA 表示可以输入两个字母
9	允许输入数字，如9999表示可以输入四位数字
#	允许输入数字、空格、小数点和正负号，如###表示可以输入两位有符号数字或三位无符号数字
$	在指定位置显示货币符，如$999表示允许输入三位数字，其前面显示$符号
.	在指定位置显示小数点，例如$99.99表示可以输入包含两位整数和两位小数的数字，其前面加$符号

为防止用户输入非数字编码，可以设置图2-9中 Text1控件的 InputMask 属性为99，这样用户就只能输入两位数字了，如果输入其他字符，系统会拒绝接收，就像用户没有按字符键一样。

可以通过设置 Format 属性控制文本框数据的输入及显示格式，Format 属性值是一个格式文本串，常用的格式字符及含义如表2-17所示。

表 2-17 常用格式字符说明

格 式 字 符	功 能 说 明
!	仅适用于字符型数据，把所有字母转换为大写显示
$	显示货币符，仅适用于数值型数据
^	以科学记数法显示数据，仅适用于数值型数据
A	允许显示字母
D	使用当前的"区域"日期格式设置显示日期
E	使用英国日期格式
K	在选中控件时选中所有文本
L	显示数值数据的先导0
T	截断输入数据的首尾连续空格字符

【例2-32】的设置可以使相应表单能够接收用户输入的部门号和部门名称，输入之后应该怎么做呢？是修改 bmb 中的已有记录还是添加新记录？假定用户可以选择添加新记录或修改已有记录，用户又如何向表单提交他的操作请求呢？通过命令按钮控件可以解决这样的问题。

2. 命令按钮

命令按钮用于接收和提交用户的操作请求，请求的具体含义在设计按钮控件时即已确定。图2-9中标记（实际上显示的内容是 Caption 属性值）为 Command1和 Command2的两个控件即为命令按钮控件，他们的 Name 属性值分别为 Command1和 Command2。命令按钮控件的常用属性如表2-18所示。

表 2-18 命令按钮控件的常用属性

属 性 名	类 型	说 明
Caption	字符型	命令按钮标题，是命令按钮控件显示的内容，可在设计时和运行时修改
Enabled	逻辑型	命令按钮是否有效，.T.为有效，可以响应用户操作，.F.为无效，不响应用户操作，可在设计时和运行时修改

续表

属 性 名	类 型	说 明
Visible	逻辑型	命令按钮是否可见，.T.为命令按钮可见，.F.为命令按钮不可见，可在设计时和运行时修改
FontName	字符型	标题文本字体选择，可在设计时和运行时修改
FontSize	整型	以磅值表示的标题文本字号大小，可在设计时和运行时修改
FontBold	逻辑型	为.T.表示加粗显示，为.F.表示正常显示
TabStop	逻辑型	为.T.时，按 Tab 键可以选中控件，否则不能选中控件
TabIndex	整型	从0开始的整数值，按 Tab 键时，依次从低到高选中 TabStop 设置为.T.的控件

命令按钮的常用事件如表2-19所示。

表 2-19　命令按钮常用事件

事 件	发 生 条 件	说 明
Click	点击鼠标左键时	一般在此事件脚本中进行预定的操作
RightClick	点击鼠标右键时	也可以在此事件脚本中进行预定的操作

一般通过命令按钮的标题来反映按钮的功能或作用，通过对特定的事件脚本设计来实现预定的操作功能。在控件的事件脚本中引用控件的属性时，需要指定控件所在的表单名、控件名及控件属性名，如果表单是脚本代码所在的表单，则可用 ThisForm 代替表单文件名，比如引用 Form1表单上文本编辑框控件 Text1的 Value 属性可以表示为：

```
Form1.Text1.value
```

在 Form1 的事件脚本或其中的控件事件脚本中也可以用 ThisForm.Text1.Value 表示。

【例2-33】　修改图2-9表单，使得标记为 Command1的命令按钮用于控制添加新记录，标记为 Command2的命令按钮用于控制修改已有记录。即用户点击第一个按钮时把输入的部门号和部门名作为新记录添加到 bmb 中，用户点击第二个按钮时用输入的部门名替换已有记录中部门号和输入的部门号相等的记录的部门名。

可以在表2-15基础上继续按表2-20设置命令按钮控件属性，并适当调整控件大小（图2-10）。

表 2-20　命令按钮属性设置

控 件	属 性	设 置 值
Command1	Caption	添加
Command2	Caption	修改

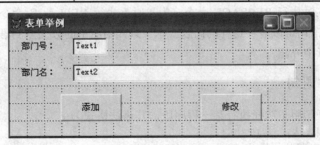

图 2-10　调整后的表单

假定在用户点击 Command1（添加）按钮时添加用户输入的记录，在 Command1 的 Click 事件脚本中用下列代码可以实现相应操作：

```
SELECT  0
USE  bmb
APPEND  BLANK
REPLACE bmh WITH ThisForm.Text1.Text, bmm WITH  ThisForm.Text2.Text
USE
```

点击 Command2（修改）按钮时修改记录，在 Command2的 Click 事件脚本中用下列代码可以实现相应操作：

```
bmm1 = ThisForm.Text2.text
UPDATE  bmb  SET  bmm = bmm1  WHERE  bmh = ThisForm.Text1.text
```

由于在 UPDATE 命令的 SET 选项中不能直接引用对象属性（参见2.2.6节），所以必须引入 bmm1变量，否则会产生错误。

上述 Command1的 Click 事件脚本中打开和关闭表的设计并不合理，每点击一次该按钮，就要执行一次打开和关闭操作，这样会降低系统的效率。可以在打开表单时打开表，在关闭表单时再关闭表，【例2-34】的代码更为合理。

【例2-34】 实现与【例2-33】相同功能的代码。

表单 Init 事件脚本代码：

```
SELECT  0
USE  bmb
```

命令按钮 Command1的 Click 事件脚本代码：

```
SELECT  bmb
APPEND  BLANK
REPLACE bmh WITH ThisForm.Text1.Text, bmm  WITH  ThisForm.Text2.Text
```

表单 Unload 事件脚本代码：

```
SELECT  bmb
USE
```

2.4　程序分支控制

一般情况下，程序的执行顺序是按语句的先后次序依次执行的。有时可能需要改变执行的顺序，比如在2.2.6节【例2-31】曾经遇到这样的问题，当03号记录不存在时，LOCATE 命令的执行结果是使记录指针指向最后一条记录之后（EOF()函数的返回值为.T.），即指向了一条不存在的记录，接着的 REPLACE 命令就会产生错误。如果在 LOCATE 命令执行完后马上判断一下 EOF()返回值，为.F.时执行 REPLACE 命令，为.T.时不执行 REPLACE 命令，这样问题就解决了。程序分支控制语句可以解决这样的问题。本节只介绍简单的分支控制语句，较复杂的分支嵌套结构将在第7章中介绍。

2.4.1　简单条件语句

最简单的 IF 语句用于选择执行某一程序段，其语法格式为：

```
IF  <逻辑表达式>  [THEN]
    <语句序列>
ENDIF
```

当逻辑表达式的取值为.T.时，执行指定的语句序列，然后继续执行 ENDIF 之后的语句。如果逻辑表达式的取值为.F.，则执行 ENDIF 之后的语句，指定的语句序列不被执行。THEN 是可选的，不起任何作用。可以用【例2-35】的代码替换【例2-31】的代码。

　　【例2-35】 实现与【例2-31】相同功能的代码。

```
SELECT 0
USE bmb
LOCATE  FOR  bmh = "03"
IF  NOT  EOF()
        REPL  bmm  WITH  "计算机科学与工程学院"
ENDIF
```

　　在2.3.5节中的例子可能会存在这样的问题：如果输入的部门号与某一已有部门的部门号相等，添加记录时就会出现两个部门的部门号相同的情况，这显然违反了关系的实体完整性要求，即当待添加部门的部门号与某一已有部门号相同时，不应添加该记录，可以给出一个提示，让用户重新输入部门号。用【例2-36】的代码替换【例2-33】、【例2-34】中 Command1 的 Click 事件脚本代码可以解决上述问题。

　　【例2-36】 可以防止添加重复部门编号记录的替换脚本代码。

```
SELECT bmb
LOCATE FOR bmh=ThisForm.Text1.Text
IF NOT EOF()
    MESSAGEBOX("部门号重复，请重新输入!!!")
    RETURN
ENDIF
APPEND BLANK
REPLACE  bmh WITH ThisForm.Text1.Text, bmm WITH ThisForm.Text2.Text
```

　　如果输入的部门号冲突，则提示用户，然后执行 RETURN 语句结束脚本执行（ENDIF 之后的语句没被执行）。如果输入的部门号不存在，则执行 ENDIF 语句之后的语句并添加新部门记录。

2.4.2　分支条件语句

　　简单条件语句只能选择执行一个语句序列，如果需要在两个语句序列中选择执行，就需要用两个简单分支语句实现。例如，【例2-36】脚本代码的执行过程可以描述为：如果部门号存在则提示，否则添加新记录。"提示"和"添加新记录"两个操作选择一个执行，可以用如下【例2-37】的代码实现这种选择操作。

　　【例2-37】 【例2-36】的另一种版本。

```
SELECT bmb
LOCATE FOR bmh=ThisForm.Text1.Text
IF FOUND()
    MESSAGEBOX("部门号重复，请重新输入!!!")
ENDIF
IF  NOT FOUND()
    APPEND BLANK
    REPLACE bmh WITH ThisForm.Text1.Text, bmm WITH ThisForm.Text2.Text
ENDIF
```

　　程序执行完第一个 IF 语句后，继续执行第二个 IF 语句，显然，只有一个 IF 语句的条件成立，即程序只能显示提示信息或添加新记录。实际上可以用更简单的结构实现这种互斥的条件分支，这就要用到分支条件语句，其语法格式如下：

```
IF <逻辑表达式> [THEN]
```

```
        <语句序列1>
    ELSE
        <语句序列2>
    ENDIF
```

分支条件语句的功能是：首先判断逻辑表达式的值，如果为.T.则执行语句序列1，如果逻辑表达式的值为.F.则执行语句序列2，执行完语句序列1或语句序列2之后，继续执行 ENDIF 之后的语句。THEN 是可选的，不起任何作用。

【例2-38】 **【例2-37】** 的改进版本。

```
    SELECT bmb
    LOCATE FOR bmh=ThisForm.Text1.Text
    IF  NOT  EOF()
        MESSAGEBOX("部门号重复，请重新输入!!!")
    ELSE
        APPEND BLANK
        REPLACE bmh WITH ThisForm.Text1.Text, bmm WITH ThisForm.Text2.Text
    ENDIF
```

如果输入的部门号冲突，则提示用户，否则添加新记录。

2.4.3　多分支语句

多分支语句适合于逻辑判断条件很多（3个或3个以上）的情况，多分支语句的语法格式如下：

```
DO CASE
    CASE <条件1>
        <语句序列1>
    [CASE <条件2>
        <语句序列2>
    ......
    CASE <条件n>
        <语句序列n>]
    [OTHERWISE
        <语句序列n+1>]
ENDCASE
```

多分支语句也叫分情况语句，DO CASE 与 ENDCASE 是语句的开始和结束标志，其中至少包含1个 CASE 分支（个数不限），也可包含一个 OTHERWISE 分支。

多分支语句依次检测分支条件，当第 i（$1 \leqslant i \leqslant n$）个分支条件为.T.时，执行语句序列 i，然后转移到 ENDCASE 之后的语句继续执行。当所有分支条件都为.F.时，如果有 OTHERWISE 选项，则执行第 n+1 个语句序列，然后转移到 ENDCASE 之后的语句继续执行，如果没有 OTHERWISE 选项，则转移到 ENDCASE 之后的语句继续执行。

2.5　循 环 控 制

在进行数据处理的时候可能经常会面对这样的问题：对表的每一个记录进行某种特定的处理。这时需要依次考察表的每一个记录，通常选择从第一个（最后一个）记录开始，依次向后（向前）考察每一个记录直到最后一个（第一个）记录处理完之后为止。同样，在进行数学处理的时候可能会面对求解某个数列的前 n 项和问题（n 确定）。解决上述问题时都需要反复执行一个程序段若干次，这就是程序中的循环结构。

【例2-39】 用程序求 1+3+5+7+ … +2k−1　　　　(k=1,2,3,… ,99,100)

解决思路：设一个变量 k，其初值赋为1，再设一个变量 S，其初始值设为0。让下列程序段反复执行100次：

```
S = S + 2*k - 1
k = k + 1
```

执行100次后，S 的值是什么？表2-21依次分析前5次执行的结果。

表 2-21　循环执行结果分析

执行的次数	S 值	k 值	执行的次数	S 值	k 值
0	0	1	4	16	5
1	1	2	5	25	6
2	4	3	⋮	⋮	⋮
3	9	4			

第5次执行的结果刚好是前5项的和，可以很容易推得第100次执行的结果为前100项和。显然，控制上述程序段循环执行100次是解决问题的关键。Visual FoxPro 提供了多种循环控制语句，完全可以实现这样的循环控制要求。

在【例2-39】中的程序段需要反复执行100次，在循环结构中把这种被反复执行的程序段叫做循环体。

2.5.1　DO WHILE 循环

DO　WHILE 循环的语法结构如下：
```
DO WHILE  <逻辑表达式>
     <循环体>
ENDDO
```

DO WHILE 循环在执行循环体之前，先判断循环条件（求逻辑表达式的值），如果条件成立（逻辑表达式结果为.T.）则执行一次循环体，然后继续判断循环条件，如此重复直至条件不成立（逻辑表达式结果为.F.）时结束循环，继续执行 ENDDO 之后的语句。

【例2-40】 用 DO WHILE 循环求 1+3+5+7+ …+2k−1　　　(k=1,2,3,…,99,100)
```
S = 0
k = 1
DO WHILE k<=100
     S = S + 2*k - 1
     k = k + 1
ENDDO
? S
```

在【例2-40】程序中的循环条件为 k<=100，只有当 k 超过100时才结束循环，执行最后的输出语句。如果循环体中不执行 k = k+1，k 就永远是1，循环就永远不会结束。永远也不能结束执行的循环叫做死循环，设计循环时应避免形成死循环。

利用 DO WHILE 循环可以很方便地处理表的记录。

【例2-41】 用 DO WHILE 循环输出 bmb 的全部记录，要求输出形式是：<部门号> --- <部门名>
```
SET  TALK  OFF                        && 关闭交互状态
```

```
CLEAR                           && 清屏幕
SELECT 0                        && 选择最低编号的可用工作区
USE bmb                         && 打开 bmb，记录指针指向 1 号记录
DO WHILE NOT EOF()              && 当 EOF() 为.F.（存在记录）时循环处理当前记录
    ? bmh + "---" + bmm         && 输出当前记录字符串
    SKIP                        && 移动记录指针至下一条记录
ENDDO
USE                             && 关闭 bmb
```

在程序或命令中可以把字段名像变量一样使用，如 bmh + "---" + bmm，这时字段名的取值就是当前记录对应字段的值，有时把如此应用的字段名叫做字段变量。

【例2-41】程序中循环体的执行次数是不确定的，它取决于 bmb 中的记录多少，如果表中无记录，则第一次判断 NOT EOF()时就不成立（表达式的值为.F.），因此一次都不执行循环体。如果表中有 n（n>0）个记录，则会执行 n 次循环体。DO WHILE 循环适用于结束循环条件（或者继续循环条件）确定的循环（循环次数是否确定均可）。

2.5.2 FOR 循环

与 DO WHILE 循环不同，FOR 循环是一种可以预先确定循环次数的循环，其语法结构如下：

```
FOR <循环变量> = <初值> TO <终值> [STEP <增量>]
        <循环体>
ENDFOR | NEXT
```

FOR 循环各语法成分说明如下。

（1）循环变量为一个控制循环次数的变量，它从初值开始，每次循环之后按增量变化，如果没超过终值，则继续下一次循环。

（2）初值和终值是循环变量取值的起点和终点（从小到大，或反之），为数值型量。

（3）增量也叫做步长，省略时，增量自动取1。

（4）增量可以是整数或小数，既可以取正值，也可以取负值。取负值时，终值应小于或等于初值，否则终值应大于或等于初值。

（5）FOR 循环的执行过程是：首先给循环变量赋初值，然后比较循环变量是否超出终值，如未超出则执行循环体一次，执行到 ENDFOR（或 NEXT）时，循环变量按增量增值，接着继续比较是否超出终值，没超出则继续执行循环体一次，如此重复直至循环变量超出终值时结束循环，继续执行 ENDFOR（或 NEXT）语句之后的语句。

（6）循环次数固定，为 INT（（终值–初值）/ 增量）+1次。

【例2-40】的计算项数是确定的，也就是循环次数是固定的，它更适合于用 FOR 循环实现。

【例2-42】 用 FOR 循环求 1+3+5+7+ …+2k–1   (k=1,2,3,… 99,100)

```
S = 0
FOR k = 1 TO 100                && 依次计算 1-100 项
    S = S + 2*k - 1             && 累加当前项
ENDFOR
? S
```

在 FOR 循环中，k 被作为循环控制变量，它从1循环到100，增量为1，经过100次循环之后，刚好把1～100项累加至 S 中。上述代码比【例2-40】中的代码更精练。

也可以用 FOR 循环对表记录进行处理。【例2-41】的处理可以用【例2-43】的代码实现。

【**例2-43**】 用 FOR 循环输出 bmb 的全部记录，输出形式是：<部门号> --- <部门名>

```
SET  TALK  OFF                    && 关闭交互状态
CLEAR                             && 清屏幕
SELECT  0                         && 选择最低编号的可用工作区
USE  bmb                          && 打开 bmb，记录指针指向 1 号记录
FOR I = 1 TO  RECCOUNT()          && 从 1 号记录循环到表的最后一条记录
    ?  bmh + "---" + bmm          && 输出当前记录字符串
    SKIP                          && 移动记录指针至下一条记录
ENDFOR
USE                              && 关闭 bmb
```

【例2-43】中的循环终值为 RECCOUNT()函数返回值，即循环次数等于表中的记录总数。如果表中无记录，则终值为0，循环变量赋初值后即已超出终值，循环结束，循环体一次都没执行。

【**例2-44**】 编程计算 N!，假定1<=N<=18。

可以设置一个变量 S，初值为1，执行一个 I 从1循环到 N，步长为1的 FOR 循环，每次循环都执行：

```
S=S*I
```

循环结束后，S 的结果即是 N!，程序核心代码设计如下：

```
* 输入N
S=1
FOR I = 1 TO N
    S = S*I
ENDFOR
* 输出S
```

可以设计如图2-11所示的表单来输入 N 和输出 S 并执行计算操作。

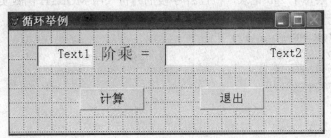

图 2-11　例 2-44 表单

设置 Text1和 Text2的 Value 属性初值为0（即 Value 类型设置为数值型）。设置 Text1的 InputMask 为99。点击"计算"按钮（Command1）时取出 Text1的输入值进行计算并将计算结果写入 Text2，设计 Command1的 Click 事件脚本代码如下：

```
N = ThisForm.Text1.Value          && 取出输入的数值
IF N>=1 AND N<=18                 && 判断 N 是否符合要求
    S=1
    FOR I = 1 TO N
        S = S*I
    ENDFOR
    ThisForm.Text2.Value = S       && 输出 N!
```

```
        ELSE
            MessageBox("数值超范围，请重新输入！","提示！")
        ENDIF
```

"退出"按钮脚本关闭表单，代码在前面的例子中已经介绍，不再赘述。

2.5.3 SCAN 循环

在【例2-41】中，DO WHILE 循环用于依次输出 bmb 的每个记录，循环体中在输出完当前记录后将记录指针指向下一个记录。对于这种循环处理表记录的程序结构，可以使用表扫描循环来实现。表扫描循环语句的典型语法格式如下：

```
        SCAN [<范围>] [FOR <条件>]
            <循环体语句序列>
        ENDSCAN
```

表扫描循环对指定范围内满足 FOR 条件的记录进行循环处理，处理完当前记录后，自动将记录指针指向下一条记录。

【例2-45】 用 SCAN 循环输出 bmb 的全部记录，输出形式是：<部门号> --- <部门名>

```
        SET TALK OFF                    && 关闭交互状态
        CLEAR                           && 清屏幕
        SELECT 0                        && 选择最低编号的可用工作区
        USE bmb                         && 打开 bmb，记录指针指向 1 号记录
        SCAN                            && 对表的所有记录进行循环处理
            ? bmh + "---" + bmm         && 输出当前记录字符串
        ENDSCAN
        USE                             && 关闭 bmb
```

【例2-46】 编程统计 zgb 中每个月份出生的人数。

可以设置一个包含12个元素的数值型数组，其中的第 i 个元素用于保存第 i 个月份出生的人数。可以循环考察每个 zgb 记录，检查 sr 字段的月份（用 MONTH 函数实现），依据月份值累加相应的数组元素，用循环和多分支语句实现的程序代码如下：

```
        DIMENSION MNumber(12)
        USE zgb
        FOR I = 1 TO 12
            MNumber(I)=0
        ENDFOR
        SCAN
            DO CASE
                CASE MONTH(sr) = 1
                    MNumber(1) = MNumber(1)+1
                CASE MONTH(sr) = 2
                    MNumber(2) = MNumber(2)+1
                CASE MONTH(sr) = 3
                    MNumber(3) = MNumber(3)+1
                CASE MONTH(sr) = 4
                    MNumber(4) = MNumber(4)+1
                CASE MONTH(sr) = 5
                    MNumber(5) = MNumber(5)+1
                CASE MONTH(sr) = 6
                    MNumber(6) = MNumber(6)+1
                CASE MONTH(sr) = 7
```

```
              MNumber(7) = MNumber(7)+1
         CASE MONTH(sr) = 8
              MNumber(8) = MNumber(8)+1
         CASE MONTH(sr) = 9
              MNumber(9) = MNumber(9)+1
         CASE MONTH(sr) = 10
              MNumber(10) = MNumber(10)+1
         CASE MONTH(sr) = 11
              MNumber(11) = MNumber(11)+1
         CASE MONTH(sr) = 12
              MNumber(12) = MNumber(12)+1
    ENDCASE
 ENDSCAN
 USE
 FOR I = 1 TO 12
    ? MNumber(I)
 ENDFOR
```

上述代码实际上可以简化，省略多分支语句。SCAN 循环代码可以如下修改：

```
 SCAN
     MNumber(MONTH(sr)) = MNumber(MONTH(sr))+1
 ENDSCAN
```

本章小结与深入学习提示

1. Visual FoxPro 程序是语句和命令的有限序列，它能完成某种特定的功能。程序的执行顺序是按语句的先后次序执行的。可以通过条件分支或循环结构改变程序中某一部分语句的执行次序。在条件分支或循环体内部，语句依然按先后顺序执行。

2. 语句只能在程序中使用，它能被 Visual FoxPro 理解和执行，完成某一特定的操作。命令既可以在程序中使用，也可以在命令窗口中使用。Visual FoxPro 命令可以分成两类，一类是 Visual FoxPro 所特有的命令，他们只能在 Visual FoxPro 中应用，另一类是关系数据库标准语言的命令，即 SQL（Structure Query Language）命令，它是所有大型关系数据库管理系统都支持的命令。SQL 命令一般也称为 SQL 语句。

3. 变量是由用户定义的、在其存在期间取值可以改变的运算量，一般也叫内存变量。相对的，取值确定、不能被改变的量就是常量。由常量、变量、函数等与运算符组成的有运算意义的式子叫做表达式。可以在程序中使用预定义函数来实现某些特定的计算或处理功能。

4. 赋值语句是程序中最重要的语句，它是改变变量取值的主要手段。

5. Visual FoxPro 在处理表的时候是通过工作区来管理操作的表及其数据的。每个待处理的表必须在一个工作区中打开，处理完成后一般需要关闭相应的表。可以通过工作区编号或打开的表的别名来选择工作区。

6. 表一旦打开就可以访问其中的记录。Visual FoxPro 为每个打开的表保存一个记录读写指针，可以通过命令绝对移动或相对移动指针使其指向某一待处理的记录。可以通过函数判断记录指针是否已经处于第一个记录之前或最后一个记录之后，也可以通过函数取得记录指针的当前值和表中的记录总数。

7. 可以利用表单及表单控件实现程序的交互界面。表单、控件都有属性、事件和方法，可以在设计程序的时候（设计时）设置某些属性，也可以在程序中通过程序代码修改属性（运行时）。事件是表单和控件预定义的某种可以被响应和处理的情况，程序运行时对应的事件发生时可以执行一段预先设计好的程序代码（脚本）。表单设计的核心是表单及表单控件的属性设置和事件脚本代码设计。方法是表单和控件中预定义的功能程序，可以在程序中直接调用。

8．程序分支结构是通过特定的语句实现的，这类语句可以使程序选择是否执行某一个程序段。

9．程序的循环结构也是通过特定的语句实现的，这类语句可以使程序反复执行某一个程序段若干次。

习 题 2

1．执行完下列程序段后，变量 VAR1、VAR3的值是多少？
```
VAR1 = 100
VAR2 = 200
VAR3 = {^2001/10/1}
VAR1 = VAR1 + VAR1
VAR2 = VAR2 + VAR2
VAR1 = VAR1 + VAR2
VAR3 = VAR3 + 15
```

2．假定 gzb 中有1050个记录，zgb 中有101个记录，执行下列程序段后的输出结果（输出语句产生的输出）是什么？
```
SELECT 1
USE gzb
SELECT 2
USE zgb
GO BOTTOM
SKIP -1
SELECT 1
SKIP 109
? RECNO(), RECCOUNT(1), RECCOUNT(2), RECNO(2)
```

3．下列程序能实现添加新记录（假定表中不存在 bmh 为91的记录）的要求吗？为什么？
```
SELECT 0
USE bmb EXCL
APPEND BLANK
bmh = "91"
bmm ="设备管理处"
USE
```

4．请参照2.3节的例子设计一个删除部门的表单。该表单可以输入一个部门编号，在用户点击"删除"按钮时从 bmb 中永久删除部门编号与输入的部门编号相同的部门。

5．请用程序实现 zgb 中人员按性别统计，具体实现方法是：依次考察每一个记录，如果该记录是男员工记录则男员工计数增一，否则女员工计数增一。

6．写出用 LIST 命令查找基本工资小于1500的男职工记录的命令序列。

7．用 DISPLAY 命令实现第6题的要求。

第 3 章　数据库管理

在第1章中已经介绍了建立表结构和输入记录的基本方法，利用这些知识可以解决基本的数据管理问题，比如第1章中已经建立的 gzdb（工资管理数据库）和其中的三个表：bmb、zgb 和 gzb。gzdb 数据库还存在一些问题，这就是关系的完整性是否能够得到保证的问题。事实上，第1章中 bmb、zgb 和 gzb 的结构定义尚不能保证关系的实体完整性、参照完整性和用户定义完整性的要求，需要进一步修改它们的结构定义以使其满足完整性要求。Visual FoxPro 是通过索引、关系及有效性规则定义来实现完整性控制的，利用 SQL 表定义命令也可以方便地实现完整性控制定义。

3.1　索　引

索引是与表相对应的、用于快速查找定位表记录的数据的集合，索引中包含一系列索引项，其中包含索引项的值及对应表记录的位置，通过索引可以快速定位表中的记录，从而加快数据处理速度。索引数据一般被保存在单独的索引文件中。索引并不改变表中记录的实际存储位置，它只是在索引文件中按索引值顺序保存索引。索引主要用于实现记录排序和快速查找，还可通过索引实现实体完整性控制。索引的好处是可以提高记录处理效率从而可以显著改善程序的执行效率。

Visual FoxPro 有三类索引：结构复合索引、非结构（独立）复合索引和独立索引。

3.1.1　结构复合索引

在表设计器中建立的索引为结构复合索引，这些索引被保存在与表名相同，扩展名为.CDX 的文件中。结构复合索引在打开表的时候自动打开，与表同步更新，当表中的记录改变时，系统会自动修改相关的索引以维持索引和表中记录的一致性。图3-1为表设计器索引选项卡。

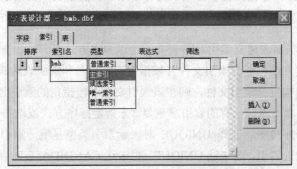

图 3-1　表设计器索引选项卡

1．建立结构复合索引

在表设计器"索引"选项卡中建立的索引被保存在一个与表同名、扩展名是.CDX 的索引文件中，这个索引文件叫做结构复合索引文件，其中的索引都是结构复合索引。结构复合索引与表同时打开和关闭，不需要单独维护。在结构复合索引中可以建立多个（个数不限）索引，每个索引都有一个唯一的索引名（也称为索引标识或索引标签，命名限制与变量相同，长度不超过10个字符）。索引类型包括主索引（只有数据库表才有）、候选索引、唯一索引和普通索引。主索引用于实现实体完整性控制和建立参照完整性控制，指定为主索引的字段表达式（索引关键字）不允许出现重复的值，也不允许出现 NULL 值。候选索引不是主索引，但其限制与主索引相同，它可以成为主索引。唯一索引与候选索引的区别在于，当索引字段表达式出现重复值时只建立唯一的一个索引项，即索引项是唯一的（记录不一定唯一）。普通索引对索引关键字的取值没有限制，索引项中也允许出现重复值。表达式即索引字段表达式，用于定义索引项。如果表达式中只包含一个字段，那么这个字段可以是字符型、数值型、日期型或逻辑型字段。如果表达式中包含多个不同类型的字段，则须用转换函数将相应字段转换为字符型的，然后进行连接运算。点击"表达式"右端的按钮可以打开表达式设计器对话框。"筛选"输入域用于定义筛选表达式，用于过滤记录。筛选表达式是一个逻辑表达式，使该表达式为.T.的记录将被加入到索引中。点击"筛选"右端的按钮可以打开筛选表达式设计器对话框。排序按钮用于定义记录的排序方式，点击该按钮可以在升序和降序之间切换。假定为工资管理数据库建立了如表3-1所示的索引（无筛选定义）。

表 3-1　工资管理数据库表索引

表	索 引 名	索 引 类 型	索引表达式	排　序
bmb	bm	主索引	bmh	升序
zgb	zg	主索引	zgh	升序
zgb	bm_zg	候选索引	bmh+zgh	升序
zgb	bm	普通索引	bmh	升序
zgb	jb	普通索引	jbgz	降序
zgb	sr	普通索引	sr	降序
gzb	gz	主索引	ny+zgh	升序
gzb	yf	普通索引	ny	升序

2．利用命令在结构复合索引中添加新索引

可以通过 INDEX 命令在结构复合索引文件中添加新的索引，其语法为：

```
INDEX ON <索引表达式> TAG <索引名> [ASCENDING|DESCENDING]
[UNIQUE|CANDIDATE]
```

INDEX 命令为当前表建立索引，该表必须是以独占方式打开的。如果当前表没有建立结构复合索引则首先建立结构复合索引文件并按指定的索引名和索引表达式建立一个索引。如果当前表已经建立了结构复合索引文件，则在该索引文件中按指定的索引名和索引表达式添加一个索引，这时的索引名不能与已有的索引名重复。未指定排序方式或选择了 ASCENDING 时按升序排序，否则按降序排序。选择 UNIQUE 时表示索引类型是唯一索引，选择 CANDIDATE 时表示索引类型是候选索引，既未选 UNIQUE，也未选 CANDIDATE 时表示索引类型为普通索引。利用 INDEX 命令不能建立主索引。

【例3-1】下列程序为 zgb 增加一个按 sr 递减顺序排列的普通索引（结果参见图3-2）。

```
SELECT  0                                    && 选择工作区
USE  zgb EXCLUSIVE                            && 以独占方式打开 zgb
```

```
INDEX  ON  DTOC(sr) TAG cs_rq DESCENDING      && 建立 cs_rq 索引，降序排列
USE                                           && 关闭 zgb
```

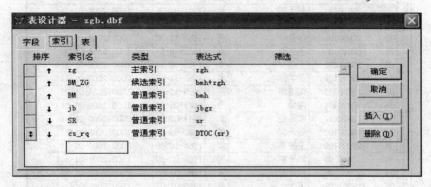

图 3-2 新建立的 cs_rq 索引

本例用 DTOC 函数（参见2.1.3节）把 sr 字段值转换为对应的字符串，按 DTOC(sr)值降序排列的结果是生日日期值大（年龄小）的排在前面，生日日期值小（年龄大）的排在后面。建立完 cs_rq 索引后，zgb 的结构复合索引如图3-2所示。其中的索引顺序可以调整，按住排序符号左侧的按钮上下拖动即可把相应的索引移到指定的位置。

3. 索引的指定与记录排序

在 zgb 的结构复合索引中包含6个索引，在打开该表时可以指定按那个索引排序记录，一般把这个控制记录处理顺序的索引叫做主控索引。可以在 USE 命令中指定主控索引：

```
USE [<表名> [ORDER <n> | [TAG] <索引名> ] [ALIAS <别名>] [EXCLUSIVE
| SHARED]]
```

该命令较2.2.2节中介绍的格式增加了 ORDER <n>|[TAG] <索引名> 选项，该选项用于指定主控索引，可以指定索引序号 n（在表设计器中索引排列的位置次序，依次为1，2，… …）或索引名，指定索引名时在其前面可以加 TAG。

【例3-2】 ORDER 选项应用举例。

```
USE zgb ORDER TAG bm EXCLUSIVE      && 以独占方式、bm 索引为主控索引打开 zgb
BROWSE                              && 输出结果按 bmh 从小到大排列（图 3-3）
USE zgb ORDER 6 ALIAS zgb1          && 以 6 号（cs_rq）索引为主控索引打开 zgb
BROWSE                              && 输出结果按出生日期从大到小排列（图 3-4）
USE                                 && 关闭 zgb
```

在表已经打开之后，如果希望改变主控索引，可以通过 SET 命令实现，其语法格式为：

```
SET ORDER TO [n | [ TAG ] <索引名>]
```

执行 SET ORDER 命令将把当前表的指定索引（由索引号或索引名确定）设置为主控索引。省略所有选项（即 SET ORDER TO）时，将撤消当前表的主控索引，命令执行后，将按记录的物理顺序处理表记录。

下列代码的浏览结果与【例3-2】的浏览结果完全相同：

```
USE zgb EXCLUSIVE              && 以独占方式打开 zgb
SET ORDER TO bm               && 按 bm 索引排序
BROWSE                        && 输出结果同图 3-3
SET ORDER TO 6               && 按 6 号（cs_rq）索引顺序排序
BROWSE                        && 输出结果同图 3-4
USE
```

Zgb

部门号	职工号	姓名	性别	生日	基本工资	调整时间
01	20010101	赵天明	男	1961-01-02	1500	2006-01-31
01	20010102	李旭日	男	1960-09-19	1000	2006-01-31
02	20000101	张良	男	1963-12-30	2000	2008-01-31
02	20010103	王立秋	女	1962-10-01	1500	2006-01-31
02	20011202	王红	女	1963-08-13	1500	2006-01-31
03	19870109	张学师	男	1952-11-12	2000	2008-01-31
03	19870391	刘海南	男	1959-11-22	1500	2006-01-31
03	19920401	洛桑	男	1961-05-06	1000	2006-01-31
03	19920412	欧阳红	女	1964-02-01	2000	2008-01-31
04	20000701	张天凯	男	1962-09-03	1000	2006-01-31
04	20001109	王婷丽	女	1961-12-08	2000	2008-01-31
04	20010203	赵子丰	男	1960-03-09	1500	2006-01-31
04	20030788	孙维志	男	1968-04-05	2000	2008-01-31
05	19881102	宋远	男	1960-01-03	1500	2006-01-31
05	19890810	田杰	男	1962-02-27	1500	2006-01-31
05	19990112	马奔	男	1966-11-17	2000	2008-01-31
05	20020729	周思卿	男	1962-10-01	1500	2006-01-31

图 3-3　以 bm 索引为主控索引的输出结果

Zgb1

部门号	职工号	姓名	性别	生日	基本工资	调整时间
04	20030788	孙维志	男	1968-04-05	2000	2008-01-31
05	19990112	马奔	男	1966-11-17	2000	2008-01-31
03	19920412	欧阳红	女	1964-02-01	2000	2008-01-31
02	20000101	张良	男	1963-12-30	2000	2008-01-31
02	20011202	王红	女	1963-08-13	1500	2006-01-31
05	20020729	周思卿	男	1962-10-01	1500	2006-01-31
02	20010103	王立秋	女	1962-10-01	1500	2006-01-31
04	20000701	张天凯	男	1962-09-03	1000	2006-01-31
05	19890810	田杰	男	1962-02-27	1500	2006-01-31
04	20001109	王婷丽	女	1961-12-08	2000	2008-01-31
03	19920401	洛桑	男	1961-05-06	1000	2006-01-31
01	20010101	赵天明	男	1961-01-02	1500	2006-01-31
01	20010102	李旭日	男	1960-09-19	1000	2006-01-31
04	20010203	赵子丰	男	1960-03-09	1500	2006-01-31
05	19881102	宋远	男	1960-01-03	1500	2006-01-31
03	19870391	刘海南	男	1959-11-22	1500	2006-01-31
03	19870109	张学师	男	1952-11-12	2000	2008-01-31

图 3-4　以 6 号索引为主控索引的输出结果

3.1.2　独立复合索引

独立复合索引也是在一个索引文件中同时维护多个索引，不同的是：

（1）独立复合索引是通过 INDEX 命令建立的；

（2）独立复合索引的文件名与表文件名不同；

（3）独立复合索引不是自动打开和维护的；

（4）建立独立复合索引文件时当前表可以是共享方式打开的。

1．建立独立复合索引

为当前表建立独立复合索引的命令语法格式如下：

```
INDEX ON <索引表达式> TAG <索引名> OF <复合索引文件名> [ASCENDING |
DESCENDING] [UNIQUE | CANDIDATE]
```

该命令在建立结构复合索引命令的索引名后面增加了 OF <复合索引文件名>，它表示在指定的复合索引文件（扩展名自动取.CDX）中建立相应的索引，如果指定复合索引文件不存在，则自动建立该文件，然后添加指定的索引，如果指定复合索引文件存在，则向该文件添加指定的索引。在一个复合索引文件中可以建立多个索引，建立每个索引时都需要执行一次 INDEX命令。

【例3-3】 为 zgb 建立独立复合索引。

```
USE zgb SHARED                  && 以共享方式打开 zgb
INDEX ON bmh+zgh TAG b_z OF bm_zg    && 在 bm_zg.CDX 中建立 b_z 索引
INDEX ON bmh+DTOC(sr) TAG b_s OF bm_zg && 在 bm_zg.CDX 中建立 b_s 索引
USE
```

【例3-3】 为 zgb 建立了一个独立复合索引文件 bm_zg.CDX 并在其中建立了两个索引，第一个索引的索引表达式为 bmh+zgh，索引名为 b_z，升序；第二个索引的索引表达式为 bmh+DTO(sr)，索引名为 b_s，升序，即按部门升序排列，部门相同时，按出生日期从小到大（按年龄从大到小）排序。

2. 独立复合索引的使用

独立复合索引不能像结构复合索引那样自动打开和更新，它必须用命令打开，只有这样它才能在表中的数据改变时同步更新，从而保持与表中记录的一致性。

可以在打开表的时候打开独立复合索引，其命令语法结构如下：

```
USE [<表名> [INDEX <索引文件名> [ORDER <索引名>]]] [ALIAS <别名>]
[EXCLUSIVE|SHARED]]
```

USE 命令中的 INDEX <索引文件名>用于指定打开的索引文件，只要索引文件名（包括扩展名也可以）是指定的独立复合索引文件即可。如果选择了 ORDER 选项，则同时设置指定索引为主控索引，否则按记录物理顺序排列记录。

也可以在打开表之后用 SET INDEX 命令打开独立结构复合索引，其命令语法为：

```
SET INDEX TO [<独立复合索引文件名> [ORDER <索引名>] [ADDITIVE]]
```

该命令省略所有选项时将关闭当前表的除结构复合索引之外的其他所有已打开的索引，包括独立复合索引和独立索引（在3.1.3节介绍）。仅选择独立复合索引文件名时将打开指定的独立复合索引文件，但会按表的物理记录顺序排列记录。如果进一步指定了 ORDER 选项则同时设置指定索引为主控索引，否则按记录物理顺序排列记录。不选择 ADDITIVE 选项时，会先关闭原先已经打开的除结构复合索引之外的其他所有已打开的索引，然后再打开命令指定的独立复合索引文件。选择 ADDITIVE 选项时则不会关闭已经打开的任何索引。

打开索引文件后，可以继续用前面介绍的 SET ORDER 命令设置或改变主控索引。

【例3-4】 **【例3-3】** 建立的独立复合索引的使用。

```
USE zgb INDEX bm_zg        && 打开表的同时打开独立复合索引 bm_zg
SET ORDER TO b_z           && 设置 b_z 索引为主控索引
BROWSE                     && 浏览结果，与图 3-3 相同
SET ORDER TO b_s           && 设置 b_s 索引为主控索引
BROWSE                     && 浏览结果，见图 3-5
USE
```

【例3-5】 **【例3-4】** 的另一种实现程序。

```
USE zgb                              && 打开 zgb
```

```
SET INDEX TO bm_zg ORDER b_z        && 打开独立复合索引 bm_zg，按 b_z 索引排序
BROWSE                              && 浏览结果，与图 3-3 相同
SET ORDER TO b_s                    && 按 b_s 索引排序
BROWSE                              && 浏览结果，与图 3-5 相同
USE
```

部门号	职工号	姓名	性别	生日	基本工资	调整时间
01	20010102	李旭日	男	1960-09-19	1000	2006-01-31
01	20010101	赵天明	男	1961-01-02	1500	2006-01-31
02	20010103	王立秋	女	1962-10-01	1500	2006-01-31
02	20011202	王红	女	1963-08-13	1500	2006-01-31
02	20000101	张良	男	1963-12-30	2000	2008-01-31
03	19870109	张学师	男	1952-11-12	2000	2008-01-31
03	19870391	刘海南	男	1959-11-22	2000	2008-01-31
03	19920401	洛淼	男	1961-05-06	2000	2008-01-31
03	19920412	欧阳红	女	1964-02-01	2000	2008-01-31
04	20010203	赵子丰	男	1960-03-09	1500	2006-01-31
04	20001109	王婷丽	女	1961-12-08	2000	2008-01-31
04	20000701	张天凯	男	1962-09-03	1500	2006-01-31
04	20030788	孙维志	男	1968-04-05	1500	2006-01-31
05	19881102	宋远	男	1960-01-03	1500	2006-01-31
05	19890810	田杰	男	1962-02-27	1500	2006-01-31
05	20020729	周思卿	男	1962-10-01	1500	2006-01-31
05	19990112	马奔	男	1966-11-17	2000	2008-01-31

图 3-5   以 b_s 索引为主控索引的输出结果

一般而言，使用结构复合索引比较合理，因为不需要单独打开，所以不会出现不一致的情况。更重要的是在结构复合索引中可以定义主索引，这是保证表的记录合理性的重要手段，是关系完整性的具体体现。使用结构复合索引的缺点是一旦索引文件有问题，可能会影响表的正常操作。使用独立复合索引的优点是在索引文件破坏时，只要重建一下就可以，不会影响表的操作，另外，独立复合索引文件可以建立多个（实际使用的可能性不大），而结构复合索引文件只有一个。

3.1.3 独立索引

独立索引是早期的 FoxBase 和 FoxPro 中所使用的索引，与复合索引不同的是每个独立索引单独建立一个索引文件（扩展名为.idx）。独立索引的优点是一旦某个索引文件出现问题受影响的仅仅是一个索引，而复合索引文件一旦有问题，其中的所有索引都不能正常使用。

1. 建立独立索引

独立索引需要用 INDEX 命令建立，其语法格式为：

```
INDEX ON <索引表达式> TO <独立索引文件名> [ASCENDING | DESCENDING]
```

独立索引文件名不包括扩展名，系统自动加扩展名。本命令将为当前表按指定的索引表达式建立一个索引并保存到指定的独立索引文件中，如果指定的独立索引文件已经存在，则会覆盖原索引文件，原来的索引内容将不复存在。指定 DESCENDING 时记录按索引表达式值降序排列，否则记录按索引表达式值升序排列。

【例3-6】 建立与【例3-3】的独立复合索引相对应的独立索引。

```
USE zgb SHARED                      && 以共享方式打开 zgb
INDEX ON bmh+zgh TO b_zf ASCENDING  && 在 b_zf.IDX 中建立索引，升序
INDEX ON bmh+DTOC(sr) TO b_sf       && 在 b_sf.IDX 中建立索引，升序
USE
```

2．独立索引的使用

独立索引也必须用命令打开，否则就不能使用相应的索引处理记录，表中的数据改变时也不能同步更新索引文件。

可以在打开表的时候打开独立索引，其命令语法结构如下：

    USE [<表名> [INDEX <独立索引文件名列表>] [ALIAS <别名>] [EXCLUSIVE | SHARED]]

INDEX 选项中的独立索引文件名列表中包含的所有索引文件在打开表的同时自动打开，并置第一个独立索引文件的索引为主控索引。

如果在打开表时没有打开指定的独立索引，则需要用 SET INDEX 命令打开相应的独立索引，其命令语法为：

    SET INDEX TO [<索引文件名列表> [ADDITIVE]]

该命令自动打开独立索引文件名列表中包含的所有索引文件，并置第一个独立索引文件的索引为主控索引。ADDITIVE 的作用前面已经介绍，不再赘述。省略所有选项（SET INDEX TO）时，将关闭当前表的除结构复合索引之外的其他所有已打开的索引。

可以用 SET ORDER 命令改变主控索引，其语法格式为：

    SET ORDER TO [<独立索引文件名>]

该命令将把指定索引文件中的索引置为当前表的主控索引，省略索引文件名时将撤消当前表的主控索引，按记录的物理顺序处理当前表记录。

3.1.4　删除索引

如果某些索引不再需要，可以删除相应的索引或索引文件。

1．删除复合索引

如果希望删除指定复合索引中的某些索引，可以通过 DELETE TAG 命令实现，它有如下两种语法格式：

    DELETE TAG <索引名1> [OF <复合索引文件名>][,<索引名2> [OF <复合索引文件名>]] … …
    DELETE TAG ALL [OF <复合索引文件名>]

第一种格式表示删除指定复合索引文件中的指定名称的索引，省略复合索引文件名时表示删除当前表结构复合索引中的指定索引。

第二种格式表示删除指定复合索引文件中的全部索引，省略复合索引文件名时表示删除当前表结构复合索引中的全部索引。

无论是结构复合索引还是独立复合索引，在其中的全部索引被删除后，相应的索引文件将被自动关闭并被删除。

2．删除独立索引文件

独立索引是以索引文件的形式单独保存的，删除独立索引即是删除相应的索引文件。独立索引文件必须在相应的索引处于关闭状态时才能被删除。可以用下列命令删除独立索引文件：

    DELETE FILE <独立索引文件名全名>
    ERASE <独立索引文件名全名>

DELETE FILE 命令和 ERASE 命令的作用相同，都能完成删除独立索引文件的功能，其中的文件名全名可以包括驱动器号，文件夹路径和文件名及扩展名，例如，E:\VFP\bmb1.idx 表示 E 盘上 VFP 文件夹中的 bmb1.idx 文件，只给出文件名时表示删除当前文件夹中的指定文件。事实上，这两个命令可以用于删除任何文件。

3.2 关系与参照完整性

主索引可以保证关系的实体完整性要求，可以进一步通过表之间的联系来实现参照完整性控制。在定义参照完整性的时候，先必须建立表之间的联系，在 Visual FoxPro 中把表之间的联系也叫做关系（请注意它指的不是关系表）。只有数据库表之间才能够建立关系和参照完整性。

3.2.1 表之间的关系（联系）

可以在数据库设计器中定义表之间的关系。以 bmb 和 zgb 为例，bmb 和 zgb 存在一对多联系，即一个部门可以有多个职工。表现在表中的记录就是：bmb 中的一个 bmh，在 zgb 中会有多个记录的 bmh 与之相同。建立这种联系的步骤如下所述。

<1> 在项目管理器中选中待建立联系的数据库（本例为 Gzdb），点击"修改"按钮打开数据库设计器（图3-6）。应以独占方式打开数据库（如果不建立参照完整性也可以以共享方式打开），打开数据库之前在系统选项设置对话框（参见1.2.1节图1-3及其说明）的"数据"选项卡中选中"以独占方式打开"并设置为默认值，以后再次打开数据库时总是以独占方式打开相应数据库。

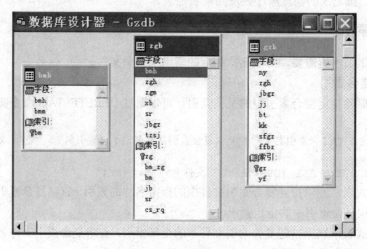

图 3-6 数据库设计器

<2> 数据库设计器中每个表的索引部分会列出全部的索引，其中带钥匙标志的索引是主索引，其他的为候选索引、唯一索引或普通索引，表间的关系必须是从主索引到其他索引之间建立。在 bmb 中，bm 索引的索引关键字是 bmh，为主索引，在 zgb 中，bm 索引的索引关键字也是 bmh，为普通索引，因此可以在 bmb 的 bm 索引和 zgb 的 bm 索引之间建立关系。用鼠标左键按住 bmb 的 bm 索引名，拖动鼠标至 zgb 的 bm 索引名上然后抬起鼠标，这时会在两个表之间建立一个关系连线（图3-7），表示已经建立了 bmb 到 zgb 之间的一个关系，连线带十字的一端指向主索引，对应的表叫做关系的主表，连线的另一端指向的表叫做子表。

<3> 右击相应的关系连线并在弹出菜单中选择"删除关系"菜单项可以删除相应的关系。

<4> 右击相应的关系连线并在弹出菜单中选择"编辑关系"菜单项可以打开"编辑关系"对话框（图3-8）。

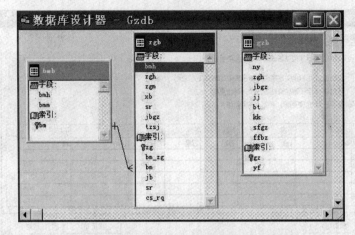

图 3-7 数据库设计器中的关系连线

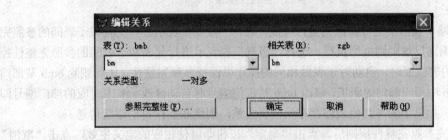

图 3-8 编辑关系对话框

<5> "表"下拉表中列出的是主表的主索引,"相关表"下拉表中包含子表的全部索引,可以在子表索引中选择对应的索引,然后点击"确定"按钮即可完成关系的编辑修改操作。

3.2.2 参照完整性定义

zgb 中的 bmh 与 bmb 的 bmh 之间具有参照关系,这种参照关系可以在数据库设计器中定义,操作步骤如下所述。

<1> 以独占方式打开数据库(如果已经打开则直接进入下一步)。

<2> 选择"数据库"菜单的"清理数据库"菜单项清理一下数据库。

<3> 右击数据库设计器窗口空白区(表外空间,比如关系连线等),然后在弹出菜单中选择"编辑参照完整性",系统显示"参照完整性生成器"对话框(图3-9,也可在编辑关系对话框中点击"参照完整性"按钮打开此对话框)。

<4> 在"参照完整性生成器"对话框中包含三个选项卡,分别用于定义更新(修改记录)、删除和插入规则,即在修改关系表记录、删除关系表记录和向关系表插入记录时是否进行参照完整性检查。

<5> 选项卡下方表格中包含可以应用规则的所有关系,其中的每一行表示一个关系。在任一选项卡中可以对每一个关系进行完整性规则设置,设置顺序是:选择一行,然后选择规则(级联、限制、忽略),选中行的对应列(更新、删除、插入)就会自动显示选定的规则。也可以在表格中直接点击对应列(更新、删除、插入),这时会自动切换选项卡并弹出设置下拉表,选择其中欲设置的规则(级联、限制、忽略)即可。假定"更新"规则选"级联","删除"规则选"限制"、"插入"规则选"限制"。

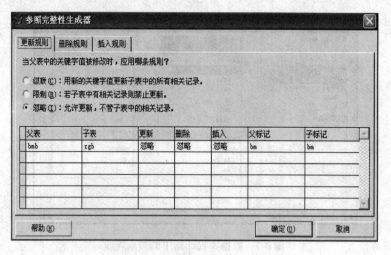

图 3-9　参照完整性生成器对话框

<6>　"忽略"表示不进行参照完整性控制，选择"限制"表示进行父表和子表间的参照完整性控制，如果违反规则则拒绝执行；选择"级联"也表示进行父表和子表间的参照完整性控制，只是父表内容改变时，自动对子表做相同的操作以保持参照完整性，比如删除 bmb 某部门时自动删除 zgb 中相应部门的职工，修改 bmb 某部门编号时自动修改 zgb 中对应的部门编号即属于级联操作。如果子表与其他表还存在父子表关系，则级联操作自动逐级传递。

<7>　定义完参照完整性规则后，点击"确定"按钮即可使相应的定义生效，点击"取消"按钮则会撤消本次编辑修改。

一旦定义了参照完整性规则，在对相关表进行插入、删除和修改记录操作时就会自动进行参照完整性检查并按规则定义进行处理，从而保证数据库表的数据一致性。

【例3-7】　在 zgb 和 gzb 之间存在1∶n 的联系，即每个职工可以有多个工资记录（每年12个记录）。试在两表间建立这种关系并定义参照完整性：所有参照完整性规则都定义为"限制"。

显然，建立的关系应该是两表的 zgh 之间的对应联系：对于 zgb 中的每个 zgh（一个记录）在 gzb 中都有多个记录（zgh 相同）与之对应。应按以下步骤建立关系及参照完整性规则：

<1>　以独占方式打开 gzdb 数据库；

<2>　确定两个表的索引：zgb 中已经存在以 zgh 为关键字的主索引 zg，在 gzb 中尚未建立以 zgh 为关键字的索引，建立一个以 zgh 为索引关键字的普通索引，假定索引名为 zgh；

<3>　用鼠标左键按住 zgb 的 zg 索引，然后拖动鼠标至 gzb 的 zgh 索引，抬起鼠标后即建立起了两表 zgh 之间的一对多关系；

<4>　双击该关系并在"编辑关系"对话框（与图3-8类似）中点击"参照完整性"按钮打开"参照完整性生成器"对话框（图3-10，表格第一行为已经建立的 bmb 和 zgb 之间的关系及参照完整性规则，第二行是刚刚建立的关系）；

<5>　直接点击表格中第二行的"更新"、"删除"和"插入"列并在弹出的下拉表中选择"限制"，然后点击"确定"按钮关闭本对话框，继续点击"确定"按钮关闭"编辑关系"对话框即完成了要求的参照完整性定义。

需要注意的是，在定义了表间的参照完整性之后，对子表的操作命令会受到限制。例如，图3-10中 bmb 和 zgb 之间定义的插入规则是"限制"，即，如果父表（bmb）中不存在匹配的关

键字（bmh）值则禁止向子表（zgb）中插入记录，这样，针对 zgb 的 APPEND BLANK 命令就不能执行了，因为添加的空白记录违反了 zgb 与 bmb 之间的参照完整性规则，bmb 中不存在 bmh 为空白的记录，所以会拒绝添加记录并会显示提示信息。

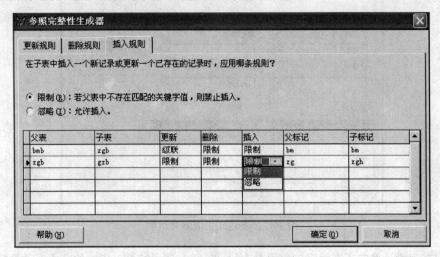

图 3-10　参照完整性规则编辑举例

在定义了参照完整性规则后，一般应该用 INSERT – SQL 命令直接向子表插入有效记录。

3.3　字段有效性规则与输入控制

在3.1节和3.2节中已经介绍了 Visual FoxPro 数据库中实体完整性和参照完整性的定义方法，域完整性的定义需要在数据库表中通过字段有效性规则的定义来实现。在数据库表设计器（参见1.2.3节图1-12）中可以实现字段有效性规则定义（图3-11）。可以在建立数据库表时直接定义字段有效性规则，也可以在表已经建立之后定义字段有效性规则。可以使用掩码减少输入错误，浏览编辑表时只有满足字段掩码要求的内容才能够输入，否则不能输入。

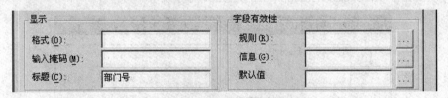

图 3-11　字段有效性规则定义

3.3.1　字段有效性规则

"字段有效性"中的"规则"是一个控制对应字段输入值的一个逻辑表达式，可以直接在输入框中输入逻辑表达式，也可以点击输入框右端的按钮打开表达式生成器对话框（图3-12）。

可以在"有效性规则"编辑框中直接编辑输入一个逻辑表达式。编辑输入表达式过程中，可以选择函数（从下拉列表中选择）、字段或变量（双击选择），选中的函数、字段名或变量会自动插入到正在编辑的有效性规则表达式的当前光标位置处。

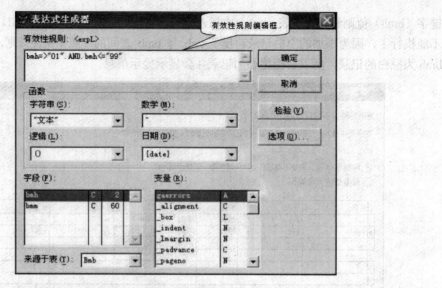

图 3-12 表达式生成器对话框

假定在表设计器中正在编辑的字段是 bmb 的 bmh 字段，图3-12中的字段有效性规则表达式表示的含义就是部门编号必须在01～99之间，如果插入记录时对应于 bmh 的值不在这个区间内则会显示违反字段有效性规则提示并拒绝添加新记录。一般应该在定义表结构时定义字段有效性规则，因为表中尚无记录，所以不会出现违反规则的情况。如果在表中已有记录之后再添加字段有效性规则，可能会出现表中的记录违反有效性规则的情况，这时就会拒绝相应的规则定义。

定义了字段有效性规则后，输入违反规则的记录时会显示系统提示信息，如果希望显示特定的提示信息，则可以在"规则"下面的"信息"输入框中定义。信息内容为一字符串常量或表达式，例如，定义 bmb 的 bmh 字段的有效性规则提示信息为（需要输入字符串定界符）："部门编号必须在01～99之间"，在执行下面的命令时就会显示如图3-13所示的提示信息。

```
INSERT INTO bmb VALUES("a1","生命科学学院")
```

图 3-13 违反字段有效性规则时的提示信息框

需要注意的是，一旦定义了字段有效性规则，程序中的命令就要受到相应规则的限制。例如，定义了上述 bmh 字段的有效性规则之后，针对 bmb 的 APPEND BLANK 命令就不能执行了，因为添加的空白记录违反了 bmh 的字段有效性规则，所以会拒绝添加记录并会显示提示信息。

在定义了字段有效性规则后，一般应该用 INSERT - SQL 命令直接向表中插入有效记录。

3.3.2 字段输入掩码

在表设计器中可以定义字段输入掩码来控制用户的输入，掩码是一个特殊的字符串，用于定义输入内容时的内容限制。在2.3.5节表2-12中给出了常用掩码字符说明。例如，可以定义 bmb 的 bmh 字段输入掩码为99（参见图3-14，不需要输入字符串定界符），则在浏览编辑时只能输入两位数字，输入其他字符时系统会拒绝接受。

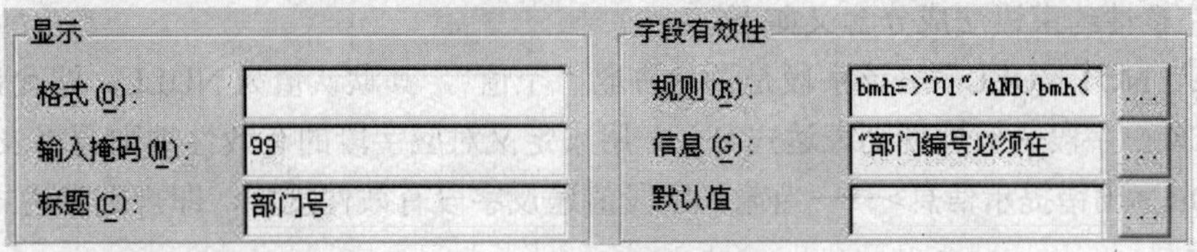

图 3-14　输入掩码定义

使用输入掩码可以防止用户输入不合理的字符，其控制是在提交输入结果之前进行的，而字段有效性规则是在用户输入后才检查是否违反规则限制，前者属于主动控制，后者则属于被动控制。通过合理运用输入掩码和字段有效性规则可以最大限度地降低输入错误数据的可能。

3.4　SQL 表定义及删除

在前面的章节中已经介绍了利用表设计器设计表结构及表和字段的完整性控制方法，利用表设计器实现这些定义的好处是操作是在可视化的交互界面中进行的，比较直观、方便，其不足之处是不便于形成开发文档。

3.4.1 定义数据库表

可以利用 SQL 命令定义数据库表，其命令语法结构如下：
```
CREATE TABLE | DBF <表名> [FREE] (
<字段名 1> <类型>[(<宽度>[,<小数位数>])]  [字段完整性约束]
[,<字段名 2> <类型>[(<宽度>[,<小数位数>])]  [字段完整性约束]]
……
[表完整性约束]
)
```
字段完整性约束选项语法内容如下：
```
[NULL | NOT NULL] [CHECK(<字段有效性规则表达式>) [ERROR <出错提示信息>]]
[DEFAULT <默认值>] [PRIMARY KEY | UNIQUE | REFERENCES <参照表> [TAG <
索引名>]]
```
表完整性约束选项语法内容如下：
```
[,PRIMARY KEY <索引关键字> [TAG <索引名>]]
[,UNIQUE  <索引关键字> [TAG <索引名>]]
[,FOREIGN KEY <参照关键字> TAG <索引名> REFERENCES <参照表> [TAG <参照索
引名>]]
[,CHECK <有效性规则表达式> [ERROR <出错提示信息>]]
```
CREATE 关键字之后可以选 TABLE，也可以选 DBF，作用相同，FREE 选项表示建立自由表（自由表的完整性约束要受到限制，不能建立主索引，不能建立参照关系，也不能有建立字段完整性约束的 CHECK 选项）。CREATE 关键字之后的"表名"是指要建立的表的文件名，不

包含扩展名。

字段定义的各语法成分含义如下：

字段名——所要建立的新字段的名称；

类型——说明字段类型的类型描述符（参见1.2.3节表1-12）；

宽度及小数位数——字段宽度及小数位数数字，D、T、I、Y、L、M、G 型字段无此项选择。

字段完整性约束语法成分含义如下：

NULL、NOT NULL——该字段是否允许取"空值"，其默认值为 NULL，即允许取空值；

CHECK (<字段有效性规则表达式>)——用来定义对应字段的有效性规则逻辑表达式；

ERROR <出错提示信息>——当输入字段值违反字段有效性规则，即规则表达式的值为.F.时的提示信息；

DEFAULT <默认值>——为字段指定的默认值，在添加新记录且未指定对应的字段值时自动为相应字段置默认值；

PRIMARY KEY——指定该字段为主关键字（主索引字段），其索引名与对应字段名相同，用于控制实体完整性，指定为 PRIMARY KEY 的字段应选择 NOT NULL 选项；

UNIQUE——指定该字段为一个候选关键字（候选索引），其索引名与对应字段名相同；注意，指定为关键字或候选关键字的字段都不允许出现重复值，这称为对字段值的唯一性约束；

REFERENCES <参照表> [TAG <索引名>]——建立新表（子表）字段和指定的参照表（父表）的指定索引关键字之间的永久参照关系，省略 TAG 选项时与父表主索引建立参照关系。

表完整性约束中的 PRIMARY KEY、UNIQUE 与字段完整性对应选项的唯一差别是索引关键字可以是字段名表达式，其中可以包含多个字段，同时，可以指定索引名。

表完整性约束中的 FOREIGN KEY 选项用于定义参照完整性，参照关键字一般是一个包含多个字段的表达式，它与参照表（父表）的指定索引关键字（由参照索引名指定）之间建立参照关系，如果省略参照索引名选项则与参照表主索引关键字建立参照关系。

表完整性约束中的 CHECK 选项与字段完整性约束中的 CHECK 选项作用相同，差别是在有效性规则表达式中可以包含多个字段。

【例3-8】用 CREATE – SQL 命令命令定义 gzdb 数据库及数据库表 bmb、zgb 和 gzb。

```
CREATE DATABASE gzdb                    && 建立并打开 gzdb 数据库
CREATE TABLE bmb(;                      && 建立 bmb
    bmh C(2) NOT NULL CHECK(bmh=>"01".AND.bmh<="99") ERROR "部门编号必
    须在 01～99 之间" PRIMARY KEY,;
    bmm C(60) NULL;
)
CREATE TABLE zgb(;                      && 建立 zgb
    bmh C(2) NULL REFERENCES bmb,;      && 与父表（bmb）建立参照关系
    zgh C(8) NOT NULL PRIMARY KEY,;
    zgm C(12) NULL,;
    xb C(2) NULL,;
    sr D NULL,;
    jbgz N(6,0) NULL,;
    tzsj D NULL;
)
CREATE TABLE gzb(;                      && 建立 gzb
```

```
            ny C(6) NOT NULL,;
            zgh C(8) NOT NULL REFERENCES zgb,;
            jbgz N(6,0) NULL DEFAULT 0,;
            jj N(4,0) NULL DEFAULT 0,;
            bt N(4,0) NULL DEFAULT 0,;
            kk N(8,2) NULL DEFAULT 0,;
            sfgz N(10,2) NULL DEFAULT 0,;
            ffbz L NULL DEFAULT .F.,;
            PRIMARY KEY ny+zgh TAG gz;
          )
        CLOSE DATABASES                              && 关闭 gzdb 数据库
```

在使用 SQL 命令时一般把各语法成分分多行书写，这样可以使语句看上去比较规整，易于阅读分析。

3.4.2　删除数据库表

可以删除数据库中不需要的表，删除命令语法格式如下：

```
        DROP TABLE <表名>
```

执行该命令将删除当前数据库中的指定表，该表对应的表文件也将被自动删除。删除数据库表会影响数据库中的相关表，比如表之间存在外键参照关系时，删除操作会自动解除相应的参照关系。应慎重执行 DROP TABLE 命令。

也可以利用 DROP TABLE 命令删除自由表文件，其语法格式如下：

```
        DROP TABLE <自由表文件名>
```

自由表文件名不包括扩展名，对应的自由表无论是处于打开还是关闭状态都不影响删除操作。

3.5　数据查询与统计

在2.2.6节中介绍的 LOCATE 命令可以用来查找满足指定条件的记录。在数据库应用过程中经常需要进行类似的、更复杂的数据查询和统计处理。可以利用 Visual FoxPro 命令进行查询统计，也可以用 SQL 命令进行查询统计。一般而言，SQL 查询统计的效率更高，功能更强。

3.5.1　利用 Visual FoxPro 命令进行查询和统计

1．按物理顺序的记录查询

数据库表中的记录是按记录号从小到大的次序依次存放的，记录号从1开始，依次递增。LOCATE 命令会按记录号从小到大的顺序在指定记录范围内查找满足条件的记录，一般把这样的记录查找叫做物理查找。完整的 LOCATE 命令的语法结构如下：

```
        LOCATE [<范围>] FOR <逻辑表达式 1> [WHILE <逻辑表达式 2>]
```

范围选项已在2.2.4节作了介绍，省略范围时表示查找所有记录。LOCATE 命令将在指定记录范围内从第一个记录开始的连续使逻辑表达式2为.T.的记录中查找使逻辑表达式1为.T.的记录。如果指定范围内从首记录开始没有连续使逻辑表达式2为.T.的记录，则定位在首记录；如果从首记录开始有连续使逻辑表达式2为.T.的记录，但第一组这样的记录中没有使逻辑表达式1为.T.的记录，则定位在第一组记录的下一条记录。省略 WHILE 选项时，该命令在指定记录范围内从第一个记录开始查找使逻辑表达式1为.T.的记录。可以用 FOUND()函数检测查找是否成功。

没选择 WHILE 选项时，默认的范围是 ALL，选择了 WHILE 选项时，默认的范围是 REST。

【例3-9】 zgb 中的记录如下：

记录号	BMH	ZGH	ZGM	XB	SR	JBGZ	TZSJ
1	03	19870109	张学师	男	1952-11-12	2000	2008-01-31
2	03	19870391	刘海南	男	1959-11-22	1500	2006-01-31
3	05	19881102	宋远	男	1960-01-03	1500	2006-01-31
4	05	19890810	田杰	男	1962-02-27	1500	2006-01-31
5	03	19920401	洛桑	男	1961-05-06	1000	2006-01-31
6	03	19920412	欧阳红	女	1964-02-01	2000	2008-01-31
7	05	19990112	马奔	男	1966-11-17	2000	2008-01-31
8	02	20000101	张良	男	1963-12-30	2000	2008-01-31
9	04	20000701	张天凯	男	1962-09-03	1000	2006-01-31
10	04	20001109	王婷丽	女	1961-12-08	2000	2008-01-31
11	01	20010101	赵天明	男	1961-01-02	1500	2006-01-31
12	01	20010102	李旭日	男	1960-09-19	1000	2006-01-31
13	02	20010103	王立秋	女	1962-10-01	1500	2006-01-31
14	04	20010203	赵子丰	男	1960-03-09	1500	2006-01-31
15	02	20011202	王红	女	1963-08-13	1500	2006-01-31
16	05	20020729	周思卿	男	1962-10-01	1500	2006-01-31
17	04	20030788	孙维志	男	1968-04-05	2000	2008-01-31

分析执行下列程序后的输出结果。

```
USE zgb
SET TALK OFF
LOCATE FOR xb="女" WHILE bmh="03"
? FOUND(),RECNO()
GO TOP
LOCATE FOR bmh="05" WHILE xb="男"
? FOUND(),RECNO()
GO 10
LOCATE FOR bmh="05" WHILE xb="男"
? FOUND(),RECNO()
GO 10
LOCATE ALL FOR bmh="05" WHILE xb="男"
? FOUND(),RECNO()
```

打开表之后，当前记录号为1，LOCATE 命令将在1、2号记录（连续满足部门号是"03"）中查找性别是"女"的职工，由于没有满足 FOR 条件的记录，所以记录指针定位在3号记录，第一个输出语句的输出结果为：

.F.   3

第二个 LOCATE 语句从1-5号记录（连续满足性别是"男"）中查找部门号是"05"的记录，3号记录满足条件，第二个输出语句的输出结果为：

.T.   3

第三个 LOCATE 语句执行时，指定范围内（10号及以后的记录）从首记录起没有连续的满足性别是"男"的记录，所以记录指针定位在首记录，第三个输出语句的结果为：

.F.   10

第四个输出语句的输出结果与第二个相同，请读者自己分析一下为什么会是这样。

　　LOCATE 命令只把记录指针定位在指定范围内满足条件的第一条记录上，在指定范围内可能有多条记录满足条件，继续查找后续记录用 CONTINUE 命令，该命令没有任何选项，其功能是把记录指针定位到下一条满足条件的记录上。在 LOCATE 命令省略 WHILE 选项时，如果指定范围内没有下一条满足条件的记录，则定位在指定范围的最后一条记录上，FOUND 函数返回.F.。LOCATE 命令包含 WHILE 选项时，如果满足 WHILE 选项逻辑条件的连续记录没有超出指定的 LOCATE 命令指定的范围且满足 WHILE 选项逻辑条件的连续记录中没有下一条满足 FOR 选项逻辑条件的记录，则记录指针定位在满足 WHILE 选项逻辑条件的连续记录之后第一条不满足 WHILE 选项逻辑条件的记录上，同时 FOUND 函数返回.F.。如果满足 WHILE 选项逻辑条件的连续记录超出 LOCATE 命令指定的范围且指定范围内已无下一条满足 FOR 逻辑条件的记录，则记录指针定位在指定范围的最后一条记录上，FOUND 函数返回.F.。

　　【例3-10】 分析下列程序的输出结果（输出结果已经在输出语句后的注释中给出）。

```
CLEAR
SET TALK OFF
USE zgb
LOCATE NEXT 10 FOR bmh="05" WHILE xb="男"
? FOUND(),RECNO()              && 输出 .T.      3
CONTINUE
? FOUND(),RECNO()              && 输出 .T.      4
CONTINUE
? FOUND(),RECNO()              && 输出 .F.      6
GO TOP
LOCATE NEXT 10 FOR bmh="05"
? FOUND(),RECNO()              && 输出 .T.      3
CONTINUE
? FOUND(),RECNO()              && 输出 .T.      4
CONTINUE
? FOUND(),RECNO()              && 输出 .T.      7
CONTINUE
? FOUND(),RECNO()              && 输出 .F.      10
GO TOP
LOCATE NEXT 3 FOR bmh="05" WHILE xb="男"
? FOUND(),RECNO()              && 输出 .T.      3
CONTINUE
? FOUND(),RECNO()              && 输出 .F.      3
USE
```

　　利用 LOCATE 和 CONTINUE 命令可以查询并定位满足条件的记录，利用他们可以实现各种统计、计算处理。

　　【例3-11】 统计一下04号部门男、女职工各有多少，男女职工平均基本工资是多少。

　　可以设置四个变量 NAN、NV、NANS 和 NVS 分别用于保存男、女职工人数和男、女职工工资总额，初值均为零。依次查找04号部门的职工，每找到一个，依据性别递增 NAN 或 NV，同时累加其基本工资到相应变量。当表中没有下一个属于04号部门的职工记录时查找结束。程序如下：

```
SET TALK OFF
CLEAR
USE zgb                        && 打开职工表
NAN=0                          && 初始化男职工人数变量
```

```
        NV=0                          && 初始化女职工人数变量
        NANS=0                        && 初始化男职工工资总额变量
        NVS=0                         && 初始化女职工工资总额变量
        LOCATE FOR bmh="04"           && 查找第一个 04 号部门的职工
        DO WHILE FOUND()              && 找到一个 04 部门的职工
            IF xb="男"                 && 该职工是男职工吗?
                NAN = NAN + 1          && 男职工数增 1
                NANS=NANS + jbgz       && 累加男职工工资总额
            ELSE                      && 该职工不是男职工
                NV = NV + 1           && 女职工数增 1
                NVS=NVS + jbgz        && 累加女职工工资总额
            ENDIF
            CONTINUE                  && 继续查找下一个 04 号部门的职工
        ENDDO
        * 已查找完 04 号部门职工（FOUND 函数返回.F.表示查找完了）
        USE                           && 关闭职工表
        ? "男职工人数: ",NAN            && 输出男职工人数
        ? "女职工人数: ",NV             && 输出女职工人数
        IF NAN > 0                    && 如果有男职工则计算其平均工资
            ? "男职工平均工资: ",NANS/NAN
        ENDIF
        IF NV > 0                     && 如果有女职工则计算其平均工资
            ? "女职工平均工资: ",NVS/NV
        ENDIF
```

执行该程序将输出04号部门的统计结果。如果希望统计任一部门的数据，可以设计一个表单来实现。在该表单上设置一个文本编辑框控件用于接收用户输入的部门号，再设置一个命令按钮控件用于计算，在其 Click 事件代码中输入上述程序代码（需要修改 LOCATE 命令的 FOR 条件）即可。如果希望在该表单中输出结果，只要在表单上再放置四个用于输出结果的文本框控件，然后把命令按钮 Click 事件代码（上述程序）中的输出命令换成对相应文本框的 Value 属性赋值的语句即可。

LOCATE 命令是按记录的物理存储顺序进行查找的，它在执行时会依次访问指定范围内的每一个记录，由于访问的记录较多，因此其执行效率往往很低，查找速度会很慢。当表中的记录较多时，一般使用索引进行记录查询，这种查询效率高、速度快。

2. 按索引顺序的记录查询

在3.1节已经介绍了各种索引。当设置了某一索引为主控索引时，表中的记录是按主控索引的索引关键字次序排列的，关键字相同的记录排列在一起，只要找到了一条满足条件的记录即可把连续（物理记录号可能不连续）满足条件的记录找到。主控索引仅改变记录的排列次序，并不改变记录的实际物理位置，其物理记录号是不变的。

【例 3-12】 以 sr 索引为主控索引输出 zgb 记录。

```
        SET TALK OFF
        CLEAR
        USE zgb
        SET ORDER TO sr
        LIST
        USE
```

上述程序的输出结果如下:

记录号	BMH	ZGH	ZGM	XB	SR		JBGZ	TZSJ
17	04	20030788	孙维志	男	1968-04-05		2000	2008-01-31
7	05	19990112	马奔	男	1966-11-17		2000	2008-01-31
6	03	19920412	欧阳红	女	1964-02-01		2000	2008-01-31
8	02	20000101	张良	男	1963-12-30		2000	2008-01-31
15	02	20011202	王红	女	1963-08-13		1500	2006-01-31
16	05	20020729	周思卿	男	1962-10-01		1500	2006-01-31
13	02	20010103	王立秋	女	1962-10-01		1500	2006-01-31
9	04	20000701	张天凯	男	1962-09-03		1000	2006-01-31
4	05	19890810	田杰	男	1962-02-27		1500	2006-01-31
10	04	20001109	王婷丽	女	1961-12-08		1500	2006-01-31
5	03	19920401	洛桑	男	1961-05-06		1000	2006-01-31
11	01	20010101	赵天明	男	1961-01-02		1500	2006-01-31
12	01	20010102	李旭日	男	1960-09-19		1000	2006-01-31
14	04	20010203	赵子丰	男	1960-03-09		1500	2006-01-31
3	05	19881102	宋远	男	1960-01-03		1500	2006-01-31
2	03	19870391	刘海南	男	1959-11-22		1500	2006-01-31
1	03	19870109	张学师	男	1952-11-12		2000	2008-01-31

LIST 命令的输出结果按 sr 索引顺序排列（按 sr 字段值降序排列）。

在设置了主控索引后，GO TOP、GO BOTTOM、SKIP 等移动记录指针的命令将按索引位置次序移动指针而不是按记录的物理记录顺序移动指针。

【例 3-13】 下列程序说明了在设置了主控索引后记录指针移动的顺序。

```
SET TALK OFF
CLEAR
USE zgb
SET ORDER TO sr      && 设置 sr 索引为主控索引
GO BOTTOM            && 移动记录指针到最后一条记录，最后一条记录是 1 号记录
? RECNO(),EOF()     && 输出结果：     1     .F.
GO TOP              && 移动记录指针到第一条记录，第一条记录是 17 号记录
? RECNO(),EOF()     && 输出结果：    17     .F.
SKIP 3              && 向后移动 3 条记录，结果定位在 8 号记录上
? RECNO(),EOF()     && 输出结果：     8     .F.
SKIP -2             && 向前移动 2 条记录，结果定位在 7 号记录上
? RECNO(),EOF()     && 输出结果：     7     .F.
GO 9                && 移动记录指针到 9 号记录
? RECNO(),EOF()     && 输出结果：     9     .F.
SKIP 16             && 向后移动 16 条记录，超记录范围，9 号记录之后只有 9 条记录
? RECNO(),EOF()     && 输出结果：    18     .T.
USE
```

可以用 SEEK 命令或 SEEK 函数实现索引查找。SEEK 命令的简单语法格式如下：

```
SEEK <索引关键字值表达式>
```

索引关键字值表达式可以是字符型、数值型、日期型、逻辑型常量或表达式。该命令将把记录指针定位在当前表中当前主控索引关键字值与 SEEK 命令给出的索引关键字值相等的记录上，FOUND 函数返回.T.，EOF 函数返回.F.。如果没有满足条件的记录，FOUND 函数返回.F.，记录指针定位位置取决于系统选项“数据”选项卡中“字符串比较”选项“SET NEAR ON”的设置，选中该选项时记录指针定位在关键字值最接近索引表达式值的记录上（EOF 函数返回.F.），否则定位在最后一条记录之后，EOF 函数返回.T.。可以利用 FOUND 函数检测查找是否成功。

也可以用 SEEK 函数进行索引查找，其简单语法格式如下：

    SEEK（<索引关键字值表达式>）

该函数可以实现与 SEEK 命令相同的功能，如果找到了索引关键字值与函数参数给定索引关键字值相等的记录，则把记录指针定位在该记录上，函数返回.T.，否则定位记录指针到最后一条记录之后，函数返回.F.。

【例 3-14】 下列程序说明了 SEEK 命令的用法（说明在程序注释中给出），请注意各种类型的索引关键字值常量的表示方法。

```
SET TALK OFF
CLEAR
USE zgb
SET ORDER TO bm              && 设置 bm 索引为主控索引，索引表达式是字符型的
SEEK "02"                    && 查找 02 号部门
? FOUND(),RECNO(),EOF()      && 成功。输出结果： .T.    8  .F.
AA="04"
SEEK AA                      && 查找 04 号部门，请注意表达式是一个变量
? FOUND(),RECNO(),EOF()      && 成功。输出结果： .T.    9  .F.
SEEK "82"                    && 查找 82 号部门，该部门不存在
? FOUND(),RECNO(),EOF()      && 失败。输出结果： .F.   18  .T.
SET ORDER TO jb              && 设置 jb 索引为主控索引，索引表达式是数值型的
SEEK 1500                    && 查找基本工资为 1500 的记录
? FOUND(),RECNO(),EOF()      && 成功。输出结果： .T.   16  .F.
SET ORDER TO sr              && 设置 sr 索引为主控索引，索引表达式是日期型的
SEEK {^1962/02/27}          && 查找出生日期是 1962 年 2 月 27 日的记录
? FOUND(),RECNO(),EOF()      && 成功。输出结果： .T.    4  .F.
BB={^1961/12/08}
SEEK BB                      && 查找出生日期是 1961 年 12 月 8 日的记录
? FOUND(),RECNO(),EOF()      && 成功。输出结果： .T.   10  .F.
SEEK {^1992/02/27}          && 查找出生日期是 1992 年 2 月 27 日的记录，无
? FOUND(),RECNO(),EOF()      && 失败。输出结果： .F.   18  .T.
SET ORDER TO cs_rq           && 设置 cs_rq 为主控索引（索引表达式是字符型的）
SEEK "1962-02-27"           && 查找出生日期是 1962 年 2 月 27 日的记录
? FOUND(),RECNO(),EOF()      && 成功。输出结果： .T.    4  .F.
USE
```

可以用 SEEK 函数实现上例的记录查找操作，索引关键字值表达式为常量时其表示方法与SEEK 命令完全相同。

【例 3-15】 下列程序说明了 SEEK 函数的用法（说明在程序注释中给出）。

```
SET TALK OFF
CLEAR
USE zgb
SET ORDER TO bm
IF SEEK("02")                && 如果查找到 02 号部门的职工
    DISPLAY                  && 输出查找到的 02 号部门职工的职工信息
ENDIF
AA="04"
? SEEK(AA)                   && 查找 04 号部门的职工并输出函数值： .T.
? FOUND(),RECNO(),EOF()      && 输出结果： .T.    9  .F.
SET ORDER TO jb
? SEEK(1500)                 && 查找基本工资为 1500 元的记录，输出结果： .T.
```

```
    ? FOUND(),RECNO(),EOF()          && 输出结果:  .T.      16  .F.
    USE
```

无论是 SEEK 命令还是 SEEK 函数都可以查找到满足查找条件的第一条记录，而满足条件的其他记录会连续排列在该记录之后，利用这一特点可以实现快速统计处理。

【例 3-16】 利用索引实现【例 3-11】的统计处理。

```
    SET TALK OFF
    CLEAR
    USE zgb                              && 打开职工表
    NAN=0                                && 初始化男职工人数变量
    NV=0
    NANS=0
    NVS=0
    SET ORDER TO bm
    IF SEEK("04")                        && 如果找到 04 号部门的职工则统计
        DO WHILE NOT EOF() AND bmh="04"  && 对连续的 04 号部门的职工进行统计
            IF xb="男"                    && 该职工是男职工吗?
                NAN = NAN + 1            && 男职工数增 1
                NANS=NANS + jbgz         && 累加男职工工资总额
            ELSE                         && 该职工不是男职工
                NV = NV + 1             && 女职工数增 1
                NVS=NVS + jbgz          && 累加女职工工资总额
            ENDIF
            SKIP                         && 移动记录指针至下一条记录
        ENDDO
    ENDIF
    USE
    ? "男职工人数: ",NAN                  && 输出男职工人数
    ? "女职工人数: ",NV                   && 输出女职工人数
    IF NAN > 0                           && 如果有男职工则计算其平均工资
        ? "男职工平均工资: ",NANS/NAN
    ENDIF
    IF NV > 0                            && 如果有女职工则计算其平均工资
        ? "女职工平均工资: ",NVS/NV
    ENDIF
```

3．记录的物理排序

在利用 LOCATE 命令进行记录查询时是按记录的物理位置顺序查询的，如果具有相同查询关键字值的记录在表中的位置不是连续的，要查找到所有满足条件的记录可能需要读取表中的所有记录，这需要花费大量的时间。如果具有相同关键字值的记录在表中的位置是连续的，在找到第一条记录后即可连续进行处理，当记录指针移动到不满足查询条件的记录时就意味着后续记录中不存在满足条件的记录了，查询就可以提前结束，从而提高查询处理的效率。可以利用 SORT 命令对表中的记录进行物理排序，其简单语法格式如下:

```
    SORT TO <文件名> ON <字段名 1> [/A | /D] [/C] [,<字段名 2> [/A | /D] [/C] … ]
    [<范围>] FOR <逻辑表达式 1> [WHILE <逻辑表达式 2>] [ASCENDING | DESCENDING]
    [FIELDS <字段名表>]
```

SORT 命令将排序结果保存在新的表中，TO 后面给出的文件名即是保存结果的表文件名（可以不包括扩展名）。字段名1、2等是排序字段（不能用备注型和通用型字段作为排序字段）。

命令首先按第一个字段值排序，如果该字段值相等再继续按第二个字段值排序。字段名后面的/A、/D和/C选项用于指定对应字段值的排序方式，/A表示升序，/D表示降序，/C表示排序时忽略字母的大小写。可以合并/A、/C为/AC；/D、/C为/DC。选择ASCENDING或DESCENDING时，字段名后未指定排序方式的字段将按升序或降序排列。FIELDS选项用于指定复制到新的排序表中的记录中所包含的字段及字段次序，省略该选项时表示包含所有字段。

范围、FOR选项和WHILE选项与LOCATE命令的对应选项作用相同，指定范围及FOR、WHILE选项时可以把满足条件的记录排序生成一个新的表文件。

生成排序表文件一般要花较多的时间，但后续的定位查找速度会快得多。由于查询是主要的数据库操作，因此总的时间效率仍会得到明显的提高。

【例3-17】 SORT命令应用程序举例，假定排序序列选择为PinYin方式。

```
SET TALK OFF
CLEAR
USE zgb
* 下面的命令按性别升序、姓名升序把04号部门的职工记录生成排序文件AA.DBF
SORT TO AA ON xb /A,zgm /A FOR bmh="04"
SET ORDER TO bm                          && 设置主控索引为bm
SEEK "04"                                && 定位到04号部门首记录
* 下面的命令把连续的04号部门职工记录排序到BB.DBF文件中
SORT TO BB ON bmh,zgm /A WHILE bmh="04"
SEEK "04"                                && 定位到04号部门首记录
* 下面的命令把连续的04号部门职工记录中的男职工记录排序到CC.DBF文件中
SORT TO CC ON bmh,zgm /A FOR xb="男" WHILE bmh="04" FIELDS zgh,bmh,zgm,xb
USE AA
LIST
USE BB
LIST
USE CC
LIST
USE
```

执行上述程序后的输出结果（AA.DBF、BB.DBF、CC.DBF的内容）如下：

记录号	BMH	ZGH	ZGM	XB	SR	JBGZ	TZSJ
1	04	20030788	孙维志	男	1968-04-05	2000	2008-01-31
2	04	20000701	张天凯	男	1962-09-03	1000	2006-01-31
3	04	20010203	赵子丰	男	1960-03-09	1500	2006-01-31
4	04	20001109	王婷丽	女	1961-12-08	2000	2008-01-31

记录号	BMH	ZGH	ZGM	XB	SR	JBGZ	TZSJ
1	04	20030788	孙维志	男	1968-04-05	2000	2008-01-31
2	04	20001109	王婷丽	女	1961-12-08	2000	2008-01-31
3	04	20000701	张天凯	男	1962-09-03	1000	2006-01-31
4	04	20010203	赵子丰	男	1960-03-09	1500	2006-01-31

记录号	ZGH	BMH	ZGM	XB
1	20030788	04	孙维志	男
2	20000701	04	张天凯	男
3	20010203	04	赵子丰	男

4. 汇总统计

有时需要对表进行某种汇总统计处理，如各部门各类工资项合计，职工的平均年龄等等都属于统计的范畴。可以利用Visual FoxPro命令进行汇总统计处理。

TOTAL 命令用于进行字段求和统计,其语法格式如下:

```
TOTAL TO <文件名> ON <关键字> [FIELDS <数值字段列表>] [<范围>] [FOR <逻辑
表达式1>] [WHILE <逻辑表达式2>]
```

该命令对当前表指定范围内满足指定条件的记录的指定数值型字段(省略时取所有数值型字段)值按指定关键字分别汇总求和,结果存入新文件。在用 TOTAL 命令汇总求和之前,当前表必须已按关键字排序,可以是物理排序,也可以是索引排序。如果系统是 SET DELETED ON 状态则逻辑删除的记录不被统计,如果是 SET DELETED OFF 状态,则已被逻辑删除的记录仍会统计。生成的文件中包含当前表的全部字段,关键字相同的所有记录按指定数值字段求和并生成一条记录,该记录的汇总字段是求和结果,其他字段值为求和记录中的首条记录内容。

【例3-18】 利用 TOTAL 命令统计 zgb 中各部门的工资总额。

```
USE zgb                    && 打开 zgb
SET ORDER TO bm            && 设置 bm 索引为主控索引
TOTAL TO zg1 ON bmh        && 按 bmh 汇总到 zg1.dbf,实际只对 jbgz 字段求和
USE zg1                    && 打开 zg1.dbf
BROWSE                     && 浏览 zg1.dbf,结果如图 3-15 所示
USE
```

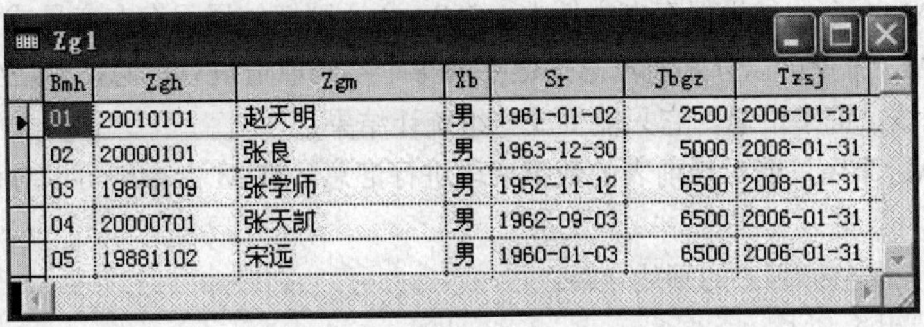

Bmh	Zgh	Zgm	Xb	Sr	Jbgz	Tzsj
01	20010101	赵天明	男	1961-01-02	2500	2006-01-31
02	20000101	张良	男	1963-12-30	5000	2008-01-31
03	19870109	张学师	男	1952-11-12	6500	2008-01-31
04	20000701	张天凯	男	1962-09-03	6500	2006-01-31
05	19881102	宋远	男	1960-01-03	6500	2006-01-31

图 3-15 按 bmh 汇总 zgb 的结果

以 bm 索引为主控索引时,zgb 的记录顺序如图3-3所示。对比图3-15的结果可知,01部门记录除jbgz项为该部门jbgz累加和之外,其他字段值均为01部门按bm索引排序的首记录的值,其他部门同样如此。

COUNT 命令用于对记录进行计数,其语法格式如下:

```
COUNT [<记录范围>] [FOR<条件1>] [WHILE<条件2>] [TO <内存变量>]
```

该命令对指定范围内符合条件的记录进行计数,计数结果可以存入指定的内存变量。COUNT 命令对逻辑删除记录的处理与 TOTAL 命令相同。

【例3-19】 利用 COUNT 命令统计 04 号部门的职工数和全体职工人数。

```
CLEAR
SET TALK OFF
USE zgb
COUNT FOR bmh="04" TO AA    && 统计 04 号部门的职工总数
COUNT TO BB                 && 统计职工总数
? AA,BB
USE
```

为什么统计 zgb 的记录总数就是职工人数呢?因为 zgb 的主索引是 zgh,所有记录该字段的值都不为 NULL 且取值不同,即每条记录均代表一个实际存在的职工,这是实体完整性所要求的。

SUM 命令用于对表的数值字段或字段数值表达式进行累加求和统计,其语法格式如下:

```
SUM [<数值表达式列表>] [<记录范围>] [FOR<条件1>] [WHILE<条件2>] [TO <内存
变量列表> ] [TO ARRAY <数组名>]
```

该命令对当前表指定范围内满足指定条件的记录的指定数值表达式求累加和，结果可以存入内存变量或数组中，累加结果按表达式先后次序依次存入变量列表中对应位置的变量（或数组中对应的数组元素）。如果省略数值表达式列表，则对当前表的所有数值字段进行累加汇总统计。SUM命令对于逻辑删除记录的处理与TOTAL命令相同。

【例3-20】 利用SUM命令统计应发工资（包括基本工资、奖金和补贴）、应扣款和实发工资总额。

```
USE gzb
SUM jbgz+jj+bt,kk,sfgz FOR ffbz TO sjbgz,skk,ssfgz
? "应发工资：",sjbgz
? "扣款总额：",skk
? "实发工资：",ssfgz
USE
```

上述程序把三个表达式的累加结果分别存入了sjbgz、skk和ssfgz变量中。

与TOTAL命令一样，SUM命令可以实现数值字段的累加，它们之间的主要区别是：

（1）TOTAL命令的结果保存在文件中，SUM命令则把结果保存在变量或数组中；

（2）TOTAL 命令可以分别对汇总关键字的每个不同取值进行汇总，对应生成多个记录；SUM命令不能按关键字汇总，它只能生成一组统计结果；

（3）TOTAL 命令只能对当前表的数值字段进行汇总，SUM命令则可以对任何数值字段表达式进行汇总。

【例3-21】 求全体职工的平均年龄。

```
SET TALK OFF
CLEAR
USE zgb
IF NOT EOF()                                    && 有职工记录才有必要运算
    SUM YEAR(DATE())-YEAR(sr) TO Syears         && 统计所有职工的年龄总和
    COUNT TO Num                                && 统计职工总数
    ? "平均年龄：",Syears/Num                     && 计算并输出平均年龄
ENDIF
USE
```

AVERAGE命令用于对表的数值字段或字段数值表达式进行平均值统计计算，其语法格式如下：

```
AVERAGE [<数值表达式列表>] [<记录范围>] [FOR<条件1>] [WHILE<条件2>] [TO
<内存变量列表> ] [TO ARRAY <数组名>]
```

该命令对当前表指定范围内满足指定条件的记录的指定表达式求平均值，结果可以存入内存变量或数组。如果省略数值表达式列表，则对当前表的所有数值字段进行平均值计算。AVERAGE命令对于逻辑删除记录的处理与TOTAL命令相同。

【例3-22】 求所有职工的平均年龄和平均基本工资。

```
SET TALK OFF
CLEAR
USE zgb
IF NOT EOF()
    AVERAGE YEAR(DATE())-YEAR(sr),jbgz TO ARRAY Ay
    ? "平均年龄：",Ay(1)
```

```
        ? "平均基本工资：",Ay(2)
    ENDIF
    USE
```

CALCULATE 命令可以实现更复杂的统计计算处理，其语法格式如下：

```
    CALCULATE 函数名(<数值表达式>)[,… …] [<记录范围>] [FOR<条件1>] [WHILE<条
    件2>] [TO <内存变量列表>] [TO ARRAY <数组名>]
```

该命令对当前表指定范围内满足指定条件的记录的指定表达式按指定的统计函数（参见表 3-2）进行统计，结果可以存入内存变量或数组。CALCULATE 命令对于逻辑删除记录的处理与 TOTAL 命令相同。记录中的 NULL 值不被统计。

表 3-2 统计函数列表

函数及参数	返回值类型	功 能 说 明
AVG(数值表达式)	N 型	返回指定范围内满足 WHILE 和 FOR 条件记录的指定运算表达式的平均值
CNT()	N 型	返回指定范围内满足 WHILE 和 FOR 条件记录的个数
MAX(表达式)	表达式类型	返回指定范围内满足 WHILE 和 FOR 条件记录中指定运算表达式的最大值；表达式值的类型可以是 C、D、T、N、F、B、I、Y 等数据类型
MIN(表达式)	表达式类型	返回指定范围内满足 WHILE 和 FOR 条件记录中指定运算表达式的最小值；表达式值的类型范围与 MAX 函数相同
STD(数值表达式)	N 型	返回指定范围内满足 WHILE 和 FOR 条件记录的指定运算表达式的标准差
SUM(数值表达式)	N 型	返回指定范围内满足 WHILE 和 FOR 条件记录的指定运算表达式的累加和
VAR(数值表达式)	N 型	返回指定范围内满足 WHILE 和 FOR 条件记录的指定运算表达式的均方差

【例 3-23】 求职工最大、最小、平均年龄。

```
    SET TALK OFF
    Ty = YEAR(DATE())
    CLEAR
    USE zgb
    IF NOT EOF()
        CALCULATE MAX(Ty - YEAR(sr)),MIN(Ty - YEAR(sr)) TO Am,An
        CALCULATE AVG(Ty - YEAR(sr)) TO Aavg
        ? "最大年龄：",Am
        ? "最小年龄：",An
        ? "平均年龄：",Aavg
    ENDIF
    USE
```

5. 记录运算查询

在 2.2.4 节介绍的 LIST、DISPLAY 命令格式中，输出内容都是字段，实际上输出内容也可是字段表达式。

【例 3-24】 查询所有职工的部门号、职工号、姓名、性别和年龄。

```
    USE zgb
    LIST bmh,zgh,zgm,xb,YEAR(DATE())-YEAR(sr)
    USE
```

上述程序的输出结果如下：

```
    记录号  BMH  ZGH       ZGM    XB   YEAR(DATE())-YEAR(sr)
        1   03   19870109  张学师  男                      55
        2   03   19870391  刘海南  男                      48
        3   05   19881102  宋远    男                      47
```

4	05	19890810	田杰	男	45
5	03	19920401	洛桑	男	46
6	03	19920412	欧阳红	女	43
7	05	19990112	马奔	男	41
8	02	20000101	张良	男	44
9	04	20000701	张天凯	男	45
10	04	20001109	王婷丽	女	46
11	01	20010101	赵天明	男	46
12	01	20010102	李旭日	男	47
13	02	20010103	王立秋	女	45
14	04	20010203	赵子丰	男	47
15	02	20011202	王红	女	44
16	05	20020729	周思卿	男	45
17	04	20030788	孙维志	男	39

上例中，年龄是通过运算公式计算求得的。实际上，LIST 和 DISPLAY 命令的输出项可以是任何合法的字段运算表达式，算术表达式、关系表达式、逻辑表达式、日期时间表达式、字符串运算表达式等都可以。

3.5.2 利用 SQL 命令进行查询和统计

在2.2.4节中已经介绍了 SELECT–SQL 命令的简单用法，实际上利用该命令可以实现复杂的数据查询和统计处理。SELECT–SQL 命令不需要预先打开查询的表和索引，命令执行时会自动打开相应的表及索引，同时 SELECT–SQL 命令执行时系统会自动进行查询优化处理，其查询处理效率往往远高于 Visual FoxPro 专有命令。典型的 SELECT–SQL 命令语法格式如下：

```
SELECT  [ ALL | DISTINCT ]  <输出表达式列表>
FROM <查询对象列表>
[WHERE <条件>]
[GROUP BY <分组表达式>]
[HAVING <过滤条件>]
[ORDER BY <排序表达式1> [ ASC | DESC ] [,<排序表达式2> [ ASC | DESC ]]]
[INTO ARRAY <数组名>|CURSOR <临时表名>|DBF <表名>|TABLE <表名>]
```

选择 ALL 选项输出所有查询结果行，选择 DISTINCT 选项将过滤掉查询结果中重复出现的行。输出表达式列表是用逗号分隔的字段运算表达式列表，可以指定输出列的列名。查询对象列表中给出要查询数据的表或视图（见3.6节）。WHERE 选项用于指定查询结果行的过滤条件，只有满足条件的结果行才被输出。GROUP BY 选项用于对查询结果行进行分组统计处理，分组表达式值相同的结果行将被作为一个统计分组进行汇总。HAVING 选项只能与 GROUP BY 选项结合使用，其作用是把分组结果中满足过滤条件的分组保留下来，其他不满足条件的分组则不予输出。ORDER BY 选项用于结果排序，查询结果可以按指定的排序表达式值升序（选 ASC）或降序（选 DESC）排列，当指定多个排序表达式时，依次按第一个表达式的指定顺序排序，表达式值相同时继续按第二个表达式顺序排序，依此类推。INTO 选项用于选择查询结果去向，省略时在主窗口输出查询结果，选择 ARRAY 时结果输出到指定数组中，选择 CURSOR 选项时结果输出到指定的临时表中（临时表也是表，他们之间的区别是表永久保留，临时表在命令结束后自动被清除），选择 DBF 或 TABLE 选项时，结果输出到指定的表中。

可以如下理解 SELECT–SQL 命令的执行过程：

<1> 读取 FROM 后面指定的表、视图的数据，执行笛卡尔乘积操作；

<2> 选取满足 WHERE 选项中给出的条件（逻辑表达式）的元组；

<3> 按 GROUP BY 选项中指定分组表达式进行分组统计，同时提取满足 HAVING 选项中过滤条件（逻辑表达式）的那些结果元组；

<4> 按给定的输出表达式列表计算输出结果行并按 ORDER 子句的排序表达式及排序方式输出结果行。

1. 输出表达式列表的典型形式

输出表达式可以是字段（列）名、字段（列）名表达式、星号。

【例 3-25】 查询所有职工的部门号、职工号、姓名、性别和年龄。

```
SELECT bmh, zgh, zgm, xb, YEAR(DATE())-YEAR(sr);
FROM zgb
```

如果查询表的所有字段，则不必一一列出，可以用星号代替。

【例 3-26】 查询所有职工的职工信息。

```
SELECT *;
FROM zgb
```

当输出表达式为字段名时，对应输出列的显示标题即为该字段的字段名。如果输出表达式是一个字段运算表达式，对应输出列的显示标题由系统指定。可以在命令中指定显示标题。

【例 3-27】 查询所有职工的姓名、性别和年龄。

```
SELECT zgm AS "姓名", xb AS "性别", YEAR(DATE())-YEAR(sr) AS "年龄";
FROM zgb
```

上例中的 AS 选项用于指定显示输出标题，上例的"姓名"、"性别"和"年龄"等就是指定的标题。标题选项的 AS 可以省略，比如 zgm As "姓名"可以表示为 zgm "姓名"。标题文本既可以加定界符，也可以不加定界符，如上述三个标题两端的双引号均可以去掉。

当查询对象有多个的时候，需要指定输出字段是属于那个查询对象的，在字段名之前加上对象名前缀即可。

【例 3-28】 下列命令将输出 bmb 和 zgb 的笛卡儿乘积。

```
SELECT *;
FROM bmb, zgb
```

上例结果中将包含两个 bmh 列，一个是 bmb 中的 bmh 列，另一个是 zgb 中的 bmh 列，系统会自动通过后缀区分他们（图3-16为部分查询结果）。

【例 3-29】 下列命令将输出 bmb 和 zgb 的笛卡儿乘积中的 bmm 字段和 zgb 中所有字段。

```
SELECT bmb.bmm, zgb.*;
FROM bmb, zgb
```

当查询对象有多个的时候，可以为查询对象指定别名以简化语句。别名的说明格式为：

```
<查询对象名>  [AS]  <别名>
```

在指定了别名后，就可以在语句的其他部分用别名代替查询对象名前缀。

【例 3-30】 下列命令为 bmb 和 zgb 指定了别名。

```
SELECT  a.bmm, b.*;
FROM bmb AS a, zgb b
```

上列中，为 bmb 指定的别名是 a，为 zgb 指定的别名是 b。当查询对象名较长时，指定别名可以显著减少命令中字符个数，从而提高代码的编辑效率。

2. 去掉重复的结果行

有时命令的查询输出结果中可能包含重复的行。

Bmh_a	Bmm	Bmh_b	Zgh	Zgm	Xb	Sr	Jbgz	Trsj
01	综合管理处	03	19870109	张学师	男	1952-11-12	2000	2008-01-31
01	综合管理处	03	19870391	刘海南	男	1959-11-22	1500	2006-01-31
01	综合管理处	05	19881102	宋远	男	1960-01-03	1500	2006-01-31
01	综合管理处	05	19890810	田杰	男	1962-02-27	1500	2006-01-31
01	综合管理处	03	19920401	洛桑	男	1961-05-06	1000	2008-01-31
01	综合管理处	03	19920412	欧阳红	女	1964-02-01	1000	2008-01-31
01	综合管理处	05	19990112	马莽	男	1966-11-17	2000	2008-01-31
01	综合管理处	02	20000101	张良	男	1963-12-30	2000	2008-01-31
01	综合管理处	04	20000701	张天凯	男	1962-09-03	1000	2006-01-31
01	综合管理处	04	20001109	王婷丽	女	1961-12-08	1000	2008-01-31
01	综合管理处	01	20010101	赵天明	男	1961-01-02	1000	2008-01-31
01	综合管理处	01	20010102	李旭日	男	1960-09-19	1000	2008-01-31
01	综合管理处	02	20010103	王立秋	女	1962-10-01	1500	2008-01-31
01	综合管理处	04	20010203	赵子羊	男	1960-03-09	1500	2008-01-31
01	综合管理处	02	20011202	王红	女	1963-08-13	1500	2006-01-31
01	综合管理处	05	20020729	周思卿	男	1962-10-01	1500	2006-01-31
01	综合管理处	04	20030788	孙维志	男	1968-04-05	1500	2008-01-31
02	经济管理学院	03	19870109	张学师	男	1952-11-12	2000	2008-01-31

图 3-16　bmb、zgb 的笛卡儿乘积部分查询结果

【例 3-31】　下列命令查询 zgb 中的部门号（由此输出可以判断哪些部门有职工）。

```
SELECT bmh;
FROM zgb
```

在上述命令的输出结果行中有许多是重复的，例如，结果为03的行有4个。选择 DISTINCT 选项可以过滤掉重复的结果行。

【例 3-32】　查询有职工的部门号。

```
SELECT DISTINCT bmh;
FROM zgb
```

DISTINCT 的作用是去掉重复的行，而不是去掉某一列的重复值。上例中的输出列只有 bmh，所以会有重复的查询结果行。如果输出表达式列表中增加一个 zgh 字段，则不会有重复的结果行存在，因为当 bmh 相同时，zgh 是不同的。

3．WHERE 选项

当查询对象有多个的时候，如果没有 WHERE 选项，则会输出这些查询对象的笛卡儿乘积结果中的全部结果行，在这些结果行中，有许多是不合理的或不需要的，可以通过 WHERE 选项选取那些满足指定条件的行。WHERE 选项中的条件表达式可以是关系表达式或逻辑表达式、子集合判断、区间值判断、字符串匹配判断或空值判断等。

【例 3-33】　查询每个职工的所属部门名和其他职工信息。

由图3-16可知，在 bmb 和 zgb 的笛卡儿乘积结果中包含了部门名和职工信息，但只有那些 bmb 的 bmh 与 zgb 的 bmh 相等的行才是合理的行，把这些行选择出来需要使用 WHERE 选项，其条件表达式为：bmb.bmh = zgb.bmh，由此得到命令：

```
SELECT *;
FROM bmb, zgb;
WHERE bmb.bmh = zgb.bmh
```

上述命令的输出结果中包含了笛卡儿乘积的全部输出列，而题目要求只输出 bmb 的 bmm 内容，只要选取指定的输出列（投影）即可：

```
SELECT bmb.bmm, zgb.*;
FROM bmb, zgb;
WHERE bmb.bmh = zgb.bmh
```

【例3-34】 查询03、04和05号部门职工的所属部门名和其他职工信息。

显然，上例的结果中包含03、04和05号部门职工的信息，可以进一步通过WHERE选项的条件把他们提取出来，只要在上例结果中继续限定bmh必须是03、04或05即可。

```
SELECT bmb.bmm, zgb.*;
FROM bmb, zgb;
WHERE bmb.bmh = zgb.bmh AND zgb.bmh>="03" AND zgb.bmh<="05"
```

由于WHERE条件已限定bmb.bmh=zgb.bmh，因此上例命令中的zgb.bmh>="03" AND zgb.bmh<="05"也可以改成bmb.bmh>="03" AND bmb.bmh<="05"，其效果是相同的。

可以把"03"、"04"和"05"作为一个集合看待，这样可以用子集合判断实现本例要求，命令如下：

```
SELECT bmb.bmm, zgb.*;
FROM bmb, zgb;
WHERE bmb.bmh = zgb.bmh AND zgb.bmh IN ("03","04","05")
```

子集合判断适用于任何数据类型的字段或字段表达式，其语法格式如下：

```
<字段表达式> IN (<集合元素列表>)
```

如果关系（或关系的笛卡儿乘积结果）的当前行的字段表达式结果存在于集合元素列表中则子集合判断结果为.T.，否则为.F.。子集合判断特别适合于取值较多且不连续的情况，这时用逻辑表达式表示会很复杂，而用子集合判断则较简单。

如果字段表达式的取值连续（如上例的03、04、05号），也可以用区间判断实现。用区间判断实现上例的命令如下：

```
SELECT bmb.bmm, zgb.*;
FROM bmb, zgb;
WHERE bmb.bmh = zgb.bmh AND zgb.bmh BETWEEN "03" AND "05"
```

区间判断适用于任何数据类型的字段或字段表达式，其语法格式如下：

```
<字段表达式> BETWEEN <区间下界> AND <区间上界>
```

如果关系（或关系的笛卡儿乘积结果）的当前行的字段表达式结果大于或等于区间下界值并且小于或等于区间上界值则表达式结果为.T.，否则为.F.。上述区间判断也可以用如下代码实现：

```
VAL(zgb.bmh) BETWEEN 3 AND 5
```

对于字符型字段表达式可以用字符串匹配判断。例如，下面的命令可以查询姓张的职工的所属部门名和其他职工信息（结果如图3-17所示）：

```
SELECT bmb.bmm, zgb.*;
FROM bmb, zgb;
WHERE bmb.bmh = zgb.bmh AND zgm LIKE "张%"
```

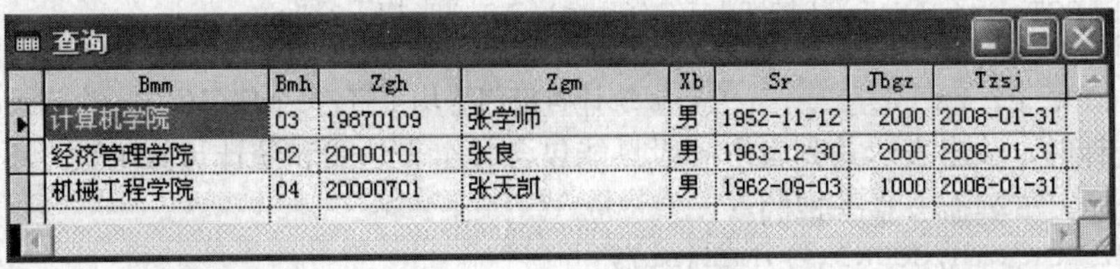

Bmm	Bmh	Zgh	Zgm	Xb	Sr	Jbgz	Tzsj
计算机学院	03	19870109	张学师	男	1952-11-12	2000	2008-01-31
经济管理学院	02	20000101	张良	男	1963-12-30	2000	2008-01-31
机械工程学院	04	20000701	张天凯	男	1962-09-03	1000	2008-01-31

图3-17 字符串匹配查询结果

字符串匹配判断表达式的语法格式如下：

    <字段表达式> LIKE <匹配字符串>

在匹配字符串中可以使用百分号（%）和下划线（_），前者可以与任意多个连续字符匹配（相等），后者与任意单个字符或汉字匹配。如果关系（或关系的笛卡儿乘积结果）的当前行的字段表达式结果与给定的匹配字符串匹配则表达式结果为.T.，否则为.F.。

图3-17的结果中包含三个满足条件的记录。下面的命令的输出结果会包含几条记录呢？

    SELECT bmb.bmm, zgb.*;
    FROM bmb, zgb;
    WHERE bmb.bmh = zgb.bmh AND zgm LIKE "张_"

上述命令会把姓张并且姓名只有两个汉字的职工所属部门名和其他职工信息检索出来。

有时需要把某一字段取值为空值（NULL）的记录过滤出来，这可以通过空值检测实现。空值检测表达式语法格式如下：

    <字段名> IS [NOT] NULL

如果关系（或关系的笛卡儿乘积结果）的当前行的指定字段为空值（未选择 NOT 选项，选择 NOT 选项时结果不为空值）则表达式结果为.T.，否则为.F.。

【**例 3-35**】 查询已经确定了基本工资（jbgz 不是 NULL）的职工信息。

    SELECT *;
    FROM zgb;
    WHERE jbgz IS NOT NULL

WHERE 条件表达式的构造是非常重要的，需要通过大量的练习来尝试和理解各种可能的表达式构造，这对理解和掌握 SELECT – SQL 命令非常有好处。

4．GROUP BY 选项

GROUP BY 选项用于对查询结果进行分组统计处理。统计计算可以通过函数实现，常用的统计函数包括与表3-2所示的 AVG、MAX、MIN、SUM 等相同语法格式和功能的函数，另外还包括 CNT（或用 COUNT）函数（但语法格式略有差别）。COUNT 函数的语法格式为：

    COUNT([DISTINCT] <表达式>)

可以对所有记录进行统计，也可以对记录进行分组统计。

【**例 3-36**】 统计职工数据（说明在注释中给出）。

    SELECT COUNT(*) AS "职工总数";
    FROM zgb   && 统计职工总数（只产生一个统计结果行，结果是17）
    SELECT bmh AS "部门号",COUNT(*) AS "职工总数";
    FROM zgb;
    GROUP BY bmh   && 统计各部门职工总数,每个部门生成一个记录（见图 3-18）
    SELECT COUNT(DISTINCT xb) AS "性别个数";
    FROM zgb   && 统计不同的性别个数（只产生一个统计结果行，结果是2）
    SELECT AVG(jbgz) AS "平均工资";
    FROM zgb   && 统计平均工资（全体职工只产生一个统计记录）
    SELECT bmh AS "部门号",AVG(jbgz) AS "平均工资";
    FROM zgb;
    GROUP BY bmh   && 统计各部门平均工资,每个部门生成一个记录（见图 3-18）

分组统计时，输出表达式列表中一般只能包含分组表达式和统计计算函数，不能包含其他字段名。例如，下列命令是合理的：

    SELECT bmh,COUNT(*),MAX(sr);
    FROM zgb;
    GROUP BY bmh

如果在 bmh 后增加一个 zgh 输出字段，统计结果就较难理解。

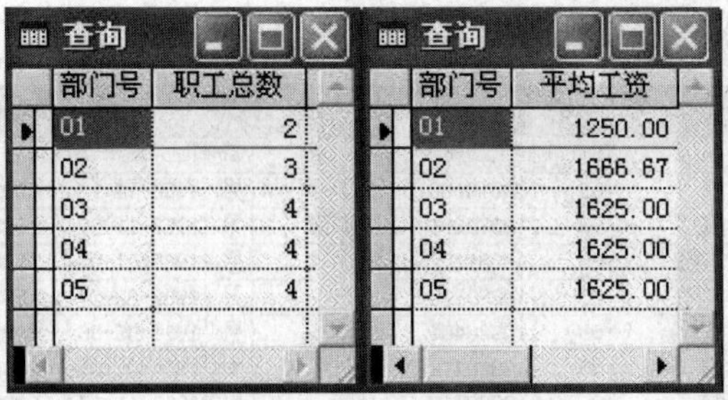

图 3-18　分组统计结果

5．HAVING 选项

HAVING 选项总是与 GROUP BY 选项配合使用，用于过滤掉不需要的分组。例如，图3-18中职工总数少于3人的只有01号部门，如果希望只输出职工总数为3人及3人以上的部门职工总数，则可以用 HAVING 选项来实现，相应的查询语句如下：

```
SELECT bmh AS "部门号",COUNT(*) AS "职工总数";
FROM zgb;
GROUP BY bmh;
HAVING COUNT(*)>=3
```

上述命令将只把分组统计人数大于或等于3人的部门统计结果输出，结果中只包含02、03、04、05号部门的统计数据，01号部门的结果被过滤掉了。

6．ORDER BY 选项

可以利用 ORDER BY 选项对输出结果行进行排序，可以指定一个或多个排序表达式及排序方式，ASC 表示按排序表达式值升序排列，DESC 表示按排序表达式值降序排列。包含多个排序表达式时先按第一个排序，第一个表达式值相同时再按第二个表达式值排序，依此类推。

【例3-37】　统计输出部门职工总数信息，结果按人数升序排列，人数相同时按部门号降序排列。

```
SELECT bmh AS 部门号,COUNT(*) AS 职工总数;
FROM zgb;
GROUP BY bmh;
ORDER BY 职工总数 ASC,bmh DESC
```

7．多表（或视图）连接查询

当检索对象为多个表（或视图）时，出现在 FROM 子句后面的就不再是一个表（或视图），而是多个表（或视图）的检索对象序列，这样的查询即为多表连接查询。多表连接查询可以得到单表查询所不能得到的查询结果。

多表连接查询时首先生成这些表的笛卡儿乘积，可以通过 WHERE 选项过滤出满足条件的行。也可以通过 JOIN 选项过滤满足条件的行。

【例3-38】　生成 bmb 和 zgb 的笛卡儿乘积，分析其中的结果行可知，只有 bmh_a 与 bmh_b 相等的行才是合理的行，这样的行反映了一个职工的职工信息和所在部门信息。可以利用这一点过滤出合理的行。下列命令在 bmb 和 zgb 的笛卡儿乘积中提取出合理的结果行（结果如图3-19所示）。

```
SELECT *;
FROM bmb, zgb;
WHERE bmb.bmh = zgb.bmh
```

Bmh_a	Bmm	Bmh_b	Zgh	Zgm	Xb	Sr	Jbgz	Tzsj
03	计算机学院	03	19870109	张学师	男	1952-11-12	2000	2008-01-31
03	计算机学院	03	19870391	刘海南	男	1959-11-22	1500	2006-01-31
05	电子工程学院	05	19881102	宋远	男	1960-01-03	1500	2006-01-31
05	电子工程学院	05	19890810	田杰	男	1962-02-27	1500	2006-01-31
03	计算机学院	03	19920401	洛桑	男	1961-05-06	1000	2006-01-31
03	计算机学院	03	19920412	欧阳红	女	1964-02-01	2000	2008-01-31
05	电子工程学院	05	19990112	马莽	男	1966-11-17	2000	2008-01-31
02	经济管理学院	02	20000101	张良	男	1963-12-30	1500	2006-01-31
04	机械工程学院	04	20000701	张天凯	男	1962-09-03	1000	2006-01-31
04	机械工程学院	04	20001109	王婷丽	女	1961-12-08	1500	2006-01-31
01	综合管理处	01	20010101	赵天明	男	1961-01-02	1500	2006-01-31
01	综合管理处	01	20010102	李旭日	男	1960-09-19	1000	2006-01-31
02	经济管理学院	02	20010103	王立秋	女	1962-10-01	1500	2006-01-31
04	机械工程学院	04	20010203	赵子丰	男	1960-03-09	1500	2006-01-31
02	经济管理学院	02	20011202	王红	女	1963-08-13	1500	2006-01-31
05	电子工程学院	05	20020729	周思卿	男	1962-10-01	1500	2006-01-31
04	机械工程学院	04	20030788	孙继志	男	1968-04-05	2000	2008-01-31

图 3-19　过滤出的 bmb、zgb 笛卡儿乘积的合理行

如果希望选择输出若干列，只要把星号换成对应的输出表达式列表即可。

【例3-39】下列命令查询输出每个职工的所属部门信息和职工信息（结果如图 3-20 所示）。

```
SELECT bmb.bmm,zgb.*;
FROM bmb, zgb;
WHERE bmb.bmh = zgb.bmh
```

Bmm	Bmh	Zgh	Zgm	Xb	Sr	Jbgz	Tzsj
计算机学院	03	19870109	张学师	男	1952-11-12	2000	2008-01-31
计算机学院	03	19870391	刘海南	男	1959-11-22	1500	2006-01-31
电子工程学院	05	19881102	宋远	男	1960-01-03	1500	2006-01-31
电子工程学院	05	19890810	田杰	男	1962-02-27	1500	2006-01-31
计算机学院	03	19920401	洛桑	男	1961-05-06	1000	2006-01-31
计算机学院	03	19920412	欧阳红	女	1964-02-01	2000	2008-01-31
电子工程学院	05	19990112	马莽	男	1966-11-17	2000	2008-01-31
经济管理学院	02	20000101	张良	男	1963-12-30	1500	2006-01-31
机械工程学院	04	20000701	张天凯	男	1962-09-03	1000	2006-01-31
机械工程学院	04	20001109	王婷丽	女	1961-12-08	1500	2006-01-31
综合管理处	01	20010101	赵天明	男	1961-01-02	1500	2006-01-31
综合管理处	01	20010102	李旭日	男	1960-09-19	1000	2006-01-31
经济管理学院	02	20010103	王立秋	女	1962-10-01	1500	2006-01-31
机械工程学院	04	20010203	赵子丰	男	1960-03-09	1500	2006-01-31
经济管理学院	02	20011202	王红	女	1963-08-13	1500	2006-01-31
电子工程学院	05	20020729	周思卿	男	1962-10-01	1500	2006-01-31
机械工程学院	04	20030788	孙继志	男	1968-04-05	2000	2008-01-31

图 3-20　包含所属部门名的职工信息表

利用 WHERE 子句过滤结果行时需要选择在连接表中对应的列构造过滤表达式，如上述 bmb 和 zgb 中对应的列是 bmh。当从一个表中不能获得完整的查询信息时就需要进行多表连接查询。相互连接的表之间一般应具有外键参照关系，过滤合理行的表达式即为对应关键字相等。例如，从 gzb 中只能查询到每个工资记录的职工编号，如果希望查询到职工姓名，则需要到 zgb

中才能查询到，这时就必须进行 gzb 和 zgb 的连接查询。

【例 3-40】 查询每个职工的工资信息，要求包含职工姓名。

```
SELECT zgb.zgm,gzb.*;
FROM zgb, gzb;
WHERE zgb.zgh = gzb.zgh
```

在连接条件之后或之前可以补充其他条件，例如，如果希望查询2008年1月包含职工姓名的全部工资记录，则可以用【例3-41】的代码实现。

【例 3-41】 查询 2008 年 1 月包含职工姓名的全部工资记录。

```
SELECT zgb.zgm,gzb.*;
FROM zgb, gzb;
WHERE zgb.zgh = gzb.zgh AND gzb.ny = '200801'
```

如果希望查询2008年1月职工赵天明的工资记录，WHERE 条件又该如何构造呢？只要把上例的条件改为下面的形式就可以了：

```
zgb.zgh = gzb.zgh AND gzb.ny = '200801' AND zgb.zgm = "赵天明"
```

如果希望查询职工的所属部门、姓名和工资信息，就需要进行 bmb、zgb 和 gzb 的连接查询，zgb 和 gzb 应该按 zgh 进行连接，其结果再与 bmb 按 bmh 进行连接即可实现。

【例 3-42】 查询 2008 年 1 月包含职工所属部门、职工姓名的全部工资记录。

```
SELECT bmb.bmm,zgb.zgm,gzb.*;
FROM zgb,gzb,bmb;
WHERE (zgb.zgh = gzb.zgh AND gzb.ny = '200801') AND zgb.bmh=bmb.bmh
```

上例中 WHERE 子句中的括号可以去掉，其中的关系表达式的顺序也可以调整。

以上的连接查询例子中的连接条件都是对应列（表达式亦可）相等，这样的连接也叫等值连接。实际上连接条件可以是非等值的条件。

利用 JOIN 选项同样可以实现多表连接查询，该选项放在 FROM 选项的第一个查询对象之后，其语法格式为：

```
FROM <查询对象1> [[INNER | LEFT [OUTER] | RIGHT [OUTER] | FULL [OUTER]
JOIN <查询对象2> ON <连接条件> ...]
```

专用连接包括以下几种：

（1）内连接（INNER JOIN 或 JOIN）；

（2）左连接（LEFT JOIN 或 LEFT OUTER JOIN）；

（3）右连接（RIGHT JOIN 或 RIGHT OUTER JOIN）；

（4）全连接（FULL JOIN 或 FULL OUTER JOIN）。

用内连接可以实现前述用 WHERE 条件实现的连接操作。

【例 3-43】 利用 JOIN 选项查询每个职工的工资信息，要求包含职工姓名。

```
SELECT zgb.zgm,gzb.*;
FROM zgb JOIN gzb ON zgb.zgh = gzb.zgh
```

当内连接涉及3个或3个以上的表（或视图）时，可以用括号区分连接的层次。

【例 3-44】 利用 JOIN 选项查询每个职工的工资信息，要求包含职工所属部门和姓名。

```
SELECT bmb.bmm,zgb.zgm,gzb.*;
FROM (zgb JOIN gzb ON zgb.zgh = gzb.zgh) JOIN bmb ON zgb.bmh=bmb.bmh
```

上例中 FROM 选项中括号内的连接先进行，连接的结果再与 bmb 进行连接操作。省略括号也可以，只是理解起来稍有困难。

在使用 JOIN 选项进行连接时，WHERE 条件的作用比较简单，它只用于从连接结果中过滤出满足条件的结果行。

【例3-45】 利用 JOIN 选项查询 2008 年 1 月包含职工姓名的全部工资记录。

```
SELECT zgb.zgm,gzb.*;
FROM zgb JOIN gzb ON zgb.zgh = gzb.zgh;
WHERE gzb.ny = '200801'
```

【例3-46】 利用 JOIN 选项查询 2008 年 1 月包含职工所属部门、职工姓名的全部男职工工资记录。

```
SELECT bmb.bmm,zgb.zgm,gzb.*;
FROM zgb JOIN gzb ON zgb.zgh = gzb.zgh JOIN bmb ON zgb.bmh=bmb.bmh;
WHERE gzb.ny = '200801' AND zgb.xb='男'
```

左连接、右连接和全连接由于应用较少，本书不予介绍。

8．嵌套查询（子查询）

如果在一个 SELECT－SQL 命令的 WHERE 条件中包含新的 SELECT－SQL 命令，则称为嵌套查询。嵌套在其他 SELECT－SQL 命令内的 SELECT－SQL 命令一般也叫做子查询，作为子查询的 SELECT－SQL 命令将受到一定的限制。嵌套查询一般对子查询结果进行集合运算，常用的集合检验如下：

（1）EXIST 检验（存在检验）；

（2）IN 范围检验；

（3）SOME/ALL 范围检验；

（4）关系表达式；

本书只介绍前两种检验的用法。

EXIST 检验的语法格式如下：

```
[NOT] EXISTS (<子查询>)
```

如果选择 EXISTS，则当子查询存在结果行时，该检验的结果为真，否则为假。如果选择 NOT EXISTS，其检验结果刚好与 EXISTS 相反。

【例3-47】 查询领过工资的职工记录。

按题目要求应该查询 zgb 中的记录：如果 zgb 中某一职工在 gzb 中有工资发放记录则该职工就是要找的记录，可以实现该操作的 SELECT－SQL 命令结构为：

```
SELECT *;
FROM zgb;
WHERE <存在当前职工的工资记录>
```

zgb 中当前职工的职工号为 zgb.zgh，存在当前职工的工资记录可以表示为：

```
EXISTS (  ;
SELECT * ;
FROM gzb;
WHERE zgb.zgh = gzb.zgh)
```

合成上述代码即可得到实现本题要求的完整代码：

```
SELECT *;
FROM zgb;
WHERE EXISTS(;
    SELECT *;
    FROM gzb;
    WHERE zgb.zgh = gzb.zgh;
)
```

从上述推导过程可知，只要在 EXISTS 之前加一个 NOT 即可查询没领过工资的职工记录。

IN 检验的语法格式如下：

```
<表达式> [NOT] IN (<子查询>)
```

当表达式的取值是子查询输出的某一结果值（即在子查询结果值中存在该值）时，IN 检验结果为真，NOT IN 检验结果为假。IN 检验中子查询的输出列必须只有一个且其数据类型应与表达式类型一致。利用 IN 检验同样可以实现上例的处理，这时的代码结构为：

```
SELECT *;
FROM zgb;
WHERE <当前职工的 zgh 存在于领过工资的 zgh 中>
```

领过工资的 **zgh** 可以表示为：

```
SELECT DISTINCT zgh;
FROM gzb
```

完整的代码为：

```
SELECT *;
FROM zgb;
WHERE zgh IN(;
    SELECT DISTINCT zgh;
    FROM gzb)
```

利用嵌套查询可以实现复杂的查询处理要求，但其语法结构也较为复杂，感兴趣的读者可以参考其他专业文献。

9. 查询结果的定向输出

SELECT - SQL 命令的查询结果一般在显示器上输出，也可以输出到指定的对象，比如数组或表中，相应的语法选项如下：

```
INTO ARRAY <数组名>|CURSOR <临时表名>|DBF <表名>|TABLE <表名>
```

选择 ARRAY 选项将把查询结果输出到指定的数组中。

选择 CURSOR 选项将把查询结果输出到指定的临时表中，该临时表的名字不能与其他表的名字相同。语句执行后，相应的临时表处于打开状态，其中的数据可以访问，但不能修改，关闭临时表后，相应的临时表即被自动删除。

选择 DBF 或 TABLE 选项将把查询结果输出到指定表中，该表文件名如果与其他表相同，则会覆盖相应的表。语句执行后，相应的表处于打开状态，其中的数据可以访问，也可以修改。与临时表不同的是，表不会在关闭后被自动删除，它将被永久保存。

3.6 查询、视图

3.6.1 查询

可以预定义一个查询数据的 SELECT – SQL 命令并将其存储到一个文件中，需要的时候，执行其中的 SELECT – SQL 命令即可实现相应的查询操作，这种预定义的 SELECT – SQL 命令文件叫做查询。查询文件的扩展名是 **.qpr**。查询的特点是：

（1）查询只从表中检索满足要求的记录；

（2）查询保存在文件中，因此可以反复使用；

（3）查询结果可以多种形式输出，如报表、表、标签等。

可以通过查询设计器设计查询（文件），也可以通过文本编辑器直接编辑建立查询文件。通过文本编辑器设计查询文件与设计程序相同，只是该程序的内容是一条 SELECT – SQL 命令，其文件扩展名是.qpr 而已。

以"查询2008年1月包含职工姓名的全部工资记录"为例，通过查询设计器设计查询的步骤如下所述。

<1> 在项目管理器的"数据"选项卡中选中"查询"，然后点击"新建"按钮，在"新建查询"对话框中点击"新建查询"按钮即可打开查询设计器（图3-21），同时打开"添加表或视图"对话框（图3-22）。

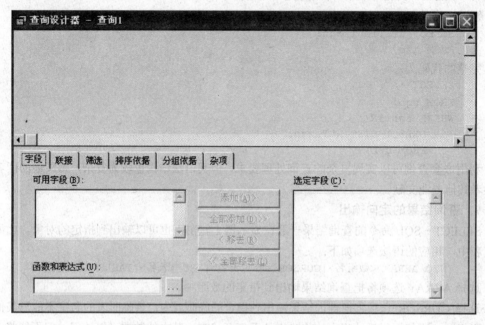

图 3-21　查询设计器界面

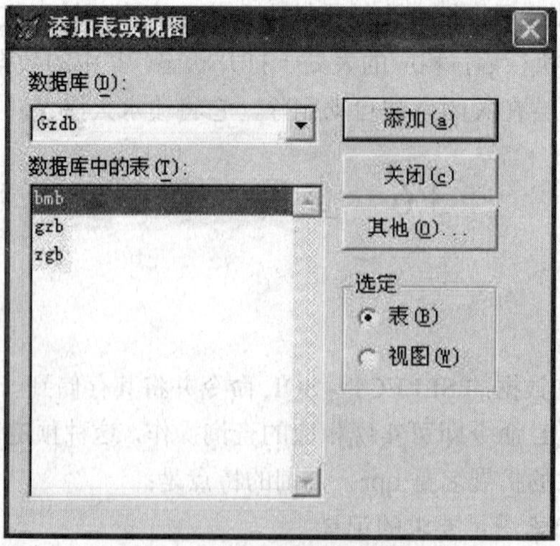

图 3-22　添加表或视图对话框

　　<2> 在"数据库"下拉表中选择待查询的表或视图所在的数据库（本例为 gzdb），选定"表"单选钮时可以在左下角"数据库中的表"列表中选择相应的表，选定"视图"单选钮时可以在左下角"数据库中的视图"列表中选择相应的视图。选定表或视图后，点击"添加"按钮即可把相应的表或视图添加到查询设计器中（本例依次选择添加 zgb 和 gzb，图3-23）。

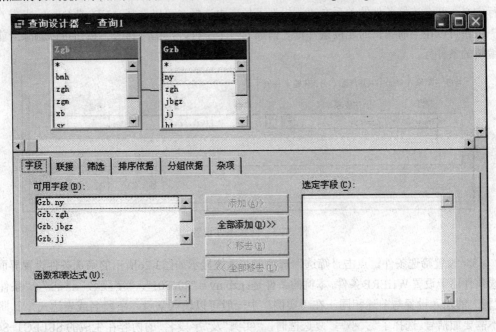

图 3-23　添加到查询设计器中的表（或视图）

　　<3> 选择输出字段。点击"字段"选项卡，选中的查询对象的所有字段均出现在"可用字段"列表中，可以点击选择"可用字段"列表的一个字段，按住 CTRL 键时可以连续点击选择多个字段（选中的字段会自动反相显示）；点击"全部添加"按钮可以把可用字段列表中的所有字段添加到"选定字段"列表；点击"添加"按钮可以把可用字段列表中选中的字段全部添加到"选定字段"列表中。从选定字段列表中移去字段（解除选择）的操作方式与选择字段的方式相同。本例应选择 zgb 中的 zgm 字段和 gzb 中的所有字段（图3-24），也可以直接拖动可用字段到选定字段列表或反向拖动来选择或移去字段。双击"可用字段"或"选定字段"列表中的字段名可以添加或移去相应的字段。

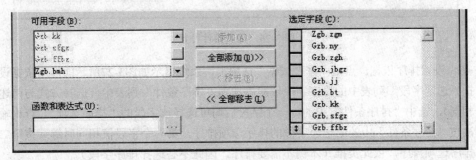

图 3-24　选定的查询字段

　　<4> 设置连接条件。点击"联接"选项卡，系统显示如图3-25所示的连接条件设置界面。

在"类型"下拉表中选择连接类型，一般都是选择内连接（Inner Join）；在"字段名"下拉表中选择第一个连接查询对象的连接字段；"条件"下拉表用于选择连接条件，一般选择等值（选择等号即可）连接。如果选择了"否"复选框，则表示对后面的条件不成立的记录进行连接。在"值"下拉表中选择第二个连接查询对象的连接字段，如果有多个连接条件则可以继续在下一行定义，两个连接条件的关系在"逻辑"下拉表中选择（可以选择 AND 或 OR）。点击"插入"按钮可以在当前编辑的连接条件行之前插入一个空行，点击"移去"按钮可以删除当前正在编辑的条件行。

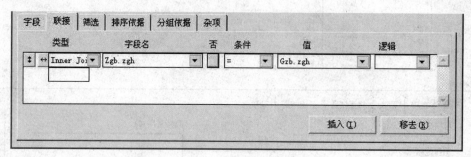

图 3-25　连接条件设置

<5> 设置筛选条件。点击"筛选"选项卡，系统显示如图3-26所示的筛选条件设置界面。筛选条件用于设置 WHERE 条件，本例的条件是：gzb.ny = "200801"，"字段名"、"否"、"条件"、"逻辑"的输入设置与前述相同，在"实例"中一般可以输入常量、字段名或表达式，日期常量不需要加括号。选择了"大小写"复选框时，"实例"及"字段名"的内容在生成的 SELECT-SQL 命令中会自动进行大写转换（字符串常量直接转换为大写，字段变量则用 UPPER 函数转换其取值）。当包含多个条件行时，除最后一行外，前面的条件行须通过"逻辑"选项指定逻辑运算符。

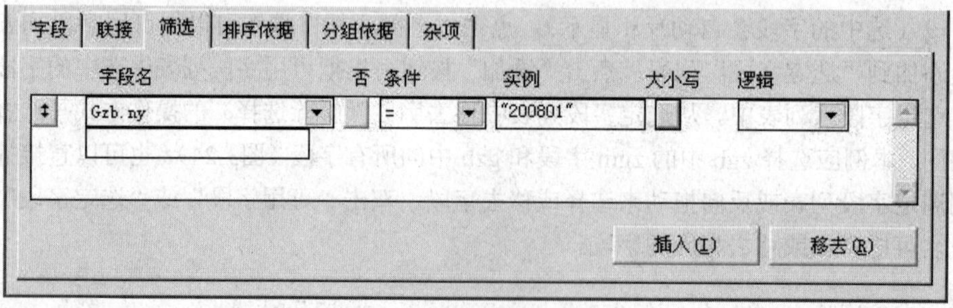

图 3-26　筛选条件设置

<6> 设置排序依据。点击"排序依据"选项卡，系统显示如图3-27所示的排序依据设置界面。把"选定字段"列表中的排序字段依次添加到"排序条件"列表中（选择方式与前述字段选择相同），选中"排序条件"中的每一个字段后均可选择该字段的"排序选项"。查询输出结果依次按"排序条件"中的第一个字段的排序选项排序，第一个字段值相同时继续按第二个字段的排序选项排序，依此类推（本例不需要排序，因此不必选择排序字段）。

<7> 设置分组条件。点击"分组依据"选项卡，系统显示如图3-28所示的分组依据设置界面。分组字段的选择与前述字段选择方式相同，分组字段可以有一个或多个。如果希望只保留

满足条件的分组（HAVING 选项），点击"满足条件"按钮即可打开设置界面（与筛选条件设置类似）。

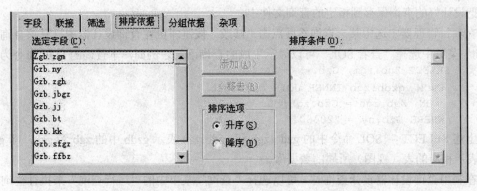

图 3-27　排序依据设置

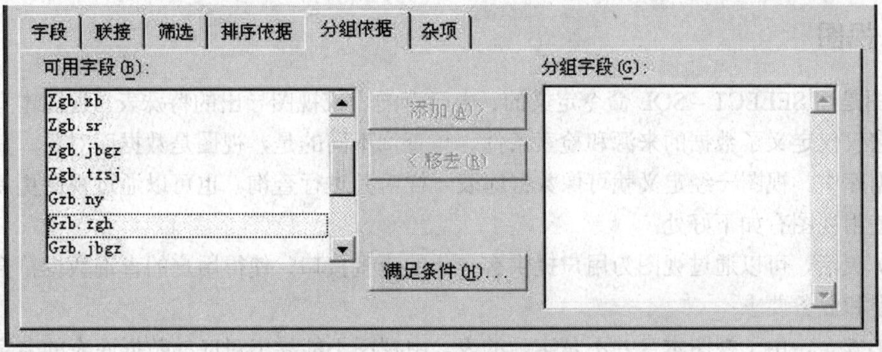

图 3-28　分组依据设置

<8> 设置输出选项。在"杂项"选项卡可以设置结果输出选项（图3-29），选中"无重复记录"复选框时（相当于 DISTINCT）将去除查询结果中的重复行。选中"全部"复选框时将输出所有查询结果行。未选中"全部"复选框时可以在"记录个数"输入框输入一个整数（假定为 n）。如果没有选中"百分比"复选框则该数字表示输出的结果行数（从第一行开始的连续 n 行，n 应在1到记录总数之间），选中"百分比"复选框则表示输出占全部记录指定百分比（输出 n%，n 应在1～100之间）的结果行。

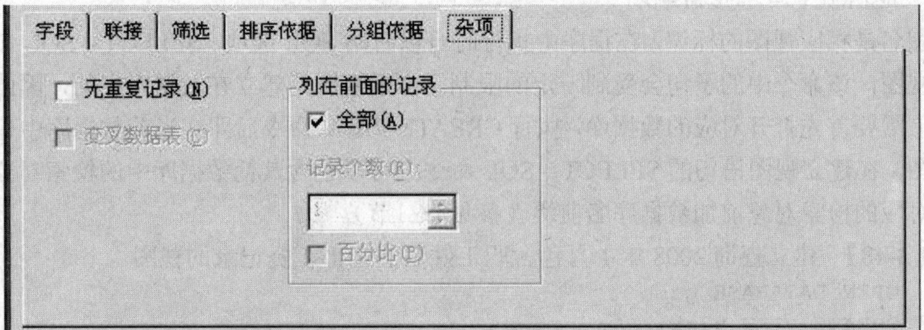

图 3-29　输出选项设置

<9> 保存查询。点击设计器界面的关闭按钮并在保存提示对话框中选择"是"或点击工具栏上的"保存"按钮均可打开"另存为"对话框，输入保存的查询文件名并点击"保存"按钮即可把设计好的查询保存到指定的查询文件中。

在项目管理器中选中某一查询然后点击"修改"按钮即可在查询设计器中打开该查询，在"查询"菜单中选择"查看 SQL"可以显示生成的查询语句。例如，本查询的 SQL 命令为：

```
SELECT Zgb.zgm, Gzb.*;
 FROM gzdb!zgb INNER JOIN gzdb!gzb ;
   ON Zgb.zgh = Gzb.zgh;
 WHERE Gzb.ny = "200801"
```

上述 SELECT – SQL 命令中的 gzdb!zgb 和 gzdb!gzb 表示 gzdb 中的 zgb 和 gzb，即 gzdb! 前缀表示相应的表（视图）所属的数据库。

在利用查询设计器设计查询时，可以选择"查询"菜单中的"运行查询"来执行查询，通过执行的输出结果可以判断查询设计是否正确。在项目管理器中选中某一查询，然后点击"运行"按钮同样可以运行查询。

3.6.2 视图

视图是用 SELECT – SQL 命令定义的、由已有的表或视图导出的特殊表。视图本身不存储数据，它仅仅定义了数据的来源和检索条件。与查询不同的是，视图是数据库对象，其定义保存在数据库中。视图一经定义就可像数据库表一样对其进行查询。也可以通过视图更新表中的数据。使用视图有如下好处：

（1）灵活，可以通过视图为用户提供客户化的查询接口，使得用户的查询数据符合自身的管理习惯和业务要求；

（2）安全，由于视图本身并不是实际的表，由视图不能导出对应的数据库表的名字及结构信息，因而可以提高原始数据库表的操作安全性；

（3）高效，视图定义是经过数据库管理系统的编译预处理的，它的数据查询效率一般较直接执行对应的 SELECT – SQL 命令要高。

可以直接用 SQL 命令建立和维护视图，也可以用视图设计器设计视图。

1．用 SQL 命令建立和维护视图

建立视图的 SQL 命令语法如下：

```
CREATE [SQL] VIEW <视图名>
AS
<SELECT – SQL 命令>
```

视图名是相应视图的标识，在程序中执行时可以省略 SQL 选项，SELECT – SQL 命令用于生成该视图，该命令中的子句会受到一定的限制。由于视图是建立在数据库中的，因此在建立视图之前需要首先打开对应的数据库，执行 CREATE VIEW 命令后即在当前数据库中建立了指定的视图。在建立视图语句的 SELECT – SQL 命令中可以包含其他数据库中的检索对象，这时需要在对应的检索对象前加数据库名前缀（参见3.6.1节）。

【例 3-48】建立查询 2008 年 1 月包含职工姓名的全部工资记录的视图。

```
OPEN DATABASE gzdb
CREATE VIEW View1 AS;
   SELECT zgb.zgm,gzb.*;
   FROM zgb JOIN gzb ON zgb.zgh = gzb.zgh;
```

```
    WHERE gzb.ny = '200801'
```

假定存在另一个数据库 gzdb1，其中包含一个与 zgb 完全相同的表 zgb1，下列语句定义的视图可以完成上例的相同功能。

```
OPEN DATABASE gzdb
CREATE VIEW View2 AS;
    SELECT zgb1.zgm, gzb.*;
    FROM  gzdb1!zgb1 INNER JOIN gzb ON  zgb1.zgh = gzb.zgh;
    WHERE gzb.ny = "200801"
```

可以用 SQL 命令删除视图，其语法格式如下：

```
DROP VIEW <视图名>
```

执行该命令将删除当前打开的数据库中的指定视图。

也可以在项目管理器中删除视图，其操作方法与删除其他项目对象相同。

2．用视图设计器建立和维护视图

可以像建立查询一样用视图设计器建立和修改视图，操作步骤如下所述。

<1> 在项目管理器的"数据"选项卡中选中"数据库"并展开，然后选择并展开待建立视图的数据库，选中其中的"本地视图"，点击"新建"按钮，在"新建本地视图"对话框中点击"新建视图"按钮即可打开视图设计器（图3-30），同时打开"添加表或视图"对话框（见图3-22）。

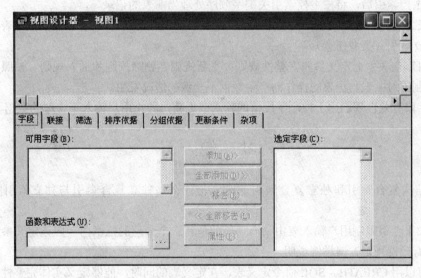

图 3-30　视图设计器

<2> 在"添加表或视图"对话框中选择建立视图的数据库表（操作与查询设计器相同）。

<3> 选择输出字段（操作与查询设计器相同）。

<4> 设置连接条件（操作与查询设计器相同）。

<5> 设置筛选条件（操作与查询设计器相同）。

<6> 设置排序依据（操作与查询设计器相同）。

<7> 设置分组条件（操作与查询设计器相同）。

<8> 设置更新条件。更新条件用于设置通过视图可以更新的表及更新字段和更新方式。通过视图更新较为复杂，本书不做深入的介绍，8.3.6节有实际应用的例子。

　　<9> 设置输出选项（操作与查询设计器相同）。

　　<10> 保存视图。

　　在项目管理器中也可以修改、浏览或删除视图，其操作过程与数据库表的相应操作是类似的。不再赘述。

本章小结与深入学习提示

　　1. Visual FoxPro 支持三种索引：结构复合索引、独立复合索引和独立索引。结构复合索引不需要单独打开和维护，它能自动更新以保持索引与表记录的一致性，更重要的是结构复合索引中可以定义主索引，它是保证关系的实体完整性的重要手段。指定为主索引的索引关键字不允许出现重复的值，也不允许出现 NULL 值。独立复合索引和独立索引需要通过命令选择打开，否则可能会出现索引内容与表记录不一致的情况。

　　2. 可以用 INDEX 命令建立独立复合索引和独立索引。可以在 USE 命令中指定打开独立复合索引和独立索引，也可以通过 SET　INDEX 命令打开这些索引。

　　3. 打开独立复合索引时可以指定主控索引，否则按记录的物理顺序处理记录；打开独立索引时指定的第一个索引文件中的索引被指定为主控索引。主控索引是控制记录处理顺序的索引，指定主控索引后，将按主控索引关键字顺序处理当前表的记录。

　　4. 表之间可以建立关系，主表需要建立主索引（或候选索引），子表需要按主表对应索引关键字建立索引（类型任意）。

　　5. 可以在关系上定义参照完整性规则：更新规则、删除规则和插入规则。参照完整性规则可以控制因对主表、子表的操作而产生数据不一致的情况发生。

　　6. 字段有效性规则用于控制字段值的输入或更新，防止用户输入不合理的数据。

习　题　3

　　1. 结构复合索引和独立复合索引的区别是什么？独立复合索引与独立索引的区别是什么？

　　2. 如果希望限制用户输入表中某一字段的值在一个合理的范围内，应该定义参照完整性还是字段有效性规则？请举例说明。

　　3. 可以用 CREATE – SQL 命令定义表，在定义表的同时，能够定义实体完整性、参照完整性和域完整性吗？

　　4. 请用 CREATE – SQL 命令重新定义 zgb，增加一个 sfzh（身份证号）字段，把该字段定义为候选关键字。

　　5. 查询和视图都是预先定义的 SELECT – SQL 命令，都用于查询数据库数据，二者的区别是什么？

　　6. 编写一个用于统计男女职工人数的程序。

　　7. 用 SQL 命令实现第6题的要求。

　　8. 用 SQL 命令统计各部门人数。

　　9. 建立一个包含部门名和 zgb 全部字段的视图，视图中各列均用汉字列名。

第 4 章 表单设计

Windows 应用程序的典型界面是窗口。在程序启动执行时打开一个窗口，一般称为主窗口，通过主窗口菜单或控件打开其他子窗口，通过子窗口实现预定的功能操作，关闭主窗口即可结束应用程序。Visual FoxPro 应用程序中的窗口叫做表单，可以通过主表单、主表单菜单和子表单设计实现典型的 Windows 应用程序。主表单是应用程序的主界面，它一般在程序运行时打开，结束时关闭。子表单只能在其他表单中打开，包含子表单的表单也叫父表单，父表单关闭时，其子表单自动关闭。

表单设计是 Visual FoxPro 程序设计的基础和核心，是设计应用程序交互界面的主要工具。利用表单可以实现数据库数据编辑录入、查询、修改等基本操作。表单的操作功能一般都是通过控件实现的，控件与表单的有机结合可以构造出千变万化的操作界面。

4.1 表单设置

4.1.1 表单类型设置

在 2.3 节已经介绍了表单的建立和基本属性设置，在实际设计表单时，通常还需要设置表单的类型、大小及背景颜色等属性参数，相关属性如表 4-1 所示。

表 4-1   表单类型设置属性

属性名	类型	取值	说明
MDIForm	逻辑	.T.	多文档界面（MDI - Multiple Document Interface）表单
		.F.	单文档界面（SDI - Single Document Interface）表单
ShowWindow	整型	0	Visual FoxPro 主窗口的子表单，它在主窗口中打开
		1	顶层表单的子表单
		2	顶层表单，可以是 MDI 或 SDI 表单，在顶层表单中可以打开子表单
WindowType	整型	0	非模式化表单，非模式化表单打开时，可以选择操作其他表单
		1	模式化表单，模式化表单打开时，不能选择操作其他表单
DeskTop	逻辑	.T.	表单可以在桌面的任意位置显示
		.F.	表单只能在主窗口中显示
ScaleMode	整型	0	位置及尺寸计量单位为 FoxPro 计量单位
		3	位置及尺寸计量单位为像素。缺省设置值
Top	数值型		表单上边界的位置
Left	数值型		表单左边界的位置
Width	数值型		表单宽度
Height	数值型		表单高度
AutoCenter	逻辑		设置为.T.时，表单自动居中显示（忽略 Top、Left 设置）
BackColor	整型		背景颜色值

作为应用程序主界面的主表单可以是多文档界面（MDI-Multiple Document Interface）或单文档界面（SDI-Single Document Interface）。一般设置应用程序的主表单为 SDI 表单，其他表单同样设置为 SDI 表单。设置表单 MDIForm 属性为.F.即可。主表单的 ShowWindow 属性应设置为 2，WindowType 属性应设置为 0，DeskTop 属性应设置为.T.。

应用程序中除主表单之外，其他表单的属性一般应如下设置：

（1）MDIForm 设置为.F.；

（2）ShowWindow 设置为 1；

（3）WindowType 属性可以设置为 0 或 1；

（4）DeskTop 属性可以设置为.T.或.F.，设置为.T.时，子表单可以移出主表单之外，设置为.F.时子表单只能在主表单内移动。

本章 4.2 节中所有表单设计举例中的表单均按上述子表单要求设置其属性，WindowType 属性均设置为 0（非模式化表单），DeskTop 属性均设置为.F.。

表单类型设置是表单设计的第一步，也是关键的一步。表单其他属性的设置比较简单，一般设置 2.3.2 节表 2-6 中列出的属性即可。

表单的位置及尺寸通过 ScaleMode、AutoCenter、Top、Left、Width 和 Height 等属性设置。表单位置与表单类型有关，顶层表单的位置是相对于屏幕坐标位置的，子表单的位置是相对于其父表单的。表单的坐标是（假定 ScaleMode 设置为像素）：标题栏下左上角为原点（0，0），右下角为（Width-1，Height-1），即横坐标轴（X 轴）向右，纵坐标轴（Y 轴）向下。调整 Width 和 Height 即可调整表单的大小。当设置 AutoCenter 为.T.时，表单将自动在屏幕或其父表单的中心位置显示。

表单的背景颜色通过 BackColor 属性设置，设计时可以直接输入三原色数值序列（红，绿，蓝），每个颜色值在 0～255 之间取值，比如白色为：255，255，255。运行时用三原色函数赋值，例如，下列语句可以将表单背景颜色设置为白色：

```
ThisForm.BackColor = RGB(255,255,255)
```

【例 4-1】 建立一个表单 Form4_1 并设置下列属性：

```
AutoCenter :  .F.
BackColor :  0, 0, 0
Caption: 表单举例
ScaleMode : 3
Left : 0
Top : 0
Width : 456
Height : 228
```

设计表单的 Click（点击）事件脚本代码如下：

```
IF ThisForm.Width < 700
    ThisForm.Width = ThisForm.Width + 50
    ThisForm.Height = ThisForm.Height + 30
ELSE
    ThisForm.Width = 456
    ThisForm.Height = 228
ENDIF
```

设计表单的 RightClick（右击）事件脚本代码如下：

```
IF ThisForm.BackColor = RGB(0,0,0)
    ThisForm.BackColor = RGB(255,0,0)
```

```
        ELSE
            IF ThisForm.BackColor = RGB(255,0,0)
                ThisForm.BackColor = RGB(0,255,0)
            ELSE
                IF ThisForm.BackColor = RGB(0,255,0)
                    ThisForm.BackColor = RGB(0,0,255)
                ELSE
                    IF ThisForm.BackColor = RGB(0,0,255)
                        ThisForm.BackColor = RGB(0,0,0)
                    ENDIF
                ENDIF
            ENDIF
        ENDIF
    ENDIF
```

运行该表单点击鼠标左键时会执行一次 Click 事件脚本代码,当表单宽度小于 700 像素时,将表单的宽度增加 50 像素、高度增加 30 像素。一旦表单宽度达到或超过 700 像素,会自动把宽度和高度恢复到原始设置的大小。连续点击的效果是表单不断增大,然后又恢复原始大小,如此反复。

右击鼠标时会执行一次 RightClick 事件脚本代码,如果原来表单的背景颜色是黑色(0,0,0),则修改为红色(255,0,0);如果原来表单的背景颜色是红色(255,0,0),则修改为绿色(0,255,0);如果原来表单的背景颜色是绿色(0,255,0),则修改为蓝色(0,0,255);如果原来表单的背景颜色是蓝色(0,0,255),则修改为黑色(0,0,0)。连续右击的效果是表单的背景颜色不断在黑、红、绿、蓝、黑之间循环变化。

4.1.2 表单控件及其布局调整

Visual FoxPro 应用程序的功能主要是通过功能表单来实现的,而表单的功能主要是通过表单上的控件实现的,通过各种控件的应用,可以设计出功能完善的表单。

本章将介绍的常用表单控件如图 4-1 所示。

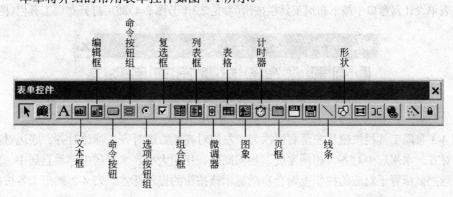

图 4-1　表单控件工具栏

在 2.3.5 节中已经介绍了表单控件工具栏以及向表单上添加控件、调整控件大小及其在表单上的位置等操作方法。对于单个控件而言,也可以通过属性设置来精确确定控件在表单上的位置和控件大小(这些属性是所有控件共有的),这些属性如下:

(1)Left——控件左边界距表单左边界的距离,其计量单位取决于表单 ScaleMode 属性设置;

（2）Width——控件宽度，计量单位同上；

（3）Top——控件上边界距表单顶端（标题栏下）的距离，计量单位同上；

（4）Height——控件高度，计量单位同上。

上述属性既可在设计时设置，也可以在运行时赋值修改。

当表单上有很多控件时，可能需要同时调整多个控件的位置或大小等，例如，图4-2有3个按钮，可能需要把它们调整成一样大小并排列整齐。这时，使用布局工具栏进行调整操作是非常方便的。

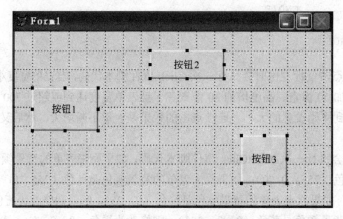

图 4-2　选中的 3 个按钮控件

在使用布局工具栏操作之前，首先要选中待调整的控件，在 2.3.5 节中已经介绍了单个控件的选择方法，用鼠标点击控件即可选中相应的控件，这时控件边框四周有 8 个标记点。要同时选中多个控件，可以按住鼠标左键拖拽选择，鼠标划过区域的控件均会被选中。另一种选择多个控件的方法是按住 SHIFT 键不放，同时用鼠标依次点击待选控件，首次点击某一控件时，该控件自动标记为选中状态，再次点击已选中控件时将解除选中状态，这种方法比较灵活。

在表单设计器窗口中按下布局工具栏按钮（参见 2.3.1 节图 2-4）即可打开布局工具栏（图4-3）。

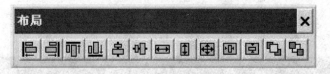

图 4-3　布局工具栏

图 4-3 布局工具栏按钮从左至右依次为：左边对齐、右边对齐、顶边对齐、底边对齐、垂直居中对齐、水平居中对齐、相同宽度、相同高度、相同大小、水平居中、垂直居中、置前、置后。当把鼠标置于对应的按钮上时会自动显示该按钮的提示标签。表 4-2 列出了各按钮的操作功能。

表 4-2　布局工具栏按钮操作说明

布 局 按 钮	操 作 说 明
左边对齐	选定多个控件时有效。点击此按钮将使所有选中控件的左边界按最接近表单左边界的控件的左边界（Left 属性值最小）对齐，控件大小不变
右边对齐	选定多个控件时有效。点击此按钮将使所有选中控件的右边界按最接近表单右边界的控件的右边界（Left+Width 值最大）对齐，控件大小不变

续表

布 局 按 钮	操 作 说 明
顶边对齐	选定多个控件时有效。点击此按钮将使所有选定控件的上边界按最接近表单上边界的控件的上边界（Top 属性值最小）对齐，控件大小不变
底边对齐	选定多个控件时有效。点击此按钮将使所有选中控件的下边界按最接近表单下边界的控件的下边界（Top+Height 值最大）对齐，控件大小不变
垂直居中对齐	选定多个控件时有效。点击此按钮将使所有选中控件的垂直中心线按选定控件外边界构成的矩形的垂直中心线对齐
水平居中对齐	选定多个控件时有效。点击此按钮将使所有选中控件的水平中心线按选定控件外边界构成的矩形的水平中心线对齐
相同宽度	选定多个控件时有效。点击此按钮将使所有选中控件的宽度调整到与最宽控件的宽度相同。调整控件宽度时左边界位置不变
相同高度	选定多个控件时有效。点击此按钮将使所有选中控件的高度调整到与最高控件的高度相同。调整控件高度时上边界位置不变
相同大小	选定多个控件时有效。点击此按钮将使所有选中控件自动按最宽、最高控件调整宽度和高度
水平居中	点击此按钮将使所有选中控件外边界构成的矩形的垂直中心线与表单的垂直中心线对齐
垂直居中	点击此按钮将使所有选中控件外边界构成的矩形的水平中心线与表单的水平中心线对齐
置前	当选定的多个控件边界重叠时，最顶层的控件可见，底层控件被覆盖。点击此按钮将把最底层的控件移到最顶层。当选定重叠的某一控件时，点击此按钮将把该控件移到最顶层
置后	当选定重叠的某一控件时，点击此按钮将把该控件移到最底层

以图 4-2 为例，图中选择了三个按钮，点击"相同大小"布局工具栏按钮后，将按按钮 2 的宽度和按钮 3 的高度调整按钮大小，结果如图 4-4 所示。

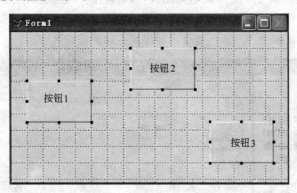

图 4-4 相同大小调整结果

继续点击"底边对齐"布局工具栏按钮将按按钮 3 的下边界对齐（图 4-5）。继续选择按钮 2 并适当向左移动即可使三个按钮等距排列。

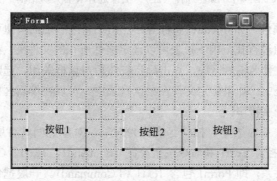

图 4-5 底边对齐调整结果

利用布局工具栏按钮可以快速调整表单上的控件布局，提高界面设计效率。

4.1.3 属性设置与方法调用

2.3 节简单介绍了表单和控件属性的设置窗口（图 2-6）。由于属性的不同，属性编辑区会有所变化。在图 2-6 中，表单的 Caption 属性可以直接在属性编辑区中编辑修改，对于那些有固定取值的属性，属性编辑区会自动变为下拉列表（图 4-6 左侧图），可以直接从列表中选取属性值。

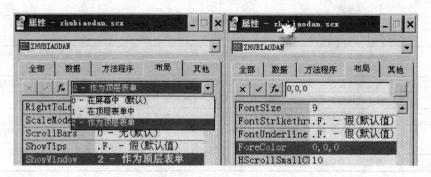

图 4-6　属性值的编辑输入

对于色彩设置类的属性（图 4-6 右侧图），可以直接在属性编辑区输入三原色值，也可以点击编辑区右端的按钮打开颜色选择对话框（图 4-7 左侧图），点击选中颜色并按确定按钮后，颜色对话框关闭，选定颜色的三原色值会自动出现在属性编辑区中。

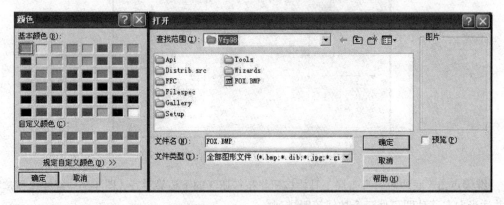

图 4-7　颜色选择（左）、文件选择（右）对话框

对于文件设置类属性，如 Picture 属性等，点击编辑区右端的按钮可以打开文件选择对话框（图 4-7 右侧图），通过查找范围下拉表可以选定文件所在的文件夹，在文件夹中点击选中的文件名会自动出现在文件名编辑区中，点击确定按钮后对话框关闭，选定的文件名路径字符串自动出现在属性编辑区中。如果指定文件在默认目录中，可以在编辑区中直接输入文件全名，不必给出文件名全路径字符串。

在 Visual FoxPro 中，表单、控件等统称为对象，对象之间具有层次关系。假定有表单 Form1，其上有文本框控件 Text1 和命令按钮控件 Command1，Text1、Command1 与 Form1 之间就具有严格的层次关系，即 Form1 包含 Text1 和 Command1。一般把包含另一个对象的对象叫做被包含对象的父对象，反过来，把被包含的对象叫做子对象。对象的父子关系可以是多级的。

在引用属性和调用方法时，需要指定对象的层次关系。在同一个表单中某个对象的事件脚本中引用表单其他对象的属性或方法时，可以采用绝对引用方式或相对引用方式。

绝对引用方式从包含对象的表单开始，逐级给出所有祖先对象的前缀。例如，在 Command1 的 Click 事件脚本中引用 Text1 的 Value 属性可以用 Form1.Text1.Value 或 ThisForm.Text1.Value 表示。

相对引用方式从脚本所在的对象（用 This 表示）开始逐级递推到被引用对象的父对象（向上均用 Parent 指代），然后向下逐级给出子对象名前缀。例如，在 Command1 的 Click 事件脚本中引用 Text1 的 Value 属性可以用 This.Parent.Text1.Value 表示。这里 This 表示 Command1，This.Parent 表示 Command1 的父对象，即 Form1。

对象的事件脚本可以在其他脚本代码中直接调用，与调用对象的方法完全一样。比如，假定 Form1 表单上有一命令按钮 Command1，该命令按钮的 Click 事件脚本可以在 Form1 的 Init 事件脚本中调用：

```
This.Command1.Click()
```

4.1.4 控件的 Tab 顺序设置

大多数控件都有 TabIndex 属性和 TabStop 属性，如命令按钮和文本框控件就都有这两个属性。如果 TabStop 属性设置为.F.，在表单运行时按 Tab 键不能选中相应控件，按 Tab 键将依次选中 TabStop 设置为.T.的控件，选中顺序为 TabIndex 值递增的顺序，表单运行时，首先选中 TabIndex 值最低的控件。可以通过属性窗口逐一设置每个控件的 TabIndex 属性值，也可以整体调整表单上所有控件的 TabIndex 属性值（图 4-8）。

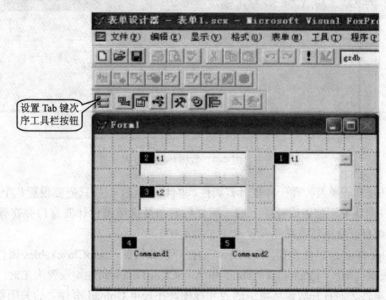

图 4-8　设置 Tab 键次序界面

按下表单设计器中的"设置 Tab 键次序"工具栏按钮，表单中所有控件的 TabIndex 值将显示在控件的左上角位置，用鼠标点击控件的 TabIndex 值时系统会自动调整其大小，待所有控件的 TabIndex 值调整完成后，再次点击"设置 Tab 键次序"按钮可以使其恢复正常状态，这时表单控件上的 TabIndex 值自动消失。

运行时选中控件也叫获得焦点。可以通过调用控件的 SetFocus 方法（绝大多数控件均有此方法）把焦点置于相应的控件。

合理设置控件的 Tab 键次序可以提高表单运行时的操作效率，使用户更易于掌握和操作。

4.1.5 表单数据环境

表单功能一般是通过控件实现的，而表单的功能基本上是对数据库数据进行各种处理，可以直接把表单控件和数据库表中的字段联系起来，这样，当表的记录指针移动时表单控件自动显示当前记录的内容，当修改控件内容时可以自动把修改结果保存到数据库表中。通过表单数据环境可以实现这种联系。表单数据环境是从属于表单的，其中可以包含表或视图，这些表或视图在打开表单时自动打开，关闭表单时自动关闭。在表单及表单控件的事件脚本代码中可以直接引用数据环境中的表或视图。

1. 数据环境设置

按下表单设计器窗口中"数据环境"工具栏按钮、选择"显示"菜单"数据环境"菜单项或右击表单并在弹出菜单中选择"数据环境"均可打开数据环境设计器（图4-9）。

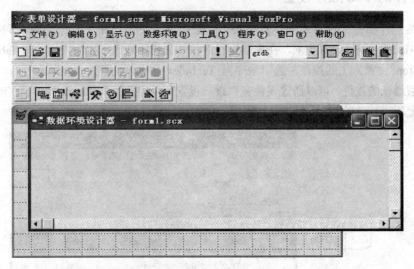

图4-9　数据环境设计器

数据环境和表单及控件一样也具有属性、事件和方法，一般只需要设置几个常用属性即可。在尚未向数据环境添加表或视图之前，用鼠标右击数据环境设计器窗口并在弹出菜单中选择"属性"即可打开数据环境属性设置窗口（图4-10）。

AutoOpenTables 属性设置为.T.表示自动打开表或视图，AutoCloseTables 属性设置为.T.表示自动关闭表或视图。当 AutoOpenTables 和 AutoCloseTables 属性均设置为.T.时，数据环境会在表单 Load 事件之前打开数据环境中的表和视图，在表单 Unload 事件之后关闭数据环境中的表和视图。

可以向数据环境设计器中添加表或视图，本书把添加到数据环境中的表或视图称为数据环境对象或数据对象。选择"数据环境"菜单中的"添加"菜单项或右击数据环境设计器窗口并在弹出菜单中选择"添加"菜单项均可打开"添加表或视图"对话框（参阅 3.6.1 节图 3-22），选择数据库、数据库表或视图后，点击"添加"按钮即可把相应的表或视图添加到数据环境中。点击对话框"关闭"按钮可以关闭该对话框。用鼠标点击数据环境设计器中的表或视图可以选中相应对象，选择"数据环境"菜单中"移去"菜单项可以把选中的数据环境对象从数据环境中移除。直接右击数据环境设计器中的数据环境对象并在弹出菜单中选择"移去"菜单项也可以把对应的数据环境对象从数据环境中移除（图4-11）。

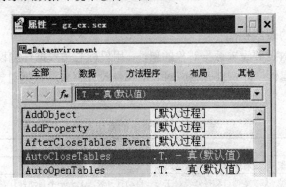

图 4-10　数据环境属性设置

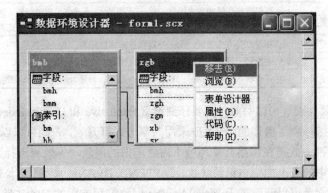

图 4-11　移去选中的数据环境对象

可以直接拖动数据环境对象的某个字段（如 bmm 等）、所有字段（拖动标题栏下的"字段:"）或对象标题栏至表单中，这时，会自动生成相应对象的编辑控件，图4-12 为拖动 zgb 所有字段生成的控件。

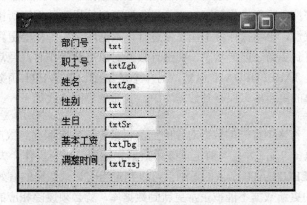

图 4-12　拖动数据环境字段自动生成的控件

拖动数据环境中的对象直接生成控件的控件类型设置取决于表字段定义中"匹配字段类型到类"的设置（参见 1.2.3 节）。当字段定义中"匹配字段类型到类"的"显示类"设置为"默认"时，表单上生成控件的类型由"选项"设置中"字段映象"设置的（控件）类名决定（参阅 1.2.1 节图 1-3，表 1-8）。当字段定义中"匹配字段类型到类"的"显示类"设置为某种（控件）类名时，拖动相应字段至表单时会生成指定类名的控件。关于数据环境的应用将在介绍具体控件时进一步说明。

2．数据环境中的表或视图

在设计数据环境时需要设置数据对象的属性。用鼠标右击数据环境设计器中的数据对象并在弹出菜单中选择"属性"即可打开相应对象的属性设计窗口。数据对象的常用属性如表 4-3 所示。

表 4-3　数据对象的常用属性

属 性 名	类 型	说 明
Alias	字符型	对象的别名，可以通过它来选择相应对象的工作区
AutoOpenTables	逻辑型	是否自动打开表。.T.——自动打开表，.F.——不自动打开表
AutoCloseTables	逻辑型	是否自动关闭表。.T.——自动关闭表，.F.——不自动关闭表
BufferModeOverride	整型	数据库操作缓冲方式设置。0——无缓冲，1——使用表单设置（默认值），2——保守式行缓冲，3——开放式行缓冲，4——保守式表缓冲，5——开放式表缓冲
Exclusive	逻辑型	独占打开方式设置。.T.——以独占方式打开表，.F.——以共享方式打开表
Order	字符型	主控索引设置。数据环境对象按设置的主控索引顺序显示记录
ReadOnly	逻辑型	只读状态设置。.T.——只读，.F.——读写。设置为只读的对象不能插入、删除和修改记录

当 ReadOnly 属性设置为读写时，需要仔细设置 Exclusive 和 BufferModeOverride 属性。如果应用程序是在网络环境下操作的，一般应采用共享方式打开表，否则可以以独占方式打开表。

数据库操作缓冲方式是在网络共享环境下需要考虑的问题，一般应选择 2、3、4 或 5，这时可以向数据对象中的表追加空白记录（执行 APPEND BLANK 命令）。本书不准备详细讨论此问题，感兴趣的读者可以阅读关于 Visual FoxPro 网络编程方面的参考文献。

3．数据对象操作

数据对象操作包括查询和更新操作，因查询操作不改变数据对象的内容，因此其操作不受限制。更新操作是指插入记录、修改记录和删除记录操作，这三类操作可能会破坏表的完整性规则，如主索引的唯一性、字段取值的有效性规则、空值限制、参照完整性限制等。如果更新结果不破坏数据完整性，更新操作就可以正常进行，更新结果为数据库所接受；反之，如果更新结果破坏数据完整性，更新操作就不能正常进行，数据库会拒绝接受更新结果，这时，需要把数据对象状态恢复到更新之前的状态。在进行数据对象更新操作时，经常需要用到两个非常重要的函数，一个是 TABLEUPDATE 函数，另一个是 TABLEREVERT 函数。TABLEUPDATE 函数用于把数据对象的更新结果保存到数据库中，其简单语法格式如下：

```
TABLEUPDATE()
```

该函数把当前工作区中打开的数据对象的当前记录更新结果保存到数据库中，如果更新成功，函数返回逻辑真（.T.），如果当前记录破坏数据完整性，更新操作会失败，函数返回逻辑假（.F.）。依据 TABLEUPDATE 函数的返回值可以判定当前记录数据的有效性。

如果数据对象的更新数据不能被正常更新到数据库，就必须废除相应的数据更新操作，使其恢复到更新之前的状态，TABLEREVERT 函数即是用于实现这种控制操作的，其简单语法结构如下：

```
TABLEREVERT(.F.)
```

该函数废除对数据对象当前记录的更新操作，使数据对象的数据恢复到更新前的状态。如果是因为修改当前记录导致数据更新失败，则废除修改结果，记录被恢复到修改之前的状态；如果是因为添加新记录而导致更新失败，则会清除相应记录。

关于 TABLEUPDATE 和 TABLEREVERT 函数的应用请参阅 4.2.4 节【例 4-9】脚本代码。

4. 数据环境中的联系对象属性设置

在数据环境中的数据对象之间可以建立联系（Relation），本书称其为联系对象。例如，图 4-11 中 bmb 和 zgb 之间的连线就表示一个联系。用鼠标点击联系线可以选中对应的联系，这时连线加粗显示。右击选中的联系或在属性窗口顶端的对象选择下拉表中选择相应的联系（比如 Relation1）即可编辑修改该联系的属性。数据环境中联系的常用属性如表 4-4 所示。

表 4-4　联系对象的常用属性

属 性 名	类 型	说　　　　　明
ChildAlias	字符型	子表对象的别名。例如，bmb 和 zgb 之间的联系中，zgb 就是子表对象
ChildOrder	字符型	子表对象的索引名。例如，bmb 和 zgb 之间的联系中，zgb 对应的索引是 bm 索引
OneToMany	逻辑型	记录指针联动设置。.T.——当子表记录指针未移出关联记录范围时，主表记录指针保持不动，.F.——缺省设置，主表记录指针移动时，子表记录指针自动定位至相关联记录的首记录
ParentAlias	字符型	主表对象的别名。例如，bmb 和 zgb 之间的联系中，bmb 就是主表对象
RelationExpr	字符型	联系表达式，即联系对应的索引关键字表达式。例如 bmb 和 zgb 之间的联系表达式是 bmh

数据环境中联系对象的设置对于设计一对多表单非常重要，4.2.7 节中【例 4-15】是一个典型的一对多表单设计实例，其中有对联系对象属性的设置说明。

4.2　常用表单控件

控件是表单设计的重要设计对象，是实现表单预定操作功能的核心和关键。本节介绍常用的表单控件及其典型用法。

4.2.1　命令按钮与命令按钮组控件

1. 命令按钮

命令按钮控件的用法比较简单，2.3.5 节介绍的设计方法可以基本满足各种设计要求。普通命令按钮的外观比较单调，可以通过设置按钮图片来加以改进。按钮图片属性有 Picture 和 DownPicture，前者用于设置按钮在正常状态下显示的图片，后者用于设置按钮按下状态时显示的图片，这两个属性均可在设计时和运行时进行设置。

设计时设置 Picture 和 DownPicture 属性非常简单，以图 4-13 的 Form1 表单为例，假定有图像文件 green.jpg 和 red.jpg，分别为 100×40 的绿色和红色图像。设置命令按钮 Command1 的 Caption 属性为空白，Picture 属性值为 red.jpg，DownPicture 属性值为 green.jpg，运行时，按钮为红色，按下按钮时，则会变为绿色。

运行时设置图像属性的方法是直接为相应属性赋值，以 Form1 的 Command1 按钮控件为例，在表单 Init 事件脚本中增加下列代码即可实现图 4-13 相同的设置功能：

```
ThisForm.Command1.Picture = "red.jpg"
ThisForm.Command1.DownPicture = "green.jpg"
```

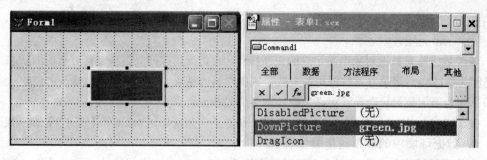

图 4-13　按钮图片属性设置

当图像文件在系统运行的默认目录（文件夹）中时，可以只给出文件名全名，否则必须给出文件名全路径字符串，例如，"e:\范例工程\green.jpg"就是一个文件名全路径字符串，表示在驱动器 E"范例工程"文件夹中的 green.jpg 文件。

通过精心设计按钮控件的 Picture 和 DownPicture 属性的图像文件可以丰富命令按钮控件的表现力。

当命令按钮获得焦点时，按下回车按键（ENTER）会触发执行其 Click 事件脚本（【例 4-3】利用了这一特点），利用该特点可以提高表单的操作效率。

2．命令按钮组

命令按钮组控件的作用与命令按钮控件相同，区别是命令按钮组可以同时定义和管理多个命令按钮。表 4-5 给出了命令按钮组控件的常用属性。

表 4-5　命令按钮组控件的常用属性

属 性 名	类 型	说 明
AutoSize	逻辑型	选择.T.时，控件边框自动调整大小。一般应设置为.F.，这样可以调整边框大小，以便编辑
ButtonCount	整型	命令按钮的个数
Buttons	按钮数组	Buttons(i) 表示第 i 个按钮。在程序代码中用于确定具体的按钮
Value	整型/字符型	按数值引用时（初值设置为 0），其值为被选中按钮的序号。按字符值引用时（初值设置为空），其值为被选中按钮的标题字符串

图 4-14 选中的控件是一个包含 3 个按钮的命令按钮组控件，其控件名称是 Commandgroup1，其中包含的 3 个按钮依次是 Command1、Command2 和 Command3。

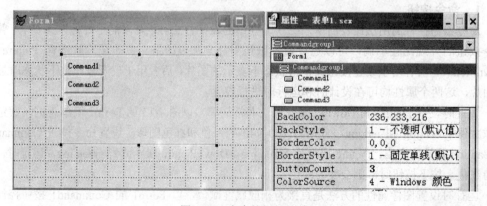

图 4-14　命令按钮组控件

命令按钮组中的每个按钮还是一个对象，简称按钮对象，可以单独设置其属性。按钮对象的常用属性包括 Caption（标题）、Enabled（有效性）和 Visible（可见性）等，可以通过 Buttons 数组或按钮对象名引用表单内命令按钮组中按钮对象的属性，方法如下（以图 4-14 Command1 的 Caption 属性为例）：

```
ThisForm.Commandgroup1.Buttons(1).Caption= "按钮 1"
ThisForm.Commandgroup1.Command1.Caption= "按钮 1"
```

上述两种引用方法效果相同，都是引用 Commandgroup1 中的 Command1 按钮的标题属性，并将其修改为"按钮 1"。

可以在设计时编辑调整命令按钮组中的按钮大小、标题和排列方式等属性，比如可以把 Command1、Command2 和 Command3 水平排列，并把标题改为"按钮 1"、"按钮 2"和"按钮 3"。用鼠标右击按钮组控件并在弹出菜单中选择"编辑"或在属性窗口顶端的对象选择下拉表中选择命令按钮组中的按钮对象名（例如在图 4-14 属性窗口中选择 Command1），按钮组控件即进入编辑状态（图 4-15）。可以在编辑状态下选择和调整按钮组中的每个按钮。

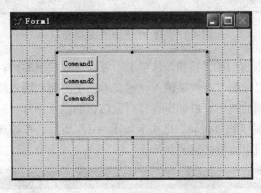

图 4-15　命令按钮组控件的编辑状态

在编辑状态下可以用鼠标点击选择一个按钮或拖动选择多个按钮。可以用鼠标按住并拖动按钮，也可以使用布局调整工具栏对选中的按钮进行布局调整。在属性窗口的对象选择下拉表中选中命令按钮组中某个命令按钮也可以选中相应按钮（图 4-16）。

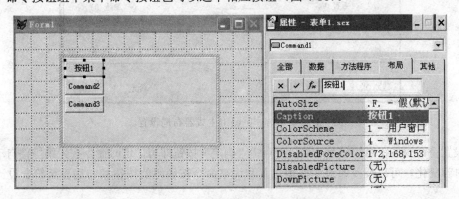

图 4-16　在编辑状态下选择按钮对象

选中某个按钮时（图 4-16）可以在属性窗口编辑修改该按钮的属性，如 Caption（标题）、Name（名称）等，通过按钮的 FontName、FontSize 等属性可以设置标题的字体及字型大小。

可以通过命令按钮组生成器设置命令按钮组的布局及标题属性。以图 4-16 的命令按钮组为例，用鼠标右击命令按钮组控件并在弹出菜单中选择"生成器"即可打开命令按钮组生成器窗口（图4-17）。

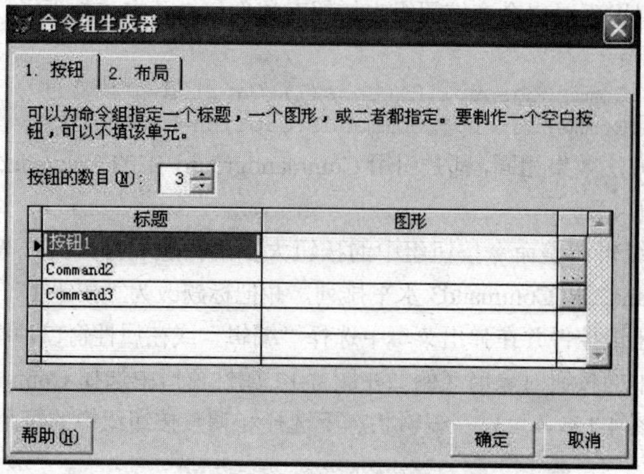

图4-17 命令按钮组生成器窗口

在命令按钮组生成器窗口的"按钮"选项卡中可以设置按钮的数目和每个按钮的标题及显示图片。在对应按钮的"标题"列直接输入标题文本，在图形列输入图片文件全路径字符串即可，点击"图形"列右侧的按钮可以浏览选择对应按钮的显示图片。

命令按钮组生成器窗口的"布局"选项卡如图 4-18 所示。在该选项卡中可以设置按钮排列布局、按钮间隔和按钮组边框样式等参数。

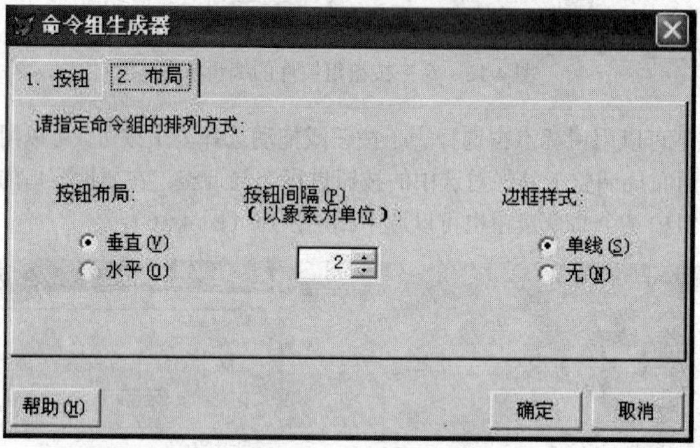

图4-18 命令按钮组生成器布局设置

设置完命令按钮组按钮及布局后，点击"确定"按钮即可，这时命令按钮组控件自动按设置的内容变化。可以反复通过生成器设置和调整命令按钮组的按钮和布局直至符合设计要求为止。

命令按钮组控件的常用事件为 Click 事件，当点击命令按钮组的任一按钮时发生该事件，可以通过该控件的 Value 值判断按下的按钮。

【例4-2】 在表单上设置一个包含 3 个命令按钮的命令按钮组控件和一个文本框控件，命令按钮的标题依次为"红色"、"绿色"和"蓝色"。运行表单时，点击标题为"红色"的按钮将表单的背景色设置为红色，同时在文本框中输出"红色"，依此类推。

假定表单、文本框控件和命令按钮组控件的名称分别是 Form4_2、Text1 和 Commandgroup1（图 4-19），设置 Commandgroup1 的 ButtonCount 属性为 3，对应的三个命令按钮依次为 Command1（标题置为"红色"）、Command2（标题置为"绿色"）和 Command3（标题置为"蓝色"）。

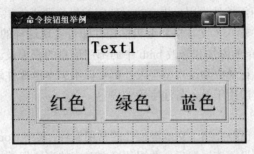

图 4-19 命令按钮组控件举例

在 Commandgroup1 的 Click 事件脚本中需要判断按下的按钮，这可以通过按钮组控件的 Value 属性值实现。可以用 ThisForm.Commandgroup1.Value 或 This.Value 来引用 Value 属性。Value 值的类型通过其初值设置，假定 Value 初值设置为 0（数值型，表示点击按钮的序号）。

Value 值为 1 表示按下了标题为"红色"的按钮，这时应该把表单的背景色修改为红色，即为表单的 BackColor 属性赋红色值：

```
ThisForm.BackColor = RGB(255,0,0)
```

Value 值为 2 表示按下了标题为"绿色"的按钮，这时应该把表单的背景色修改为绿色，即为表单的 BackColor 属性赋绿色值：

```
ThisForm.BackColor = RGB(0,255,0)
```

Value 值为 3 表示按下了标题为"蓝色"的按钮，这时应该把表单的背景色修改为蓝色，即为表单的 BackColor 属性赋蓝色值：

```
ThisForm.BackColor = RGB(0,0,255)
```

无论是按下了哪个按钮，都应该把 Text1 的 Value 属性修改为与对应的按钮标题相同的文字，Commandgroup1 的 Buttons(1)、Buttons(2)和 Buttons(3)属性依次表示标题为"红色"、"绿色"和"蓝色"的按钮，其标题可以用 This.Buttons(1).Caption、This.Buttons(2).Caption 和 This.Buttons(3).Caption 表示。当按下按钮时，按下的按钮序号为 This.Value，其标题为 This.Buttons(This.Value).Caption，应该把该按钮的标题赋给 Text1 的 Value 属性：

```
ThisForm.Text1.Value = This.Buttons(This.Value).Caption
```

通过前面的分析可以设计出 Commandgroup1 的 Click 事件脚本代码：

```
IF This.Value = 1          && 按下了标题为"红色"的按钮
    ThisForm.BackColor = RGB(255,0,0)
ENDIF
IF This.Value = 2          && 按下了标题为"绿色"的按钮
    ThisForm.BackColor = RGB(0,255,0)
ENDIF
IF This.Value = 3          && 按下了标题为"蓝色"的按钮
    ThisForm.BackColor = RGB(0,0,255)
ENDIF
* 把按下按钮的标题写入文本框
ThisForm.Text1.Value = This.Buttons(This.Value).Caption
```

上述脚本中最后一行用一个赋值语句实现把点击按钮的标题文本写入文本框控件 Text1 的操作。如果不用 Buttons 数组，而是通过按钮对象名引用，脚本应该如何编写？

4.2.2 文本框与编辑框控件

命令按钮和命令按钮组控件为用户提交执行特定的操作请求提供了手段，而具体的操作内容往往需要用户在表单中输入，文本框和编辑框控件即可实现这样的输入处理要求。2.3.5 节【例 2-33】给出了一个简单的添加和修改 bmb 中的部门信息的表单设计。利用文本框控件可以编辑录入单行文本信息，记录中除通用型字段外都可以用文本框控件录入。编辑框控件可以编辑录入多行文本数据，一般用于录入备注字段的内容。

1．文本框控件

在 2.3.5 节表 2-10 中已经介绍了文本框控件的常用属性，其中 ControlSource 属性用于设置与文本框绑定的字段名，设置该属性后，数据环境中对应的表的记录指针移动时当前记录的对应字段值会自动在文本框中显示出来，编辑修改文本内容后，修改的结果也可以被自动更新到对应的记录中。

表 4-6 列出了文本框控件的常用事件。

表 4-6　文本框控件的常用事件

事 件 名	说　　明
GotFocus	选中文本框、即获得焦点时发生该事件，可以通过该事件脚本代码对文本框进行编辑之前的预处理
LostFocus	当文本框失去焦点时发生，可以通过该事件脚本代码对文本框输入数据进行后期处理
Valid	在文本框即将失去焦点时发生，如果该事件返回值为.F.，则不允许焦点移出相应文本框控件，可以通过该事件脚本进行输入合法性检查，如果输入合法则返回.T.，否则返回.F.（不允许移走焦点）
When	在控件获得焦点前发生，可以在此事件脚本中对控件进行编辑前的预处理

文本框控件的常用方法是 SetFocus 方法，调用该方法时将使文本框控件获得焦点。当文本框获得焦点时，按 Tab 键或回车键（Enter 键）将按 TabIndex 次序把焦点移动到下一个控件上。【例 4-3】和【例 4-4】给出了文本框控件的典型用法。

【例 4-3】　设计一个输入圆的半径并计算输出周长和面积的表单。

设计表单如图 4-20 所示。

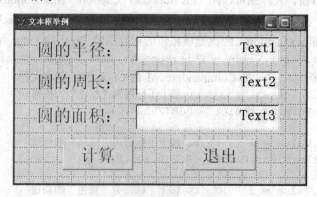

图 4-20　文本框应用举例

表单名设置为 Form4_3，文本框控件名依次为 Text1、Text2 和 Text3，"计算"命令按钮控件名为 Command1，"退出"按钮控件名为 Command2。

设置各控件的 TabIndex 次序如表 4-7 所示，Text1 控件的 MaxLength 属性设置为 10、InputMask 属性设置为 999999.99、SelectOnEntry 属性设置为.T.。Text2、Text3 控件的 ReadOnly 属性设为.T.，Value 属性设为 0，其他属性均取缺省值。

表 4-7 控件 TabIndex 设置

控 件 名	TabIndex 值	TabStop 设置	控 件 名	TabIndex 值	TabStop 设置
Text1	1	.T.	Command1	2	.T.
Text2	3	.F.	Command2	5	.T.
Text3	4	.F.			

由 TabIndex 和 TabStop 属性可知，表单运行时自动选中 Text1 控件，输入数据并按回车键（或按 Tab 键）后，焦点自动移动到 Command1 按钮，按回车键或点击该按钮即可依据 Text1 输入的数据进行计算，计算结果应在 Text2 和 Text3 中输出。在 Command1 的 Click 事件脚本中编写计算代码即可实现这一要求，代码设计如下：

```
IF ThisForm.Text1.Value >0
    ThisForm.Text2.Value = 2*PI()*ThisForm.Text1.Value
    ThisForm.Text3.Value = PI()*(ThisForm.Text1.Value)^2
ELSE
    MessageBox("半径必须大于 0","提示！")
ENDIF
ThisForm.Text1.SetFocus()
```

由于控件 Text1、Text2、Text3 的 Value 属性初值均设为 0，因此 Text1 的输入值被直接转换为数值，Text2、Text3 的 Value 属性可以直接赋数值。如果上述控件的 Value 属性初值未设置（无），则 Text1 的输入结果会被作为字符串处理，需要用 Val 函数把 ThisForm.Text1.Value 转换为数值，Text2、Text3 的 Value 属性可以赋字符串数据，也可以赋数值数据（系统自动完成转换处理）。

Command1 的 Click 事件脚本中的最后一个语句把焦点置于 Text1 控件上，由于该控件的 SelectOnEntry 属性设置为.T.，选中该控件后会自动选中编辑框中的已有文本，输入时会自动把选中的文本清除，再次输入半径数据并按回车键后，焦点又移动到 Command1，再按回车键又执行其 Click 事件脚本进行计算，如此往复循环可以计算任意多次。如果希望结束计算，可以点击 Command2 控件或按 Tab 键选中 Command2 后再按回车键，这时执行 Command2 的 Click 事件脚本，该脚本代码关闭表单：

```
ThisForm.Release()
```

【例 4-4】 设计一个编辑修改职工表（zgb）中记录的表单，通过该表单可以修改职工表中除部门号和职工号之外的其他所有字段值。表单可以前后移动记录指针以选择待修改的记录。

建立一个名为 Form4_4 的表单（标题设置为"职工编辑"）并设置其数据环境如图 4-21 所示。设置 zgb 缓冲方式（BufferModeOverride）为开放式行缓冲。

用鼠标拖动数据环境中的"字段："到表单上即可获得如图 4-22 所示的字段编辑文本框控件。

各文本框控件自动与对应的数据环境字段绑定，以姓名编辑框 txtZgm 为例，其相关属性如图 4-23 所示。

图 4-21 数据环境设置

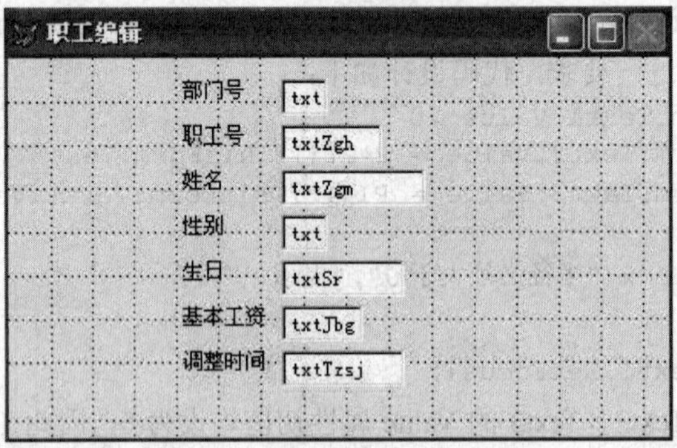

图 4-22 拖动 zgb 数据环境对象字段自动生成的控件

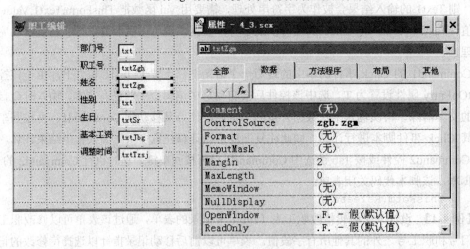

图 4-23 控件的 ControlSource 属性设置

txtZgm 控件的 ControlSource 被设置为 zgb.zgm，运行表单时，如果数据环境中的 zgb 当前记录的 zgm 字段值改变，表单中的 txtZgm 控件的内容自动改变，反过来，如果修改了 txtZgm 控件的值，修改结果可以保存到当前记录中。

可以适当设置其他属性以适应设计要求。本例中不允许修改部门号和职工号，可以把对应文本框的 ReadOnly 属性设置为.T.。

在表单底部设置四个命令按钮：Command1、Command2、Command3、Command4，其 Caption 属性分别设置为"上一记录"、"下一记录"、"保存记录"和"退出"。设计 Command1 的 Click 事件脚本如下：

```
SELECT zgb                         && 选择数据环境中 zgb 工作区
IF RECCOUNT()>1 AND RECNO()>1      && zgb 中有 1 个以上记录且当前记录号不是 1
    SKIP -1                        && 指针向上移动一条记录
    ThisForm.Refresh               && 刷新表单，使其控件反映最新数据环境变化
ENDIF
```

当数据环境中 zgb 记录指针不在 1 号记录上时，点击 Command1 按钮将移动至前一条记录，移动指针之后，刷新表单，这时即可看到当前记录的内容。与 Command1 按钮的 Click 事件脚本类似，Command2 的 Click 事件脚本设计如下：

```
SELECT zgb                         && 选择数据环境中 zgb 工作区
IF RECNO()<RECCOUNT()              && 当前记录指针不是最后一条记录
    SKIP 1                         && 向下移动一条记录
    ThisForm.Refresh               && 刷新表单，使其控件反映最新数据环境变化
ENDIF
```

修改结果一般被暂时保存在内存中，如果希望立即更新磁盘上的表，可以调用 TABLEUPDATE()函数把修改结果更新到数据库表中。Command3 按钮的 Click 事件脚本只执行一个 TABLEUPDATE()函数调用即可。Command4 按钮的 Click 事件脚本设计如下：

```
TABLEUPDATE()                      && 保存表的修改结果
ThisForm.Release                   && 关闭表单
```

上述表单的运行效果如图 4-24 所示。

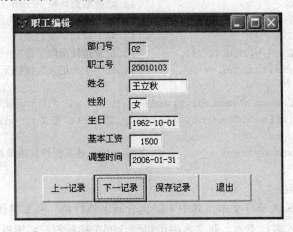

图 4-24　表单运行效果

上述设计存在一个问题：当记录指针指向 1 号记录时，再按"上一记录"按钮没有意义。同样，当记录指针指向最后一条记录时，再按"下一记录"按钮也没有意义。可以通过命令按钮的 Enabled 属性控制相应按钮是否有效。

在开始执行表单时，数据环境中 zgb 的记录指针指向 1 号记录，"上一记录"按钮应该无效，如果 zgb 中没有记录，"下一记录"按钮也应该无效，在表单的 Init 事件脚本中添加下列代码即可：

```
ThisForm.Command1.Enabled = .F.        && 使"上一记录"按钮无效
SELECT zgb
```

```
       IF RECCOUNT()<1                          && zgb 中没有记录
           ThisForm.Command2.Enabled = .F.     && 使"下一记录"按钮无效
       ENDIF
```

记录指针向上移动后（执行 SKIP -1 之后），如果指针指向了 1 号记录，应使"上一记录"按钮无效。如果执行 SKIP -1 之前，记录指针指向的是最后一条记录（"下一记录"按钮处于无效状态），则应使"下一记录"按钮有效，下列修改后的 Command1 的 Click 事件脚本可以实现这样的控制：

```
       SELECT zgb                              && 选择数据环境中 zgb 工作区
       IF RECCOUNT()>1 AND RECNO()>1           && zgb 中有 1 个以上记录且当前记录号不是 1
           SKIP -1                             && 向上移动一条记录
           IF RECNO()=1                        && 记录指针指向了 1 号记录
               This.Enabled = .F.              && 使"上一记录"按钮无效
           ENDIF
           IF ThisForm.Command2.Enabled=.F.    && "下一记录"按钮处于无效状态
               ThisForm.Command2.Enabled=.T.   && 使"下一记录"按钮有效
           ENDIF
           ThisForm.Refresh                    && 刷新表单，使其控件反映最新数据环境变化
       ENDIF
```

记录指针向下移动后（执行 SKIP 1 之后），如果指针指向了最后一条记录，应使"下一记录"按钮无效。如果执行 SKIP 1 之前，记录指针指向的是 1 号记录（"上一记录"按钮处于无效状态），则应使"上一记录"按钮有效，下列修改后的 Command2 的 Click 事件脚本可以实现这样的控制：

```
       SELECT zgb                              && 选择数据环境中 zgb 工作区
       IF RECNO()<RECCOUNT()                   && 当前记录指针不是指向最后一条记录
           SKIP 1                              && 向下移动一条记录
           IF RECNO()=RECCOUNT()               && 记录指针指向了最后一条记录
               This.Enabled = .F.              && 使"下一记录"按钮无效
           ENDIF
           IF ThisForm.Command1.Enabled=.F.    && "上一记录"按钮处于无效状态
               ThisForm.Command1.Enabled=.T.   && 使"上一记录"按钮有效
           ENDIF
           ThisForm.Refresh                    && 刷新表单，使其控件反映最新数据环境变化
       ENDIF
```

2．编辑框控件

文本框控件只能输入单行文本，其中不能包含回车换行符（回车键作为结束编辑控制），编辑框控件则可以输入多行文本，即文本中可以包含回车换行符。编辑框中输入的内容是一个字符串。

编辑框控件的常用属性如表 4-8 所示。

表 4-8 编辑框控件的常用属性

属 性 名	类 型	说 明
AllowTabs	逻辑型	是否允许 Tab 键。.T.——允许，在文本中可以输入 Tab，按 CTRL+Tab 结束编辑，移出焦点，.F. ——不允许，按 Tab 键移出焦点
ControlSource	字符型	与编辑框绑定的表的字段名。通过绑定字段可以编辑修改表中的文本型或备注型字段的内容
Value	字符型	保存编辑框的输入文本
Text	字符型	保存编辑框的输入文本，只读

续表

属 性 名	类 型	说 明
MaxLength	整型	允许的最大文本长度，可以用于控制输入字符串的长度
ScrollBar	整型	卷滚条设置。0——无卷滚条，2——有垂直卷滚条
SelectOnEntry	逻辑型	为.T.时，在编辑框被选中时自动选中所有文本，为.F.则不自动选中文本
SelStart	整型	返回选中字符的开始位置。可以用鼠标拖动选择字符，也可以按住 SHIFT 键，然后按光标左移或右移键选择字符，选中的字符反相显示
SelLength	整型	返回选中文本串长度
SelText	字符型	返回选中的文本串

编辑框控件的常用事件如表 4-9 所示。

表 4-9　编辑框控件的常用事件

事 件 名	说 明
GotFocus	获得焦点时发生，可以通过该事件脚本代码对编辑框进行输入编辑之前的预处理
LostFocus	当编辑框失去焦点时发生，可以通过该事件脚本代码对编辑框输入数据进行后期处理
Valid	在编辑框即将失去焦点时发生，如果该事件返回值为.F.，则不允许焦点移出相应编辑框控件，可以通过该事件脚本进行输入合法性检查，如果输入合法则返回.T.，否则返回.F.
MouseDown	按下鼠标键时发生该事件。事件脚本中可以使用 nButton、nShift、nXCoord、nYCoord 等参数。nButton 为鼠标键编号（1——左键，2——右键，4——中间键），nShift 为控制键状态值（1——SHIFT，2——CTRL，3——ALT），nXCoord、nYCoord 为鼠标光标的水平和垂直坐标值
MouseUp	抬起鼠标键时发生该事件。事件脚本中可以使用 nButton、nShift、nXCoord、nYCoord 等参数

编辑框的使用与文本框相同，一般把编辑框与备注字段绑定，以输入包含换行符的多行文本数据。

4.2.3　列表框控件

在数据库应用程序中经常会有这样的情况：某些数据项的可能取值是确定的，而且可能取值的数量不是很多。例如，在 gzdb 数据库中 zgb 的所属部门号就是确定的，其个数和内容由 bmb 确定。列表框可以用来实现这样的选项操作控制，它把所有选项组织成一个选项列表并能控制对其中选项的操作。

列表框控件的常用属性如表 4-10 所示。

表 4-10　列表框控件的常用属性

属 性 名	类 型	说 明
ControlSource	字符型	与列表框控件绑定的表的字段名。通过绑定字段可以用列表中选定列表项的指定列值更新表中当前记录的绑定字段值
RowSourceType	整型	列表项来源类型。列表项来源类型可以是值、来源于表、SQL 命令、表的字段等
RowSource	字符型	列表框数据项来源，与 RowSourceType 配合使用
MultiSelect	逻辑型	是否允许多项选择，.T.——允许多项选择，.F.——不允许多项选择
ListCount	整型	列表中列表项总数，只读
ColumnCount	整型	列表项的列数。每个列表项可以包含多列，缺省值为 0，这时只有 1 列（与 1 等效）
DisplayValue	字符型	选中列表项的第一列内容
Selected(n)	逻辑型	选中状态数组，返回第 n 项的选中状态，.T.——选中，.F.——未选中
List(n[, m])	字符型	返回第 n 个列表项中第 m 列（m 缺省为 1）的字符串
ListIndex	整型	返回选中列表项的序号
Sorted	逻辑型	列表项是否排序。.T.——列表项排序，.F.——列表项不排序

列表框控件的常用方法如表 4-11 所示。

表 4-11 列表框控件的常用方法

属 性 名	说 明
Clear	清除全部列表项
AddItem(cItem [, n] [, m])	插入字符串 cItem 至列表中，n 为插入行，m 为插入列（m 缺省为 1）
RemoveItem(n)	删除第 n 个列表项

列表框控件的常用事件有 Click、GotFocus、Init、LostFocus、Refresh、Valid 等，其触发条件与其他控件相同。

【例 4-5】 列表项来源设置举例。

设计表单 Form4_5，设置表单数据环境为 bmb、zgb，在 Form4_5 上添加 4 个列表框控件：List1、List2、List3 和 List4。如图 4-25 所示。

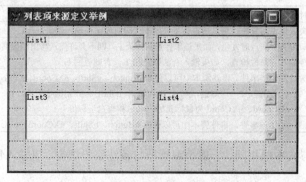

图 4-25 Form4_5 表单设计

设置 4 个列表框的属性如表 4-12 所示（ColumCount 均取缺省值）。

表 4-12 RowSourceType、RowSource 属性设置

控 件 名	RowSourceType	RowSource	控 件 名	RowSourceType	RowSource
List1	1——值	01--北京,02--上海,03--天津	List3	6——字段	bmb.bmh + "--" + bmb.bmm
List2	2——别名	bmb	List4	8——结构	zgb

需要注意，List1 列表框的 RowSoure 设置中的逗号是 ASCII 字符，不能用全角字符。同样，List3 中的点、加号、双引号也是 ASCII 字符。进行完上述设置后，运行表单的效果如图 4-26 所示。

图 4-26 不同数据来源设置的运行效果

由运行结果可知，当 RowSourceType 为 2（别名）时，列表中显示 RowSource 指定的数据环境对象（表或视图，List2 为 bmb）的第一个字段值；当 RowSourceType 为 6（字段）时，列表中显示 RowSource 指定的字段名表达式结果（List3 为 bmb.bmh + "--" + bmb.bmm）；当 RowSourceType 为 8（结构）时，列表中显示 RowSource 指定的数据环境对象（表或视图，List4 为 zgb）的所有字段名。

当列表项不能完全显示时，列表框会自动显示垂直卷滚条，点击或拖动卷滚条可以滚动显示全部列表项。

把上例各列表框控件的 ColumnCount 属性设为 2，再运行表单，结果如图 4-27 所示。

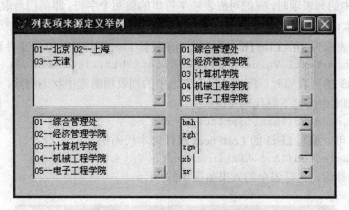

图 4-27　设置为两列时的运行效果

由图 4-27 可知，列表项列数控制对"值"和"别名" RowSourceType 有效。对"值"而言，RowSource 依次列出的是第 1 项的各列、第 2 项的各列……，最后一项可能没有足够的列数。对于"别名"而言，ColumnCount 值应小于或等于 RowSource 指定数据环境对象中字段的个数，这时列表框列表项将依次显示指定个数的字段值。

【例 4-6】 利用列表框选择部门。

设计表单 Form4_6，设置表单数据环境为 bmb、zgb，在 Form4_6 上添加 2 个列表框控件：List2、List3，其 RowSourceType 和 RowSource 属性与【例 4-5】对应的 List2、List3 列表框设置相同。List2 的 ColumnCount 属性设置为 2，List3 的 ColumnCount 属性取缺省值。如图 4-28 所示。

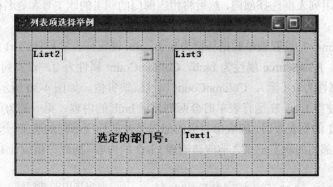

图 4-28　Form4_6 表单设计

由图 4-27 可知，List2 的显示列表项包含两列，部门号在第一列显示。List3 显示的列表项只有一列，每个列表项的前两个字符是部门号。

在表单上再放置一个文本框用于显示在 List2 或 List3 中点击的部门编号。

点击 List2 中的列表项时，应把对应列表项的第一列数据，即部门号取出并写入 Text1。在 List2 事件脚本代码中可以用 This 指代 List2 对象本身，点击列表项的序号为 This.ListIndex，点击列表项的部门号列可以表示为 This.List(This.ListIndex,1)，设计 List2 列表的 Click 事件脚本代码如下：

```
ThisForm.Text1.Value = This.List(This.ListIndex,1)
```

点击 List3 中的列表项时，应把对应表项字符串的前两个字符，即部门号取出并写入 Text1。在 List3 事件脚本代码中可以用 This 指代 List3 对象本身，点击列表项的序号为 This.ListIndex，点击列表项可以表示为 This.List(This.ListIndex)，设计 List3 列表的 Click 事件脚本代码如下：

```
ThisForm.Text1.Value=LEFT(This.List(This.ListIndex),2)
```

当点击 List3 的列表项时，应把 List2 中选中的列表项的选中状态清除，可以在 List2 的 LostFocus 事件脚本中编写下列代码实现：

```
This.Selected(This.ListIndex)=.F.
```

同样道理，可以编写 List3 的 LostFocus 事件脚本代码如下：

```
This.Selected(This.ListIndex)=.F.
```

完成上述设计后，运行表单的效果如图 4-29 所示。

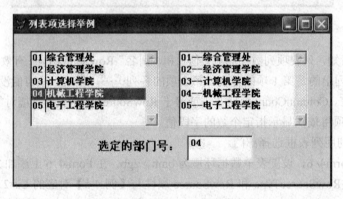

图 4-29 列表选择效果

【例 4-7】利用列表框选择部门，然后将相应部门的职工的职工号和姓名在另一个列表框中列出。

设计表单 Form4_7，设置表单数据环境为 bmb、zgb，设置列表框控件 List1 的 RowSourceType 属性为 2（别名），RowSource 属性为 bmb，ColumnCount 属性为 2。设置列表框控件 List2 的 RowSourceType 属性为 0（无），ColumnCount 属性取缺省值。如图 4-30 所示。

上述设置将使得 List1 在运行表单时分两列显示 bmb 的内容，第一列为部门号，第二列为部门名。点击 List1 的列表项时，应取出对应的部门号并把相应部门的职工一一添加到 List2 中。在向 List2 添加新部门的职工记录之前应该清理 List2 的内容。据此分析设计 List1 的 Click 事件脚本如下：

```
bmbh=This.List(This.ListIndex,1)    && 取出选中的部门号
SELECT zgb                          && 选择数据环境中的 zgb
GO TOP
```

```
ThisForm.List2.Clear                    && 清除 List2 内容
SCAN FOR bmh=bmbh                        && 把选定部门的所有职工加入到 List2 中
    ThisForm.List2.AddItem(zgh+"---"+zgm)    && 向 List2 添加当前职工数据
ENDSCAN
ThisForm.List2.Refresh                   && 刷新 List2
```

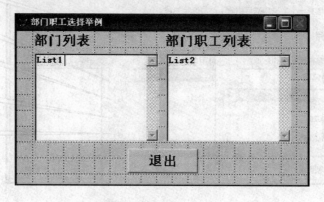

图 4-30　Form4_7 表单设计

"退出"按钮的脚本只是简单地关闭表单，不再赘述。

完成上述设计后，Form4_7 表单的运行效果如图 4-31 所示。

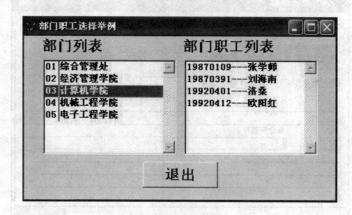

图 4-31　Form4_7 表单运行效果

可以直接设置列表框属性，也可以通过列表框生成器设置列表框控件的相关属性。在表单设计器中用鼠标右击列表框控件并在弹出菜单中选择"生成器"即可打开列表框生成器窗口（图 4-32）。

生成器中的"列表项"选项卡用于选择列表项的数据来源（设置 RowSourceType、RowSource 和 ColumnCount 属性值），可以在数据来源下拉表中选择来源于"表或视图中的字段"（缺省选择）、"手工输入数据"或"数组中的值"。

选择来源于表或视图中的字段时，先应选择数据库和表，选中表的字段自动加入到可用字段列表中，选中可用字段然后点击添加按钮可以把相应字段加入到"选定字段"列表中，双击某一可用字段也可将相应字段加入到"选定字段"列表中。点击全部添加按钮可以把所有可用字段添加到"选定字段"列表中。移去操作与添加操作相同，只是操作方向相反而已。

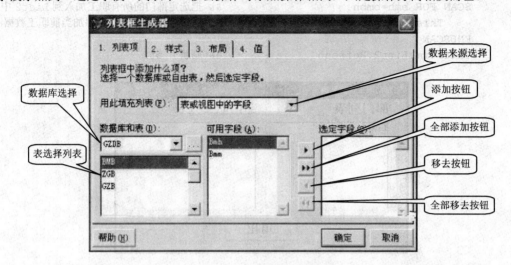

图 4-32　列表框生成器

选择来源于手工输入数据时，操作界面自动切换为如图 4-33 所示的样式。

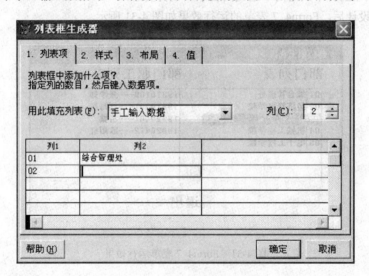

图 4-33　手工输入数据界面

可以选择列表项数据有几列，直接在"列"输入区输入或点击调节按钮均可设置列数（图 4-33 设置为 2 列）。选定列数后，表格中即出现对应的"列 1"、"列 2"等列，依次在表格对应列中输入各列表项内容即可。

在"样式"选项卡中可以选择设置列表框的边框是"三维"的还是"平面"的（设置 SpecialEffect 属性）、列表框中显示的最大行数等参数。在"布局"选项卡中可以调整各列的宽度。在"值"选项卡中可以设置列表框控件绑定的字段（设置 ControlSource 属性）。

列表框控件是一个非常重要的控件，需要通过大量的编程练习熟悉其用法。掌握列表框控件对于理解和学习组合框控件非常有帮助。

4.2.4 组合框控件

组合框也叫下拉表，其功能与列表框类似，区别在于，它同时有列表框和文本框的功能（图 4-34）。

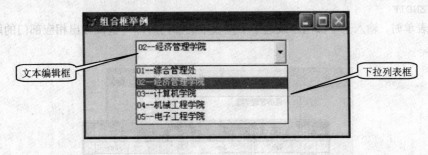

图 4-34 组合框

用户可以在文本编辑框中直接编辑输入内容，也可以点击编辑框右端的下箭头，这时会自动弹出一个下拉列表框，可以直接在列表框中选择列表项，选中的列表项自动显示在文本编辑框中。

组合框的常用属性与列表框控件相同（表 4-10），但 DisplayValue 属性有所区别，当在控件中选择列表项时，DisplayValue 属性为选中列表项的第一列内容，当用户在编辑区中输入内容时，可以通过 DisplayValue 属性获得编辑输入的内容，即 DisplayValue 属性值就是操作时在控件编辑区中显示的文本串。

组合框控件的常用方法也与列表框控件相同（表 4-11）。组合框控件的常用事件除包含列表框控件的常用事件外，另一个常用的事件是 InteractiveChange 事件，当在文本编辑框中输入字符或在下拉列表中选择了列表项之后均触发该事件，可以利用该事件检测用户的输入或选择。

【例 4-8】 利用组合框选择或输入部门号并用 SELECT – SQL 命令查询输出相应部门的职工信息。

设计表单 Form4_8。设置表单数据环境为 bmb，设置组合框控件 Combo1 的 RowSourceType 属性为 6（字段），RowSource 属性为 bmb.bmh + "--" + TRIM(bmb.bmm)，ColumnCount 属性取缺省值。如图 4-35 所示。

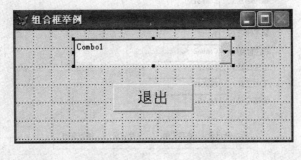

图 4-35 Form4_8 表单设计

当用户编辑输入完部门号或选择下拉列表中的部门项（选中列表项左端两个字符为部门号）时，应执行 SELECT–SQL 查询，设计 Combo1 的 InteractiveChange 事件脚本如下：

```
IF LEN(ALLTRIM(This.DisplayValue))>=2          && 至少输入两个字符时才进行处理
    bmbh=LEFT(ALLTRIM(This.DisplayValue),2)    && 取出部门号
    SELECT * FROM zgb WHERE bmh=bmbh           && 查询
ENDIF
```

执行表单时，输入一个部门号或选中下拉表中的部门时即可查询输出相应部门的职工信息（图 4-36）。

图 4-36　表单运行效果

运行时，组合框的初始状态是没有选择任何下拉列表项，其文本编辑框是空白的。如果希望选中某一下拉列表项，可以在控件的初始化事件（Init）中加入下列脚本代码来选中第一个列表项：

```
IF This.ListCount>0                 && 如果有下拉列表项才处理,This 指代 Combo1
    This.ListIndex=1                && 选中第一项
    This.InteractiveChange()        && 调用 Combo1 的 InteractiveChange 事件脚本
ENDIFs
```

组合框在数据库数据编辑录入界面设计中非常有用，比如 zgb 中的所属部门号和性别字段值就可以通过组合框控件来选择输入。

【例 4-9】 设计一个向 zgb 中添加新记录的表单，其中 bmh 和 xb 采用组合框录入。

设计表单 Form4_9 并在其上放置相应控件（图 4-37）。

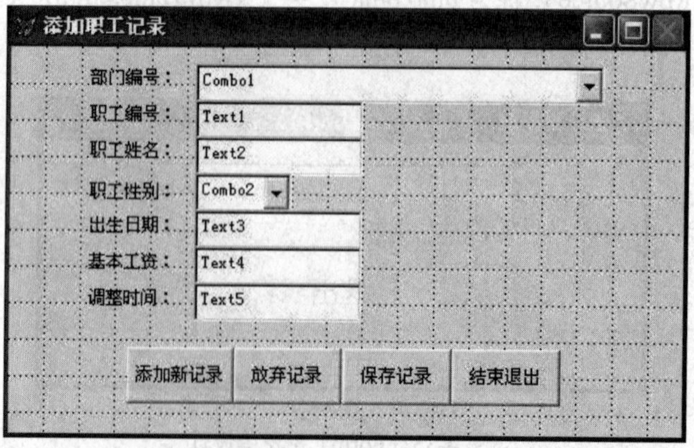

图 4-37　Form4_9 表单设计

设置表单数据环境为 bmb、zgb。设置 zgb 数据环境对象的 BufferModeOverride 属性值为 3（开放式行缓冲）。其他属性取缺省值。

设置 Combo1 的属性如下：

```
ColumnCount --- 2
ControlSource --- zgb.bmh
InputMask---99
RowSource---bmb
RowSourceType---2
```

上述设置表明，编辑录入时只能输入两位数字，下拉列表显示两列，第一列为部门号，第二列为部门名，选择时将把选定部门的部门号显示在编辑框中。无论是输入的部门号还是选定的部门号都与数据环境中 zgb 表的 bmh 字段绑定，即更新到 zgb 当前记录的 bmh 字段中。

设置 Combo2 的属性如下：

```
BoundColumn---1
BoundTo---.T.
ControlSource---zgb.xb
InputMask---XX
RowSource---男,女
RowSourceType---1
```

上述设置表明，编辑录入时只能输入两个任意字符或一个任意汉字，下拉列表显示一列，且只有两个列表项（"男"和"女"），选择时将把选定的性别显示在编辑框中。无论是输入的性别还是选定的性别都与数据环境中 zgb 表的 xb 字段绑定，即更新到 zgb 当前记录的 xb 字段中。

Text1、Text2、Text3、Text4 和 Text5 的属性设置如表 4-13 所示。

表 4-13 控件属性设置

控 件 名	ControlSource	InputMask	Maxlength
Text1	zgb.zgh	99999999	
Text2	zgb.zgm		12
Text3	zgb.sr		
Text4	zgb.jbgz	99999.99	
Text5	zgb.tzsj		

对于文本框控件而言，当设置了 InputMask 属性时就已经限制了最多允许输入的字符数，因此不必再设置 MaxLength 属性值。当文本框的 ControlSource 是日期型字段时，运行时自动应用日期掩码。

命令按钮控件 Command1、Command2、Command3 和 Command4 的 Caption 属性分别设置为："添加新记录"、"放弃记录"、"保存记录"和"退出"。

打开表单时，应自动添加新记录并进入该记录的编辑状态。在用户尚未编辑记录内容时，可以选择放弃该记录，但不应选择保存记录。在表单 Init 事件脚本中添加下列代码可以满足处理要求：

```
This.Command1.Click()              && 调用"添加新记录"Click 事件脚本添加新记录
ThisForm.Command3.Enabled = .F. && 使"保存记录"按钮无效
```

点击"添加新记录"按钮时应向 zgb 追加一条空白记录，然后将焦点置于"部门编号"组合框。为防止用户连续点击该按钮，应该在添加新记录后使该按钮无效。下列 Command1 控件的 Click 事件脚本可以实现上述控制要求：

```
SELECT zgb                          && 选择数据环境中的 zgb 工作区
APPEND BLANK                        && 追加一条空白记录
This.Enabled = .F.                  && 使"添加新记录"按钮无效
ThisForm.Combo1.DisplayValue=""     && 清空"部门编号"组合框输入编辑区
ThisForm.Combo2.DisplayValue=""     && 清空"职工性别"组合框输入编辑区
ThisForm.Refresh                    && 刷新表单
ThisForm.Combo1.SetFocus            && 把焦点置于"部门编号"组合框
```

点击"放弃记录"按钮时放弃当前记录（不更新至数据库），这时用户可以继续添加新记录，而在实际添加新记录之前，用户应不能点击"放弃记录"或"保存记录"按钮。下列 Command2 控件的 Click 事件脚本可以实现上述控制要求：

```
SELECT zgb
TABLEREVERT(.F.)
This.Enabled = .F.
ThisForm.Command3.Enabled=.F.
ThisForm.Command1.Enabled=.T.
```

点击"保存记录"按钮时把当前编辑的记录更新至数据库，如果更新失败，可能是输入数据违反完整性规则引起的。当更新失败时，应放弃当前记录。更新之后，当前记录或者已更新至数据库（更新成功），或者被放弃，这时，用户应该不能点击"放弃记录"或"保存记录"按钮。下列 Command3 控件的 Click 事件脚本可以实现上述控制要求：

```
SELECT zgb
IF NOT TABLEUPDATE()                && 执行更新并判断是否成功
    TABLEREVERT(.T.)                && 更新失败，放弃当前记录
    MESSAGEBOX("保存记录失败，可能违反数据完整性规则!!! ","提示! ")
ELSE
    MESSAGEBOX("记录已被成功保存!!! ","提示! ")
ENDIF
This.Enabled = .F.
ThisForm.Command2.Enabled=.F.
ThisForm.Command1.Enabled=.T.
```

在点击"结束退出"按钮时应关闭表单，Command4 的 Click 事件脚本设计如下：

```
ThisForm.Release()
```

在关闭表单时，可能正处于 zgb 新记录的编辑状态，假定自动放弃未处理完的记录。由于关闭表单操作可能是点击表单窗口的关闭按钮引起的、也可能是点击"结束退出"命令按钮引起的，因此不能在 Command4 的 Click 事件脚本中执行放弃当前记录的操作。在表单的 Unload 事件中添加下列脚本代码即可：

```
SELECT zgb
TABLEREVERT(.F.)
```

也可以通过生成器设计组合框控件，其设计界面与列表框生成器相同，不再赘述。

4.2.5　选项按钮组控件

选项按钮组控件适用于在较少的选项中选取一项的操作，这个选项操作既适用于数据输入，也适用于操作选择。用于数据输入时，可以用来输入内容固定且取值只有若干可能的字段输入，如 zgb 中的性别字段值就可以用选项按钮组输入。

图 4-38 是添加到表单 Form1 上的选项按钮组控件的初始状态。

图 4-38 选项按钮组控件

初始状态下选项按钮组控件的按钮垂直放置，预置两个选项按钮，其标题自动设置为 Option1 和 Option2，同时设置 Option1 为选中状态。可以通过属性窗口顶端的对象选择下拉表选择选项按钮组中的按钮并设置其属性（图 4-38 显示的是选择选项按钮组 Optiongroup1 中的 Option1 按钮），选中后即进入选项按钮组编辑状态，在编辑状态下，可以设置每一个选项按钮的标题等属性。

选项按钮组控件的常用属性如表 4-14 所示。

表 4-14 选项按钮组控件的常用属性

属 性 名	类 型	说 明
AutoSize	逻辑型	选择.T.时，控件边框自动调整大小。一般应设置为.F.，这样可以调整边框大小，以便编辑
ButtonCount	整型	选项按钮的个数
Buttons	按钮数组	Buttons(i) 表示第 i 个按钮。在程序代码中用于确定具体的按钮
ControlSource	字符型	与选项按钮组控件绑定的表的字段名。通过绑定字段可以用选项按钮组控件中选中按钮的值更新表中当前记录的指定字段
Value	整型 / 字符型	按数值引用时（初值设置为0），表示选中按钮的序号。按字符值引用时（初值设置为空），表示选中按钮的标题

同命令按钮组一样，选项按钮组中的每个选项按钮还是一个对象，简称选项按钮对象，可以单独设置选项按钮对象的属性。选项按钮对象的常用属性包括 Caption（标题）、Enabled（有效性）、Visible（可见性）和 ControlSource 等，引用表单内选项按钮组中选项按钮对象属性的方法如下（以图 4-38 Option1 的 Caption 属性为例）：

```
ThisForm.Optiongroup1.Buttons(1).Caption= "选项按钮 1"
ThisForm.Optiongroup1.Option1.Caption= "选项按钮 1"
```

选项按钮组控件的属性设置及布局调整方法与命令按钮组控件基本相同。也可以通过生成器设置选项按钮组控件属性，其操作方法与命令按钮组生成器类似，区别是选项按钮组生成器窗口中多出一个用于设置 ControlSource 属性的"值"选项卡，"按钮"选项卡中多出了"标准"、"图形方式"选项按钮，标准方式下按钮形状是固定的圆按钮，图形方式下按钮外观按指定的图像文件调整大小和颜色。

选项按钮组控件的常用事件是 Click 事件。

【例 4-10】用选项按钮组控件来提交操作请求，【例 4-11】则用选项按钮组控件来实现数据录入。

【例 4-10】 在表单上设置一个包含 3 个按钮的选项按钮组控件和一个文本框控件，选项按钮的标题依次为"红色"、"绿色"和"蓝色"。运行表单时，点击标题为"红色"的按钮将表单的背景色设置为红色，同时在文本框中输出"红色"，依此类推。当在文本框中输入"红色"、"绿色"或"蓝色"时，设置选项按钮组的对应按钮为选中状态（修改 Value 属性值即可）并设置表单的背景颜色。

假定表单、文本框控件和选项按钮组控件的名称分别是 Form4_10、Text1 和 Optiongroup1，设置 Optiongroup1 的 ButtonCount 属性为 3，对应的三个选项按钮依次为 Option1（标题置为"红色"）、Option2（标题置为"绿色"）和 Option3（标题置为"蓝色"）（图 4-39）。

图 4-39 Form4_10 表单设计

设置 Optiongroup1 控件的 Value 属性为空，即运行时 Value 属性返回对应按钮的标题字符串。

同【例 4-2】一样，运行表单时，如果用户点击某一选项按钮，可以依据控件的 Value 属性判断按下的究竟是哪一个按钮并据此修改表单的背景颜色和 Text1 文本框内容，下列 Optiongroup1 控件的 Click 事件脚本即可实现这一功能要求：

```
DO CASE
    CASE This.Value = "红色"                    && 按下了标题为"红色"的按钮
        ThisForm.BackColor = RGB(255,0,0)
        ThisForm.text1.Value = This.Buttons(1).Caption
    CASE This.Value = "绿色"                    && 按下了标题为"绿色"的按钮
        ThisForm.BackColor = RGB(0,255,0)
        ThisForm.text1.Value = This.Buttons(2).Caption
    CASE This.Value = "蓝色"                    && 按下了标题为"蓝色"的按钮
        ThisForm.BackColor = RGB(0,0,255)
        ThisForm.text1.Value = This.Buttons(3).Caption
ENDCASE
```

当用户在文本框中输入完内容并按回车键后（发生 Valid 事件），应根据输入内容设置 Optiongroup1 的 Value 属性和表单的背景颜色，设计 Text1 控件的下列 Valid 事件脚本可以实现这样的操作功能：

```
CH = ALLTRIM(This.Value)                       && 将输入内容去除空格后保存到 CH 中
DO CASE
    CASE CH = "红色"                            && 输入内容为"红色"
        ThisForm.Optiongroup1.Value = "红色"
        ThisForm.BackColor = RGB(255,0,0)
    CASE CH = "绿色"                            && 输入内容为"绿色"
        ThisForm.Optiongroup1.Value = "绿色"
        ThisForm.BackColor = RGB(0,255,0)
    CASE CH = "蓝色"                            && 输入内容为"蓝色"
```

```
        ThisForm.Optiongroup1.Value = "蓝色"
        ThisForm.BackColor = RGB(0,0,255)
    OTHERWISE                                    && 输入其他内容
        ThisForm.Optiongroup1.Value = ""
ENDCASE
```

【例4-11】 修改【例4-4】的编辑修改职工表（zgb）中记录的表单，用选项按钮实现性别输入。

可以直接在图4-22的基础上实现本例的要求，修改步骤如下：

<1> 将图 4-22 中性别输入文本框控件 txtXb 删除，在其位置添加一个选项按钮组控件 Optiongroup1；

<2> 右击 Optiongroup1 并在弹出菜单中选择"生成器"打开生成器窗口（图4-40）；

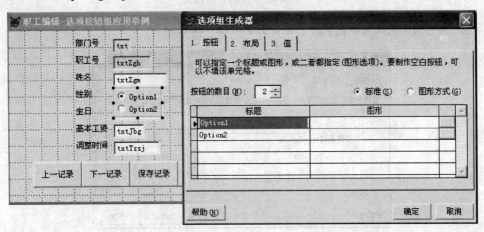

图 4-40　选项按钮组生成器

<3> 在生成器"按钮"选项卡中把两个按钮的标题依次改为"男"和"女"（图4-41）；

<4> 在"布局"选项卡中把按钮布局选为"水平"（图4-42）；

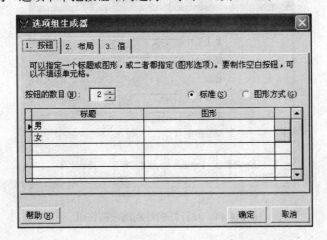

图 4-41　按钮标题设置

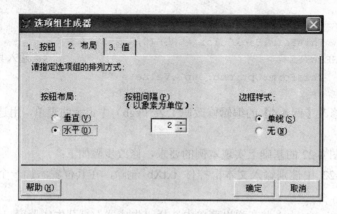

图 4-42　按钮布局设置

<5> 在"值"选项卡中把字段名设置为 Zgb.xb（图 4-43）；

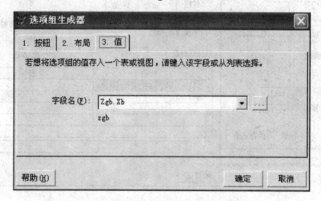

图 4-43　设置绑定字段

<6> 设置完成后，调整选项按钮组控件的位置和大小，使之与已有控件协调（图 4-44）；

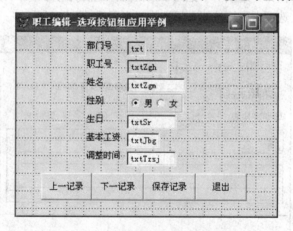

图 4-44　设计好的性别选项按钮组

　　<7> 设置 Optiongroup1 控件的 Value 属性为空，即 Value 值为选定按钮的标题（"男"或"女"），选中按钮的标题内容将会自动更新到 Zgb.xb 字段中。

　　进行完上述设置后，运行表单时就可以通过选项按钮选择职工性别了，其优点是用户只能

在"男"和"女"中选择，不可能选择其他的内容，而用文本框输入时可以输入任何汉字，容易发生性别输入错误的情况。

4.2.6 复选框控件

复选框控件一般用于实现二值选择（0 或 1，.F.或.T.），因此非常适合于操作选项设置或控制向表中输入逻辑型或只有 0、1 两种取值的字段值。图 4-45 中有两个依次添加的复选框，左侧复选框标记为选中状态，复选框右侧显示的是控件的标题（Caption）。

图 4-45　复选框控件

复选框控件的常用属性如表 4-15 所示。

表 4-15　复选框控件的常用属性

属 性 名	类 型	说 明
Alignment	整型	控件标题位置。0——标题在右侧（缺省值），1——标题在左侧
AutoSize	逻辑型	选择.T.时，控件边框自动调整大小。一般应设置为.F.，这样可以调整边框大小，以便编辑
Caption	字符型	复选框标题，一般用该标题提示复选框的操作功能
ControlSource	字符型	与复选框控件绑定的表的字段名。通过绑定字段可以用复选框控件的选择结果值（Value 属性值）更新表中当前记录的指定字段，该字段须是逻辑字段或只有 0、1 两种取值的字段
ReadOnly	逻辑型	为.T.时文本框只读，这时不能改变控件状态
Value	整型/逻辑型	按数值引用时（初值设置为 0），0 表示复选框控件未被选中，1 表示选中。按逻辑值引用时，.F.表示未被选中，.T.表示选中

复选框控件的常用事件是 Click 事件，连续点击复选框控件时，将不断切换选中状态。可以在 Click 事件脚本中检测 Value 值以判定控件是否被选中。

【例 4-12】用复选框控件来选择操作选项，【例 4-13】则用复选框控件来实现数据录入。

【例 4-12】　在查询职工信息时，出生日期和基本工资信息可能属于敏感信息，可以用复选框控件选择是否查询 zgb 中的出生日期、基本工资（含调整时间）信息。

设计表单 Form4_12 并在其上放置两个复选框（控件名分别是 Check1 和 Check2）和一个命令按钮（控件名为 Command1），设置 Check1 和 Check2 的 Caption 属性分别为"查询出生日期"和"查询基本工资信息"，设置 Check1 和 Check2 的 AutoSize 属性为.T.，设置 Command1 的标题为"查询"（图 4-46）。

运行表单时，如果用户点击"查询"按钮即开始查询职工信息，如果用户选中了"查询出生日期"，未选中"查询基本工资信息"，查询内容应该排除 jbgz 和 tzsj 字段；如果用户选中了"查询基本工资信息"，未选中"查询出生日期"，查询内容应该排除 sr 字段；如果两个复选框均未选中，查询内容则应排除 sr、jbgz 和 tzsj 字段。

在 Command1 的 Click 事件脚本中添加如下代码即可实现上述操作功能：

```
IF ThisForm.Check1.Value = 1            && 选中了"查询出生日期"
```

```
    IF ThisForm.Check2.Value = 0            && 未选中"查询基本工资信息"
        SELECT bmh,zgh,zgm,xb,sr FROM zgb
    ELSE                                    && 选中了"查询基本工资信息"
        SELECT bmh,zgh,zgm,xb,sr,jbgz,tzsj FROM zgb
    ENDIF
ELSE                                        && 未选中"查询出生日期"
    IF ThisForm.Check2.Value = 0            && 未选中"查询基本工资信息"
        SELECT bmh,zgh,zgm,xb FROM zgb
    ELSE                                    && 选中了"查询基本工资信息"
        SELECT bmh,zgh,zgm,xb,jbgz,tzsj FROM zgb
    ENDIF
ENDIF
```

图 4-46　Form4_12 表单设计

【例 4-13】 设计一个修改工资表（gzb）记录的表单，其中的 ffbz 字段用复选框控件输入。用户可以选择录入的工资时间，选定之后，如果指定年月工资记录已经产生则按职工号顺序依次编辑记录，如果尚未产生，则检查时间是否合理（不能超出当前系统年月），合理则生成当月工资记录，然后依职工号顺序编辑当月工资记录。

可以按下列步骤建立实现要求功能的表单：

<1> 建立一个表单，命名为 Form4_13，设置其标题为工资编辑，设置其数据环境为 gzb，设置数据环境中 gzb 的 Order 属性为 gz（主控索引，按 ny+zgh 升序排列）；

<2> 拖动数据环境中 gzb 的"字段"到 Form4_13，即得到如图 4-47 所示的界面；

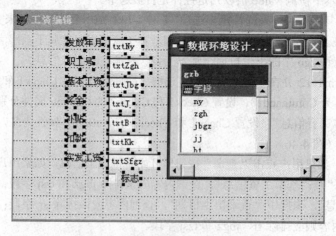

图 4-47　拖动数据对象字段生成控件

<3> 设置"发放年月"、"职工号"、"基本工资"、"实发工资"文本框的 ReadOnly 属性为.T.，设置"标志"复选框的 Alignment 属性为 1（标题左侧显示）、Caption 属性为"发放标志"；

<4> 在表单上添加一个文本框 Text1（设置 InputMask 属性为 999999），用于用户输入编辑年月，在 Text1 前添加标签 Label1（标题设置为"编辑年月"），在表单下方添加 4 个命令按钮 Command1（标题为"上一记录"）、Command2（标题为"下一记录"）、Command3（标题为"保存记录"）和 Command4（标题为"退出"），调整控件位置得到如图 4-48 所示的表单。

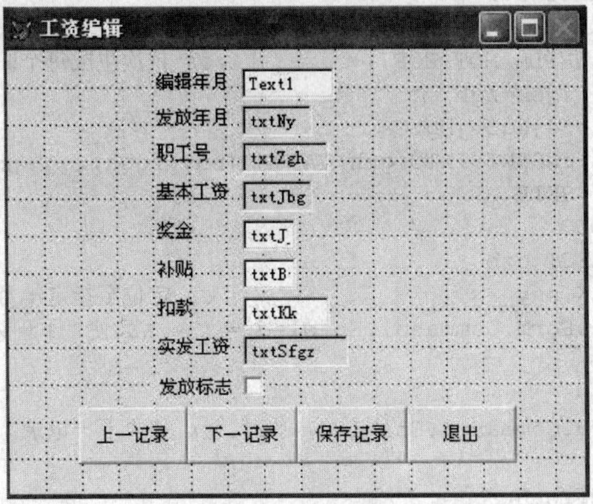

图 4-48　Form4_13 表单设计

执行表单时，用户尚未输入编辑年月，假定自动选择 ny 值最大且 ffbz 为.F.（工资尚未发放）的工资记录进行编辑，并把相应的 ny 值写入 Text1 控件，在 Form4_13 表单的 Init 事件脚本中编写如下代码即可：

```
ThisForm.Command1.Enabled = .F.         && 使"上一记录"按钮无效
ThisForm.Command3.Enabled = .F.         && 使"保存记录"按钮无效
SELECT gzb
IF RECCOUNT()<1
    ThisForm.Command2.Enabled = .F. && 使"下一记录"按钮无效
ELSE
    GO BOTTOM
    IF ffbz=.F.                         && 最后一条记录的"发放标志"为假
        This.Text1.Value = ny           && 设置"编辑年月"
        seek This.Text1.Value           && 定位到选定编辑年月的首记录
    ELSE
        This.Text1.Value = ""
        GO TOP
    ENDIF
ENDIF
```

当用户在 Text1 中输入一个年月时，应把记录指针定位到该年月首条工资记录，如果没有，则应检查是否需要生成当月工资记录。设计下列 Text1 的 Valid 事件脚本可以实现这样的操作要求：

```
bny = ALLTRIM(This.Value)      && 取出输入的年月数据并去掉首尾连续空格符
ThisForm.Command1.Enabled = .F. && 使"上一记录"按钮无效
```

```
ThisForm.Command3.Enabled = .F. && 使"保存记录"按钮无效
SELECT gzb
SEEK bny                            && 查找指定年月首条工资记录
IF NOT FOUND()                      && 不存在指定年月记录，判断是否需要生成
    TD=DATE()
    Nf = Val(LEFT(bny,4))
    Yf = Val(RIGHT(bny,2))
    IF LEN(bny)=6 AND Nf = YEAR(TD) AND Yf = MONTH(TD)
        * 年月值合理（与当前系统日期年月相同），生成当月工资记录
        SELECT zgb
        GO TOP
        DO WHILE NOT EOF()          && 依次生成每个职工的工资记录
            zgbh=zgh
            zgjbgz=jbgz
            INSERT INTO gzb VALUES(bny,zgbh,zgjbgz,0,0,0,zgjbgz,.F.)
            SKIP
        ENDDO
        SELECT gzb
        SEEK bny                    && 定位至指定年月首条工资记录
        ThisForm.Command1.Enabled = .T. && 使"下一记录"按钮有效
    ENDIF
ELSE
    ThisForm.Command1.Enabled = .T. && 使"下一记录"按钮有效
ENDIF
ThisForm.Refresh
```

　　编辑工资记录时，如果 ffbz 为.T.，即工资已经发放，则不能编辑工资，否则可以编辑工资记录且只能编辑修改"奖金"、"补贴"、"扣款"和"发放标志"。在表单的 Refresh 事件脚本中加入如下代码可以依据 ffbz 切换相应控件的读写状态：

```
SELECT gzb
IF NOT EOF() AND NOT BOF()
    IF ffbz=.T.          && 当前工资记录标记为已发放，将控件设为只读
        ThisForm.txtJj.ReadOnly=.T.
        ThisForm.txtBt.ReadOnly=.T.
        ThisForm.txtKk.ReadOnly=.T.
        ThisForm.chkFfbz.ReadOnly=.T.
    ELSE                 && 当前工资记录标记为未发放，将控件设为读写
        ThisForm.txtJj.ReadOnly=.F.
        ThisForm.txtBt.ReadOnly=.F.
        ThisForm.txtKk.ReadOnly=.F.
        ThisForm.chkFfbz.ReadOnly=.F.
    ENDIF
ENDIF
```

　　如果当前记录指针已经指向选定年月的首条工资记录，当用户点击"上一记录"按钮时，应使该按钮无效，记录应维持在首记录位置。如果当前记录指针不是首记录则应向前移动指针，如果"下一记录"按钮无效，在移动之后应使其有效。下列"上一记录"按钮的 Click 事件脚本可以实现这一控制要求：

```
SELECT gzb                  && 选择数据环境中 gzb 工作区
IF NOT BOF()                && 尚未到首记录之前
    RecN1=RECNO()           && 保留当前记录号
    SKIP -1                 && 向上移动一条记录
```

```
    IF BOF() OR NOT BOF() AND ny!=ThisForm.Text1.Value
        GO RecN1
        This.Enabled = .F.          && 使 "上一记录" 按钮无效
    ELSE                            && 实际向上移动了指针
        IF ThisForm.Command2.Enabled=.F.    && "下一记录" 按钮处于无效状态
            ThisForm.Command2.Enabled=.T.   && 使 "下一记录" 按钮有效
        ENDIF
    ENDIF
    ThisForm.Refresh                && 刷新表单, 使其控件反映最新数据环境变化
ENDIF
```

如果当前记录指针已经指向选定年月的最后一条工资记录, 当用户点击 "下一记录" 按钮时, 应使该按钮无效, 记录应维持在最后一条记录位置。如果当前记录指针不是最后一条记录则应向下移动指针, 如果 "上一记录" 按钮无效, 在移动之后应使其有效。下列 "下一记录" 按钮的 Click 事件脚本可以实现这一控制要求:

```
    SELECT gzb                      && 选择数据环境中 gzb 工作区
    IF NOT EOF()                    && 当前记录指针不是最后一条记录
        RecN1=RECNO()
        SKIP 1                      && 向下移动一条记录
        IF EOF() OR NOT EOF() AND ny!=ThisForm.Text1.Value
            GO RecN1
            This.Enabled = .F.      && 使 "下一记录" 按钮无效
        ELSE                        && 实际向下移动了指针
            IF ThisForm.Command1.Enabled=.F.    && "上一记录" 按钮处于无效状态
                ThisForm.Command1.Enabled=.T.   && 使 "上一记录" 按钮有效
            ENDIF
        ENDIF
        ThisForm.Refresh            && 刷新表单, 使其控件反映最新数据环境变化
    ENDIF
```

当用户编辑修改了 "奖金"、"补贴" 或 "扣款", 工资数据即发生了变动, 应使 "保存记录" 按钮有效。在上述工资项对应控件的 InteractiveChange 事件脚本中添加下列代码即可:

```
    IF ThisForm.Command3.Enabled=.F.
        ThisForm.Command3.Enabled=.T.
    ENDIF
```

当用户修改 "发放标志" 时 (只有一种可能: 修改为.T.), 除了使 "保存记录" 按钮有效之外, 还应刷新表单 (执行表单刷新事件脚本以使相应控件变为只读状态), 设计如下该复选框控件的 Valid 事件脚本即可:

```
    IF ThisForm.Command3.Enabled=.F.
        ThisForm.Command3.Enabled=.T.
    ENDIF
    ThisForm.Refresh
```

在用户编辑修改了 "奖金"、"补贴" 或 "扣款" 之后, 应计算修改 "实发工资", 在上述工资项对应控件的 Valid 事件脚本中添加下列代码即可:

```
    ThisForm.txtSfgz.Value = ThisForm.txtJbgz.Value + ;
        ThisForm.txtJj.Value + ThisForm.txtBt.Value - ThisForm.txtKk.Value
```

"保存记录" 按钮的 Click 事件脚本中应执行存盘操作, 保存后应使该按钮无效, 设计其 Click 事件脚本如下:

```
    TABLEUPDATE()
```

This.Enabled=.F.

"退出"按钮的 Click 事件脚本同样先执行存盘操作，然后关闭表单：

TABLEUPDATE()
ThisForm.Release

4.2.7　表格控件

表格控件以二维表格的形式浏览和编辑数据，非常适合于浏览编辑数据库表记录。添加到表单上的表格控件初始状态如图 4-49 所示。

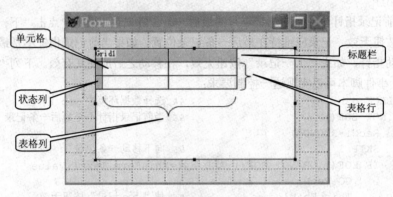

图 4-49　表格控件

标题栏显示各列的标题。表格行显示数据源的数据行，表格行从 1 开始依次编号。表格列与数据源表格的列一一对应，表格列一般从 1 开始依次编号。状态列显示记录指针状态和删除状态。单元格是行、列的交汇点，用于显示、编辑数据源的数据项或记录的对应字段值。在任一时刻只能对一个单元格进行操作，这个单元格叫活动单元格。

表格控件的常用属性如表 4-16 所示。

表 4-16　表格控件的常用属性

属 性 名	类 型	说 明
RecordSourceType	整型	表格数据来源类型。0——表、1——别名、2——提示、3——查询、4——SQL 说明
RecordSource	字符型	表格数据来源，与 RowSourceType 配合使用
ColumnCount	整型	表格中的列数。为-1 时依据指定的 RecordSource 自动生成表格的列
GridLines	整型	表格线选择。0——无表格线，1——只有水平线，2——只有垂直线，3——既有水平线也有垂直线（缺省设置）
ReadOnly	逻辑型	为.T.时表格只读，这时不能编辑录入内容
LinkMaster	字符型	关联表的父表名称
ChildOrder	字符型	和父表的主关键字相关联子表的对应外部关键字
AllowAddNew	逻辑型	为.T.时允许添加行，为.F.时不允许添加行。允许添加行时可以对表执行追加空白记录操作
AllowHeaderSizing	逻辑型	为.T.时允许运行时调整标题栏高度，为.F.时不允许运行时调整标题栏高度
AllowRowSizing	逻辑型	为.T.时允许运行时调整行高度，为.F.时不允许运行时调整行高度
ActiveRow	整型	返回活动单元格的行号
ActiveColumn	整型	返回活动单元格的列号
DeleteMark	逻辑型	为.T.时显示删除状态标记。删除状态标记在记录指针状态标记后面显示
RecordMark	逻辑型	为.T.时显示记录指针标记。记录指针标记在删除状态标记前面显示

表格控件的常用事件是 BeforeRowColChange（在改变活动单元格之前发生）、AfterRowColChange（改变了活动单元格之后发生）。可以在事件脚本中依据 ActiveRow 和 ActiveColumn 属性判断活动单元格的行号和列号。

表格控件的常用方法是 SetFocus、Refresh 和 ActivateCell(nRow, nCol)，ActivateCell 方法有两个参数，分别是行号和列号，该方法将指定行列的单元格置为活动状态（激活）。

【例 4-14】 利用表格控件浏览编辑 zgb 表数据。

设计一名为 Form4_14 的表单，在其数据环境中添加 zgb 对象。向表单中添加一表格控件 Grid1，设置其 RecordSourceType 属性为 1（别名），RecordSource 属性为 zgb（图 4-50）。

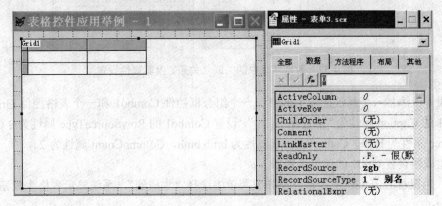

图 4-50　Form4_14 表单设计

完成上述设置后，表单设计即已完成，其运行效果如图 4-51 所示。可以定位并修改任一单元格的内容（输入的数据不能违反完整性规则，否则系统拒绝接受）。

图 4-51　表单运行效果

上述设计中，表格的列数依据 zgb 自动调整，各列的标题自动取设计表格时为相应列指定的标题（参阅 1.2.3 节图 1-12 和表 1-14 标题设置说明），如果设计表格时未指定某个字段的标题，表格对应列标题取其字段名。可以利用表格生成器设置表格，在生成器中可以设置各列的标题。

【例 4-15】 设计一个可以用下拉表选择部门，用表格控件自动显示对应部门职工的表单（一对多表单）。

设计一名为 Form4_15 的表单，在其数据环境中添加 bmb、zgb 对象，数据环境自动建立二者的关联 Relation1 并自动设置其属性（图 4-52）。

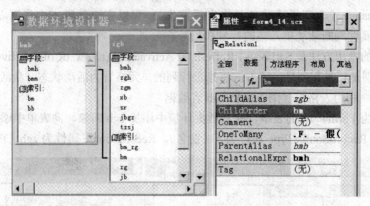

图 4-52　数据环境中的关联（关系）及其属性设置

　　向表单上添加一个标签控件 Label1、一个组合框控件 Combo1 和一个表格控件 Grid1，设置 Label1 的 Caption 属性为"请选择部门:"，设置 Combo1 的 RowSourceType 属性为 2（别名），RowSource 属性为 bmb，ControlSource 属性为 bmb.bmh，ColumnCount 属性为 2。

　　用生成器设置 Grid1 的操作步骤如下：

　　<1> 用鼠标右击 Grid1 控件并在弹出菜单中选择"生成器"，系统显示表格生成器对话框（图 4-53）；

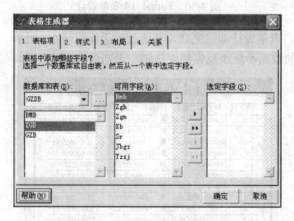

图 4-53　表格生成器对话框

　　<2> 在"表格项"选项卡中选择数据库为 GZDB，选择表为 ZGB，在"可用字段"列表中会自动列出 ZGB 的全部字段，点击"全部添加"按钮即可把可用字段全部添加到"选定字段"列表中（在表格中显示的字段）；

　　<3> 在"样式"选项卡中设置表格的显示风格，有"专业型"、"标准型"、"浮雕型"和"帐务型"等样式，本例选择"浮雕型"；

　　<4> 在"布局"选项卡中可以设置表格各列的标题和控件类型（图 4-54）。选中某一列后，"标题"输入域中自动显示对应列的标题，可以根据需要编辑修改标题内容，例如，可以把"部门号"改为"部门编码"，表格中对应列的标题就会自动改为"部门编码"。可以用鼠标拖拽标题栏标题分割线来调整各列的宽度；

图 4-54 布局设置界面

<5> "关系"选项卡用于设置数据环境对象之间的联系,在设置了数据环境之后,联系设置自动完成(图 4-55);"父表中的关键字段"下拉表用于输入或选择主表的关联关键字字段,"子表中的相关索引"下拉表用于选择在子表中与主表关键字字段对应的索引名;

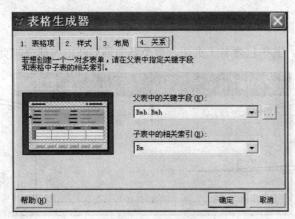

图 4-55 关系设置

<6> 设置完上述内容后,点击"确定"按钮即完成了生成器设置,可适当调整控件大小及布局(图 4-56)。

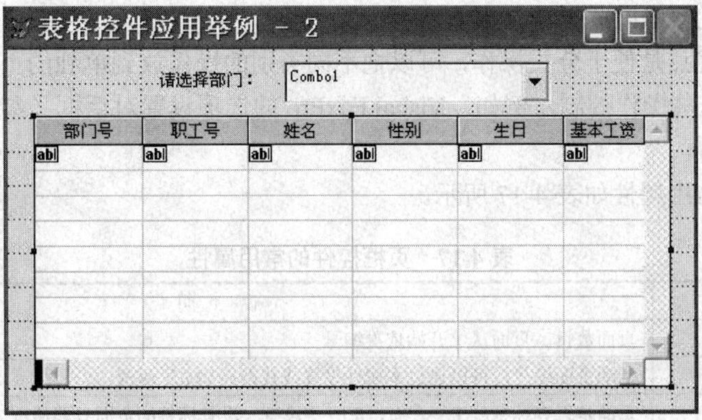

图 4-56 设计完成的表单

完成上述步骤后，表单的运行效果如图 4-57 所示。当部门选择改变时，表格中只显示选中部门的职工信息。

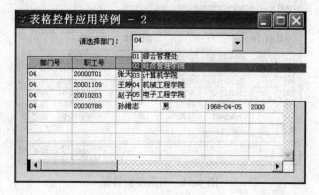

图 4-57　表单运行效果

【例 4-14】和【例 4-15】中给出了表格控件的基本用法，实际上表格控件中的列、标题和单元格等都是可以单独设计的对象，在 7.5.3 节将对表格应用进行更深入的讨论。

4.2.8　页框控件

页框也叫选项卡，其中包含若干页面，每个页面顶端凸出的部分叫页面标签（图 4-58）。

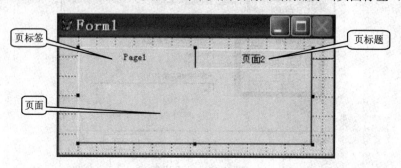

图 4-58　页面标签

每个页面可以有一个标题，通过它可以反映页面的操作功能。运行时通过页面标签选择页面，选中的页面自动叠放到最顶层，选中的页面叫活动页面。在页框上操作时，首先要选择活动页面，然后才能操作该页面。

页框控件的优点是便于分类操作，可以把不同类别的操作放到单独的页面，这样就可以通过一个表单实现这些操作控制，例如，Visual FoxPro 的选项设置对话框（参见 1.2.1 节图 1-3）就是用页框实现的。

页框控件的常用属性如表 4-17 所示。

表 4-17　页框控件的常用属性

属 性 名	类 型	说　　明
PageCount	整型	页面数目。页面从 1 开始依次编号
ActivePage	整型	活动页面编号，可以通过本属性设置或获得活动页面编号
Tabs	逻辑型	页面是否有标签。.T.——有，.F.——没有（没有标签的页面只能通过 ActivePage 属性选择或设置活动页面）

续表

属性名	类 型	说 明
TabStyle	整型	标签样式。0——两端,1——非两端。两端样式标签宽度之和等于页面宽度,非两端样式标签宽度之和一般小于页面宽度且左端对齐
TabStretch	整型	标签显示方式。0——多行显示(当页面较多,标签标题较长时,分多行显示),1——单行显示(当页面较多,标签标题较长时,自动截短标签标题并调整标签宽度)

页框控件中的每个页面都有自己单独的属性,在编辑状态下可以设置这些属性。在属性窗口对象选择下拉表中选中某一页面或右击页框控件并在弹出菜单中选择"编辑"菜单项即可进入编辑状态(图 4-59)。

图 4-59　编辑状态

在编辑状态下点击某一页面标签即可选中对应页面并编辑该页面的属性。常用的页面属性有 Name、Caption 等。

页框控件的每个页面都可以当作一个表单一样使用,可以在其上放置控件。页面上控件属性的引用方式是:

　　<表单名>.<页框控件名>.<页面名>.<控件名>.<属性名>

设计页面时需要在编辑状态下进行,选中某个页面后即可在该页面上设置控件及控件属性。

【例 4-16】 将【例 4-15】中的部门选择和职工数据编辑放到页框控件中实现,在一个页面中用下拉表选择部门,在另一个页面中用表格控件自动显示对应部门职工的职工信息。

设计一个名为 Form4_16 的表单,其数据环境设置与【例 4-15】相同。在表单上放置一个页框控件 Pageframe1,设置其 Tabs 属性为.T.、TabStyle 属性为 1、TabStretch 属性为 1、PageCount 属性为 2(第一个页面名为 Page1,第二个页面名为 Page2)。编辑设置 Page1 的标题为"部门选择",在页面上放置组合框控件 Combo1,设置其属性与【例 4-15】组合框控件 Combo1 相同。编辑设置 Page2 的标题为"职工记录编辑",在页面上放置表格控件 Grid1,设置其属性与【例 4-15】表格控件 Grid1 相同。

完成上述设置后,运行表单时在"部门选择"页面的下拉表中选择部门,在"职工记录编辑"页面中即可编辑选中部门的职工信息(图 4-60)。

【例 4-17】 编程实现在页框的一个页面中通过组合框选择数据库表,在另一个页面中通过表格控件编辑选中的表。

设计一名为 Form4_17 的表单,将 bmb、zgb 和 gzb 添加至其数据环境中。在表单上放置一个页框控件 Pageframe1,设置其 Tabs 属性为.T.、TabStyle 属性为 1、TabStretch 属性为 1、PageCount 属性为 2(第一个页面名为 Page1,第二个页面名为 Page2)。编辑设置 Page1 的标题为"表格选择",在页面上放置组合框控件 Combo1,设置其 RowSourceType 属性为 1,RowSource 属性为"1-部门表,2-职工表,3-工资表"。编辑设置 Page2 的标题为空(初始状态为无标题),在页面上放置表格控件 Grid1，所有属性均取默认值。

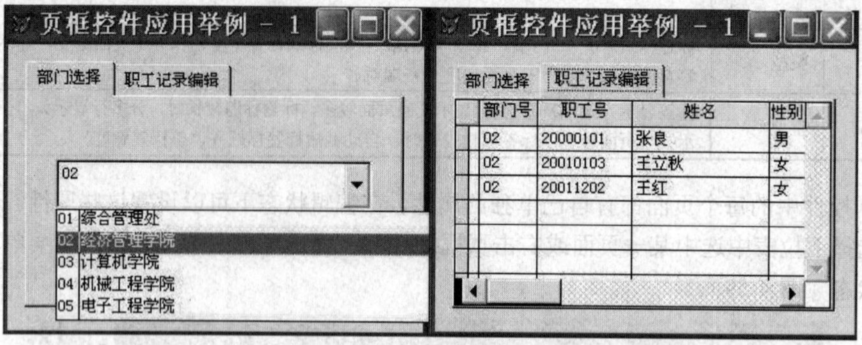

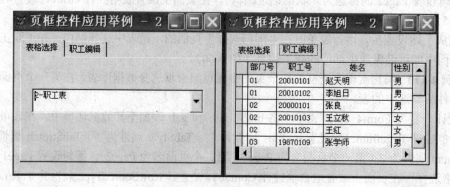

图 4-60 表单运行效果

当用户在"表格选择"页面的组合框中选择了表格时，发生 InreractiveChange 事件，应依据选择的表格设置 Page2 中的 Grid1 控件数据源属性，设计 InreractiveChange 事件的下列脚本即可实现要求：

```
CH=LEFT(This.Value,1)           && 获得选中的表格选项
DO CASE
    CASE CH="1"                 && 选择了 bmb
        ThisForm.Pageframe1.Page2.Caption="部门编辑"
        ThisForm.Pageframe1.Page2.Grid1.ColumnCount=-1
        ThisForm.Pageframe1.Page2.Grid1.RecordSource="bmb"
    CASE CH="2"                 && 选择了 zgb
        ThisForm.Pageframe1.Page2.Caption="职工编辑"
        ThisForm.Pageframe1.Page2.Grid1.ColumnCount=-1
        ThisForm.Pageframe1.Page2.Grid1.RecordSource="zgb"
    CASE CH="3"                 && 选择了 zgb
        ThisForm.Pageframe1.Page2.Caption="工资编辑"
        ThisForm.Pageframe1.Page2.Grid1.ColumnCount=-1
        ThisForm.Pageframe1.Page2.Grid1.RecordSource="gzb"
ENDCASE
```

开始运行时，假定选择 Combo1 中的第一项，即选中 bmb，设计如下 Combo1 的 Init 事件脚本即可：

```
This.ListIndex=1                && 选中第一项
This.InteractiveChange()        && 执行 Combo1 的 InteractiveChange 事件脚本
```

上述设计的表单运行效果如图 4-61 所示。

图 4-61 表单运行效果

4.2.9 计时器控件

有时需要在表单运行期间进行定时操作，比如每隔一定的时间间隔执行一次特定的操作，计时器控件可以实现这样的操作控制。

计时器控件在设计时是可见的，其标志是一个闹钟。在表单运行时计时器控件是不可见的。

计时器控件的常用属性有两个，一个是 Enabled 属性，该属性值为.T.时计时器控件有效，可以计时，该属性值为.F.时计时器控件无效并停止计时。Enabled 属性可以用于控制开始或停止计时。另一个常用属性是 Interval 属性，其属性值是一个整型数，表示定时时间间隔，计量单位为毫秒，计时器控件在开始计时后每计时 Interval 设置的毫秒数都会产生计时时间到事件，即 Timer 事件，可以在该事件脚本中执行相应的控制操作。

【例 4-18】 设计一个显示如图 4-62 所示的电子时钟的表单。

图 4-62 电子时钟

设计一名为 Form4_18 的表单，在其上放置一个标签控件 Label1（Caption 属性置为"当前的时间是："）、一个文本框控件 Text1（ReadOnly 属性置为.T.，用于显示当前时间）和一个计时器控件 Timer1（Interval 属性设置为 1000，Enabled 属性设置为.F.）（图 4-63）。

图 4-63 Form4_18 表单设计

开始执行表单时，启动 Timer1，取出当前的系统时间并写入 Text1，设计表单 Init 事件脚本如下：

```
ThisForm.Timer1.Enabled = .T.
bb=Time()
ThisForm.Text1.Value = LEFT(bb,2)+"时"+SUBSTR(bb,4,2)+"分"+RIGHT(bb,
2)+"秒"
```

当一秒钟定时时间到时，计时器控件发生 Timer 事件，可以在该事件脚本中再次取得当前的系统时间并写入 Text1：

```
bb=Time()
ThisForm.Text1.Value = LEFT(bb,2)+"时"+SUBSTR(bb,4,2)+"分"+RIGHT(bb,
2)+"秒"
```

设计完上述脚本后即可实现数字时钟显示要求。

4.2.10 节有关于计时器控件的其他应用实例。

4.2.10 微调器控件

微调器控件适用于数值范围固定且在规定范围内只能按固定增量大小取值的情况，例如输入月份数据时只能在 1～12 之间取值，且只能取 1、2、3、4、5、6、7、8、9、10、11、12，可以用微调器控件控制输入这样的数据。

设计时添加到表单上的微调器控件如图 4-64 左侧窗口所示，其运行时的状态如图 4-64 右侧窗口所示。可以在输入编辑框中直接输入数据，也可以点击调节按钮调整编辑框中的数值（上三角按钮使数值增大，下三角按钮使数值减小）。

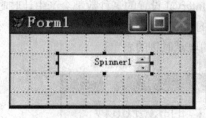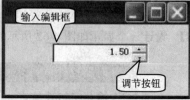

图 4-64 微调器控件

微调器控件的常用属性如表 4-18 所示。

表 4-18 微调器控件的常用属性

属 性 名	类 型	说 明
ControlSource	字符型	与微调器控件绑定的表的字段名
KeyboardHighValue	整型	从键盘可以输入的最大数值
KeyboardLowValue	整型	从键盘可以输入的最小数值
SpinnerHighValue	数值型	通过调节按钮可以调节的最大数值
SpinnerLowValue	数值型	通过调节按钮可以调节的最小数值
Increment	数值型	调节增量。增量为正数时，向上调节当前值按增量增长，向下调节当前值按增量减少。增量为负数时调节方向相反
InputMask	字符型	输入掩码（与文本框输入掩码相同）
Value	数值型	控件当前值。初始设置时的值为控件运行时的初值并决定调节精度，增量是小数时，Value 的初值也应是相同精度的小数（例如增量是 0.01，控件初值是 0，应设置 Value 初值为 0.00）

微调器控件的常用事件是 InteractiveChange 事件，该事件在 Value 值改变后发生，可以在该事件脚本中检测新的 Value 值并进行操作处理。

微调器控件的常用方法是 SetFocus 方法。

【**例 4-19**】 设计如图 4-65 所示的表单。"移动速度调节" 微调器 Spinner1 在–10～10 之间变化，当微调器为 0 时文字（Label2 控件，标题为 "水平移动的文字"）不移动，当微调器为正数时文字向右移动，数字越大移动越快，当微调器为负数时文字向左移动，数字越小移动越快。

假定设计的表单为 Form4_19，设置 Spinner1 控件的 SpinnerLowValue 和 KeyboardLowValue 属性值均为–10、SpinnerHighValue 和 KeyboardHighValue 属性值均为 10、Increment 属性值为 1，Value 属性值为 0。计时器控件 Timer1 初始设置为无效状态（Enabled 属性为.F.）。设置 Label2 的 AutoSize 属性为.T.（自动调整高度和宽度使其与标题字符串的高度和宽度一致）。

图 4-65　文字移动表单设计

假定文字每次移动 10 个像素位置，当微调器数值改变时，依据改变的量设置并启动计时器控件，微调器数值绝对值越大，计时器定时越短，每次定时时间到达时移动一次文字。为此，设计 Spinner1 的 InteractiveChange 事件脚本如下：

```
IF This.Value>10 OR This.Value<-10
    This.Value=0
ENDIF
If This.Value <> 0  && 设置速度值不是 0 时
    ThisForm.Timer1.Enabled = .F.    && 关闭定时
    * 设置定时时间间隔为 100 /|定时值|，变化范围为 100-10 毫秒
    ThisForm.Timer1.Interval = 100*ABS(1/This.Value)
    ThisForm.Timer1.Enabled = .T.    && 启动定时
ELSE
    ThisForm.Timer1.Enabled = .F.    && 关闭定时
ENDIF
```

在计时器时间到达时，向指定方向移动一次文字，只要调整控件的 Left 属性即可。设计 Timer1 的 Timer 事件脚本如下：

```
Ch=Sign(ThisForm.Spinner1.Value)           && 取微调器设置值符号
* 向指定方向移动一次
ThisForm.Label2.left = ThisForm.Label2.left + 10*Ch
* 向右移动时文字的左边界是否移出表单右边界判断
IF Ch>0 AND ThisForm.Label2.left>ThisForm.Width - 1
    * 移出了右边界，从左边界移入
    ThisForm.Label2.left= - ThisForm.Label2.Width + 1
ENDIF
* 向左移动时文字的右边界是否移出表单左边界判断
IF Ch<0 AND ThisForm.Label2.left+ThisForm.Label2.Width < 0
    * 移出了左边界，从右边界移入
    ThisForm.Label2.left = ThisForm.Width - 1
ENDIF
```

完成上述设计后即可运行测试表单，初始时微调器为 0，文字不动，调整微调器的值为正数时，文字向右移动，移动速度随数字的增大而加快。当调整微调器为 0 时，文字停止不动。向负数方向调整时文字向左移动，移动速度随绝对值增大而增大。

所有控件都可以在运行时通过调整其 Left 属性和 Top 属性来移动位置。

4.2.11　线条、形状、图像控件

线条、形状和图像控件主要用于美化表单界面，一般不需要编写其事件脚本代码。线条控件的常用属性如表 4-19 所示。形状控件的常用属性如表 4-20 所示。图像控件的常用属性如表 4-21 所示。

表 4-19　线条控件的常用属性

属 性 名	类 型	说 明
BorderColor	数值型	线条颜色，可以用三原色设置，例如 255,0,0 表示红色，0,255,0 表示绿色，0,0,255 表示蓝色
BorderStyle	整型	线型。0——透明，1——实线（默认值），2——虚线，3——点线，4——点划线，5——双点划线，6——内实线
BorderWidth	整型	线宽。以磅值表示，磅值越大，线条越宽
Height	整型	高度
Width	整型	宽度。与高度、Left、Top 共同决定线条的倾斜方向

表 4-20　形状控件的常用属性

属 性 名	类 型	说 明
Curvature	整型	曲率。取值范围为 0～99，0 为矩形，99 为圆（宽高相等时为圆，否则为椭圆），中间值为圆角矩形
BorderColor	数值型	边框线条颜色，可以用三原色设置
BorderStyle	整型	边框线型。0——透明，1——实线（默认值），2——虚线，3——点线，4——点划线，5——双点划线，6——内实线
BorderWidth	整型	边框线宽
Height	整型	边框高度
Width	整型	边框宽度
BackColor	数值型	背景色。可以用三原色设置
BackStyle	整型	背景方式。0——透明，1——不透明（默认值）。透明设置忽略背景色
FillColor	数值型	填充色。可以用三原色设置
FillStyle	整型	填充方式。0——实线，1——透明（默认值），2——水平线，3——垂直线，4——向上对角线，5——向下对角线，6——交叉线，7——对角交叉线。填充颜色自动覆盖背景颜色
SpecialEffect	整型	形状效果。0——三维，1——平面

表 4-21　图像控件的常用属性

属 性 名	类 型	说 明
Picture	字符型	图像文件的全路径字符串，例如 C:\pictures\exa.jpg 表示 C 盘根目录下 pictures 文件夹中的 exa.jpg 文件
BorderColor	数值型	边框线条颜色，可以用三原色设置
BorderStyle	整型	边框线型。0——无，1——固定单线（默认值）
Stretch	整型	图像调整方式。0——剪裁（默认），1——等比填充，2——变比填充。剪裁方式将把图像右下多余的部分裁掉以适应控件的宽度和高度。等比填充方式将等比例放大或缩小图像以适应控件的宽度或高度。变比填充方式将按图像控件实际大小调整图像尺寸

4.3　自动表单生成与调整

　　利用表单设计器设计者可以充分发挥自己的设计才能，设计出千变万化的表单。也可以利用表单向导设计表单，然后再对向导生成的表单进行适当的修改以适应设计者的要求，这对初学者而言不失是一种简单、快捷的表单设计方法。

　　利用表单向导设计表单的步骤如下所述。

　　<1> 在项目管理器中选中"文档"中的"表单"，然后点击"新建"按钮并在"新建表单"对话框（图 4-66 左上）中点击"表单向导"按钮，或选择"文件"菜单的"新建"菜单项（点击"新建"工具栏按钮亦可）并在"新建"对话框（图 4-66 右侧）中选中"表单"并点击"向

导"按钮，系统显示"向导选取"对话框（图4-66左下）。

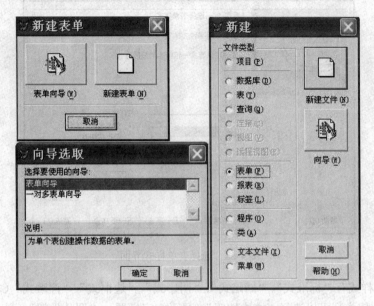

图4-66 建立表单时的操作对话框

　　<2> 在向导选取对话框中可以选择"表单向导"或"一对多表单向导"，"表单向导"用于建立普通表单，"一对多表单向导"用于建立一对多表单（参阅4.2.7节【例4-15】）。选择"表单向导"时，系统显示"表单向导"对话框（图4-67）。

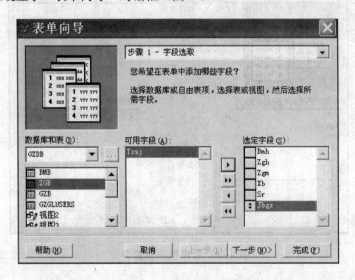

图4-67 表单向导对话框

　　<3> 向导对话框中数据库、表、可用字段、选定字段等的操作方式与前述控件生成器（如列表框、表格等控件生成器）完全相同，选择完数据库、表及选定字段（如选择 ZGB 的所有字段），点击"下一步"按钮，系统进入向导第二步操作界面（图 4-68），即选择表单样式界面。

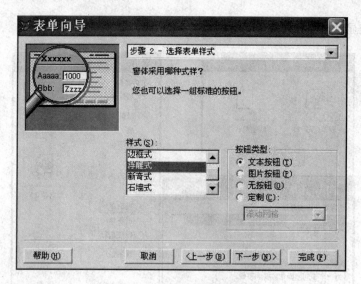

图 4-68　选择表单样式界面

　　<4> 表单样式有"标准式"、"凹陷式"、"阴影式"、"边框式"、"浮雕式"（本例选中的样式）……，按钮类型可以选择"文本按钮"（显示文字标题）、"图片按钮"（显示图片）、"无按钮"或"定制"等，一般选择"文本按钮"（本例的选择）或"图片按钮"，选中后，点击"下一步"按钮，系统进入向导第三步操作界面（图4-69），即选择排序次序界面。

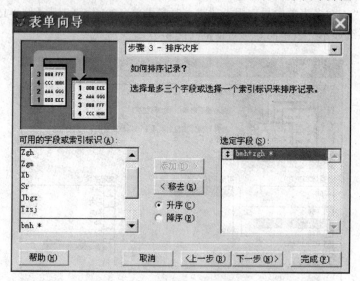

图 4-69　排序次序设置界面

　　<5> 在"可用的字段或索引标识"列表中列出了所有选定字段和对应表的索引标识（索引表达式），选中排序字段或索引（本例选择 bmh+zgh 索引）后，"添加"按钮有效，然后点击"添加"按钮即可把相应排序字段或索引添加到"选定字段"列表中；选中"选定字段"列表中的排序字段或索引后，可以选择排序方向是升序还是降序，点击"移去"按钮可以移出相应的字段或索引。设置完排序次序后，点击"下一步"按钮，系统进入向导第四步操作界面（图4-70），即完成界面。

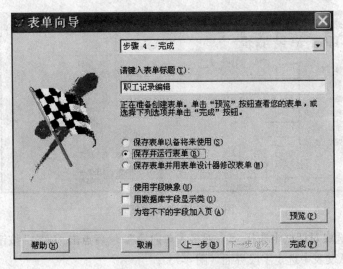

图 4-70 向导完成界面

<6> 可以输入一个表单标题（本例为"职工记录编辑"），然后选择表单处理方式，可以选择"保存表单以备将来使用"（保存后即结束）或"保存并运行表单"（本例选择），然后点击"完成"按钮，系统显示"另存为"对话框（参阅 2.3.1 节图 2-5）。

<7> 在"保存为："下拉列表中可以选择保存的文件夹，在"保存表单为："输入框中可以编辑修改文件名（本例为 zgbj，扩展名不需要修改）然后点击"保存"按钮，系统即把当前表单以指定的文件名保存到指定文件夹中，然后运行该表单（在"完成"界面中选择"保存并运行表单"时才会运行表单），运行效果如图 4-71 所示。点击移动记录指针按钮（"第一个"、"前一个"、"下一个"和"最后一个"）可以移动记录指针，点击"添加"按钮可以添加新记录，点击"编辑"按钮可以编辑当前记录，点击"删除"按钮可以删除当前记录。点击"添加"或"编辑"按钮后，界面变为如图 4-72（点击了"添加"按钮）所示的样式，这时可以编辑输入职工记录，点击"保存"按钮编辑输入结果被保存到数据库中，点击"还原"按钮则取消新添加的记录或恢复被编辑修改的记录。

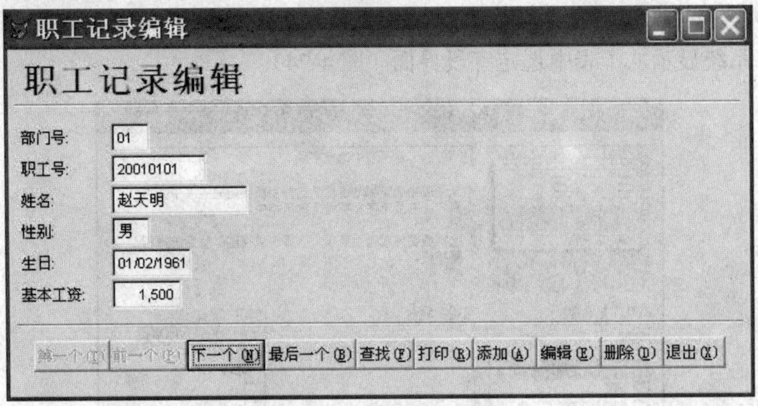

图 4-71 编辑记录状态

一对多表单用于处理一对多联系，以 bmb 和 zgb 为例，二者之间存在一对多联系，可以利用向导生成一对多表单来处理 bmb 和 zgb 之间的一对多联系，操作步骤如下：

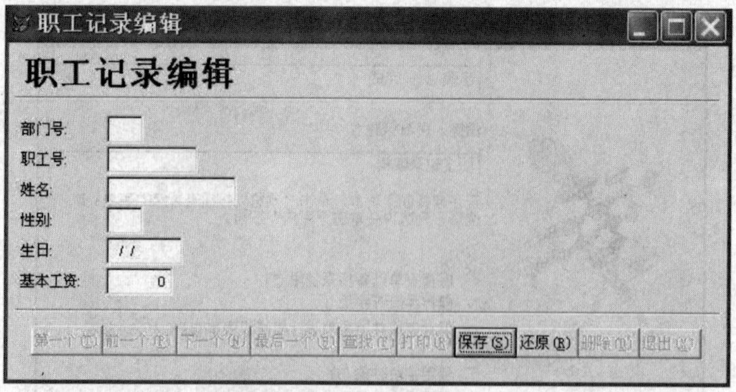

图 4-72   添加记录状态

<1> 在向导选取对话框中选择"一对多表单向导",然后点击"确定"按钮,系统显示"一对多表单向导"从父表中选定字段界面(图 4-73);

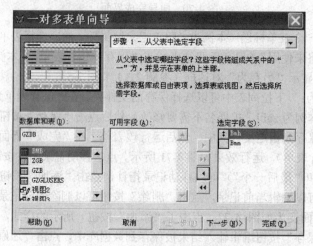

图 4-73   从父表中选定字段界面

<2> 在从父表中选定字段界面中选定数据库及父表 BMB 并选定其所有字段,然后点击"下一步"按钮,系统显示从子表中选定字段界面(图 4-74);

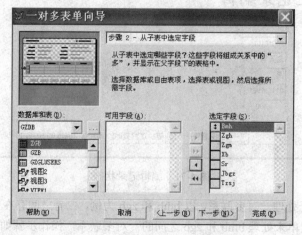

图 4-74   从子表中选定字段界面

<3> 在从子表中选定字段界面中选定子表 ZGB 并选定其所有字段，然后点击"下一步"按钮，系统显示建立表之间的关系界面（图 4-75）；

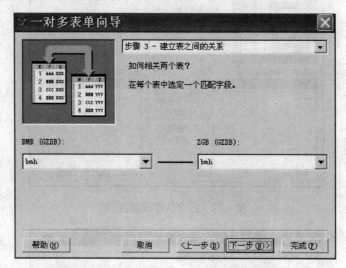

图 4-75　建立表之间的关系界面

<4> 在主表（本例为 BMB）字段下拉列表中选择联系字段（本例为 bmh），在子表（本例为 ZGB）字段下拉列表选定联系字段（本例为 bmh），点击"下一步"按钮，系统显示选择表单样式界面（图 4-76）；

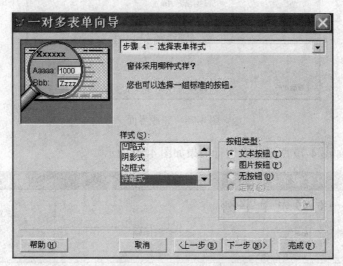

图 4-76　选择表单样式界面

<5> 在选择表单样式界面中可以选择表单样式（本例选择"浮雕式"）和按钮类型（本例选择"文本按钮"）。选择完成后点击"下一步"按钮，系统显示排序次序设置界面（图 4-77）；

<6> 可以按字段或索引标识（后缀星号的是索引标识）排列父表记录（本例选择 Bmh），选择排序字段（或索引标识）后，点击"下一步"按钮，系统显示完成界面（图 7-78）；

<7> 可以设置表单标题（本例为"一对多表单举例"）和其他选项，设置完成后点击"完成"按钮，系统显示"另存为"对话框，假定保存文件名为 bmb_zgb.scx。

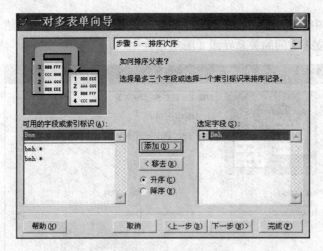

图 4-77 排序次序设置界面

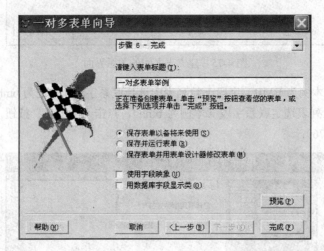

图 4-78 完成界面

生成的表单如图 4-79 所示，其运行效果如图 4-80 所示。

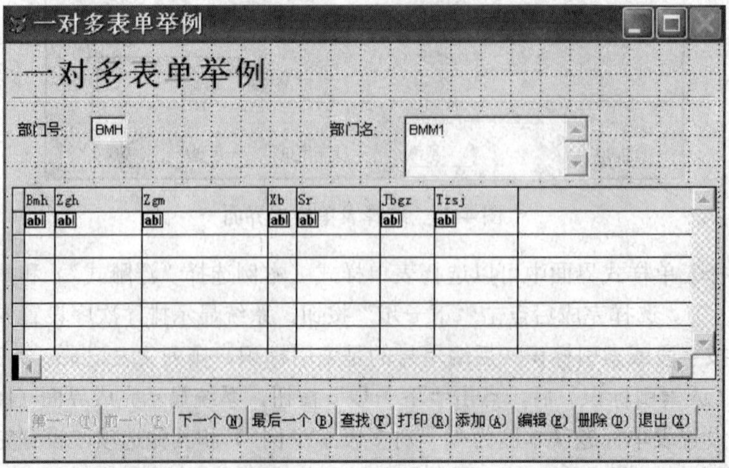

图 4-79 生成的一对多表单

图 4-80 表单运行效果

对于一些数据编辑录入表单而言，利用向导自动生成即可，这样既可快速设计出功能完善的表单，同时又不涉及复杂的程序代码设计。可以对自动生成的表单进行适当的修改和调整以满足设计要求，可以调整的内容包括表单、控件的属性设置等。例如，图 4-80 中列的标题可以修改为汉字标题、日期显示格式可以修改为汉语日期格式。

本章小结与深入学习提示

1. 表单即 Windows 窗口，是 Visual FoxPro 应用程序设计的核心。掌握表单设计是掌握 Visual FoxPro 并进而学习其他可视化程序开发工具的基础。

2. 表单有不同的类型，应根据实际设计功能要求选择合适的表单类型。从界面特征上可以把表单分为 MDI 表单和 SDI 表单，从表单层次结构上可以把表单分为顶层表单和子表单，从表单操作特征上可以把表单分为模式化表单和非模式化表单。

3. 表单功能一般是通过表单上的控件实现的。表单上的控件布局可以整体调整，也可以通过单独设置每个控件的布局属性（Left，Top，Width，Height）调整。

4. 表单控件可以在运行表单时通过键盘 Tab 键选择，选择的顺序即控件的 Tab 顺序可以在设计时设置。

5. 表单数据环境即表单运行时打开的表和视图（数据环境对象）。表单可以直接处理数据环境对象，就像操作已经在工作区中打开的表一样。可以直接拖动数据环境对象的字段到表单中生成控件。

6. 控件应用是表单设计的关键，依据功能设计要求合理选择表单控件并设计必要的事件脚本代码是控件应用的核心。

习 题 4

1. 哪些属性影响表单的输出字体？请举例说明。

2. 在表单中可以通过 USE 命令打开表，也可以通过数据环境打开表，设计两个简单的表单，一个在 INIT 事件脚本中打开 bmb，另一个通过数据环境打开 bmb，在表单上通过两个文本框控件编辑修改 bmh 和 bmm 字段，比较两种表打开方式的区别。

3. 假定表单 Form1 上有一个选项按钮组控件 Optiongroup1，控件中有 Option1、Option2 两个选项按钮，假定要在打开表单时用下列赋值语句设置 Option1 的标题：

```
This.Optiongroup1.Option1.Caption ="选项1"
```

将该语句放在表单 Load 事件脚本中是否可以？为什么？放在 Init 事件脚本中可以吗？为什么？

4. 假定在关闭习题 3 的表单时检查选项按钮组的选择状态，可以在表单脚本中通过选项按钮组 Value（初值 0）属性来判断选中的按钮序号：

```
IF This.Optiongroup1.Value = 1
    MessageBox("选中了按钮1","提示! ")
ELSE
    MessageBox("选中了按钮2","提示! ")
ENDIF
```

可否把上述代码放到表单 Unload 事件脚本中？放在 Destroy 事件脚本中呢？

5. 能否用命令按钮实现 zgb 的性别输入？如果能，设计表单尝试一下。

6. 假定表单上有 Text1、Text2、Text3 三个文本框控件，它们的 ReadOnly 属性均设为.F. 且 MaxLength 均大于 0。如果希望打开表单时自动把焦点置于 Text1，在按回车键结束 Text1 输入时自动把焦点移到 Text2，同样，按回车键结束 Text2 输入时自动把焦点移到 Text3。请找出实现上述设计要求的方法并举例说明之。

7. zgb 中有性别字段，字段名为 xb，假定 xb 取值只有"男"、"女"两种，可以用哪些控件实现性别输入呢？在可能的控件中，那个控件更适合于性别输入呢？为什么？

8. 请设计一个表单，在该表单上有一个小小的圆环（用形状控件实现），设计合适的控件及脚本代码使得该圆环在表单内随机移动，当圆环移出（整体移出）表单时将其自动重置于表单中心位置。

9. 设置【例 4-4】表单数据环境对象的缓冲方式（BufferModeOverride）依次为不同设置值，测试比较 TABLEUPDATE() 的执行情况。

第 5 章　菜单、报表设计

　　菜单是应用程序最重要的操作界面，通过菜单可以把应用程序的各功能模块（表单、程序等）有机地联系起来形成一个整体。用户通过菜单可以了解应用程序的基本功能和进行应用程序操作。

　　在数据库应用程序中，一般需要打印输出各种数据报表，这些报表都有确定的格式和用途，有些报表是上级主管部门要求的，有些报表是本单位管理工作需要的。打印报表可以作为管理资料永久保存，其作用是屏幕显示输出所不能替代的。

5.1　菜　　单

　　Visual FoxPro 支持菜单定义，典型的菜单分为下拉式菜单和快捷菜单两种。下拉式菜单也叫条形菜单，Visual FoxPro 主菜单就是一个典型的条形菜单。快捷菜单是指在应用程序操作界面中右击鼠标时所弹出的菜单，其显示位置随鼠标光标位置动态改变。

5.1.1　下拉式菜单

　　下拉式菜单由一个菜单条（Menu Bar）和一组下拉菜单（Dropdown Menu）组成（图 5-1）。菜单条也叫菜单栏，其中的文字叫做菜单标题，每个菜单标题可以是产生实际操作动作的菜单项（Menu Item），也可以是子菜单名（Submenu Name）。点击菜单条上的子菜单名时弹出的下拉菜单为子菜单。子菜单中又可以包含新的子菜单名（多级菜单）和菜单项。

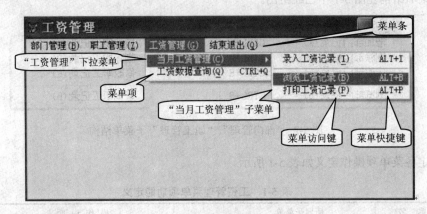

图 5-1　菜单的组成

　　可以为菜单项指定访问键（Access Key）和快捷键（Shortcut Key）。访问键在对应的子菜单处于活动状态（弹出状态）时可以使用，这时按下相应的键即可快速选中对应的菜单项（与用鼠标点击效果相同）。快捷键无论对应的子菜单是否处于活动状态均可使用，按下快捷键可以直接选中各级子菜单中对应的菜单项。快捷键一般选择函数功能键（F1～F12）或组合键

（Ctrl+<字母>或 Alt+<字母>）。

Visual FoxPro 菜单定义保存在菜单文件中，其文件扩展名是.mnx。菜单需要编译生成菜单程序才能运行，菜单程序的扩展名是.mpr。

5.1.2 快捷菜单

快捷菜单从属于某个界面对象，当用鼠标右击该对象时，就会在鼠标光标位置弹出快捷菜单。快捷菜单通常列出与处理对象有关的一些功能操作命令。

5.2 下拉式菜单应用

下拉式菜单是应用程序的重要内容，绝大多数 Windows 应用程序都采用下拉式菜单为用户提供操作接口。

学会设计和应用下拉式菜单是掌握 Visual FoxPro 应用程序设计的核心技术之一。

5.2.1 创建下拉式菜单

在设计下拉式菜单之前，首先需要规划菜单结构，然后才能实际设计相应的菜单。可以利用 Visual FoxPro 菜单设计器设计菜单，设计步骤如下：

<1> 打开菜单设计器；

<2> 设计菜单；

<3> 菜单选项设置；

<4> 保存菜单；

<5> 生成菜单程序。

以设计图 5-1 的菜单为例，假定"部门管理"、"职工管理"子菜单如图 5-2 所示。"工资管理"子菜单结构在图 5-1 中已经给出。

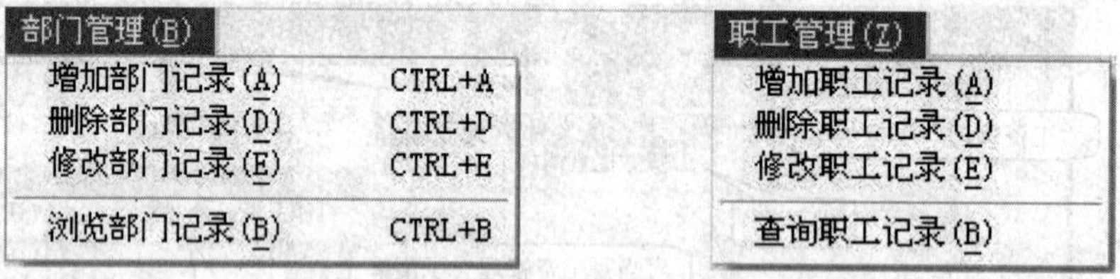

图 5-2 "部门管理"、"职工管理"子菜单结构

假定各菜单项操作定义如表 5-1 所示。

表 5-1 工资管理菜单项功能定义

菜 单 名	所属子菜单	操 作 说 明
结束退出	菜单条	关闭主表单 zhubiaodan.scx
增加部门记录	部门管理	打开"增加部门记录"表单 bm_zj.scx
删除部门记录	部门管理	打开"删除部门记录"表单 bm_sc.scx
修改部门记录	部门管理	打开"修改部门记录"表单 bm_xg.scx
浏览部门记录	部门管理	打开"浏览部门记录"表单 bm_ll.scx
增加职工记录	职工管理	打开"增加职工记录"表单 zg_zj.scx

续表

菜 单 名	所属子菜单	操 作 说 明
删除职工记录	职工管理	打开"删除职工记录"表单 zg_sc.scx
修改职工记录	职工管理	打开"修改职工记录"表单 zg_xg.scx
查询职工记录	职工管理	打开"查询职工记录"表单 zg_cx.scx
录入工资记录	工资管理→当月工资管理	打开"录入工资记录"表单 gz_lr.scx
浏览工资记录	工资管理→当月工资管理	打开"浏览工资记录"表单 gz_ll.scx
打印工资记录	工资管理→当月工资管理	打开"打印工资记录"表单 gz_dy.scx
工资数据查询	工资管理	打开"工资数据查询"表单 gz_cx.scx

1．打开菜单设计器

打开菜单设计器的步骤如下：

<1> 在项目管理器中选中"其他"选项卡中的"菜单"节点，然后点击"新建"按钮打开"新建菜单"对话框（图 5-3）。选择"文件"菜单的"新建"菜单项或点击"新建"工具栏按钮，然后在"新建"对话框中选中"菜单"文件类型并点击"新建文件"按钮，或者在命令窗口中执行命令：CREATE MENU [<菜单文件名>]亦可打开"新建菜单"对话框；

图 5-3　新建菜单对话框

<2> 点击"新建菜单"对话框中的"菜单"按钮即可打开菜单设计器窗口（图 5-4）。

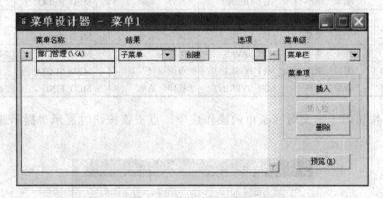

图 5-4　菜单设计器窗口

菜单设计器标题栏中的"菜单 1"为缺省的菜单文件名，如果是用 CREATE MENU 命令启动菜单设计器并指定了菜单文件名，则在标题栏显示指定的菜单文件名。

2．设计菜单

菜单设计器中每一行定义一个菜单标题（子菜单或菜单项）。点击"插入"按钮可以在当前正在编辑的菜单定义行之前插入一个菜单定义行，点击"删除"按钮可以删除当前正在编辑的菜单定义行。点击"预览"按钮可以预览菜单。点击"插入栏"按钮可以在当前正在编辑的菜单定义行之前插入一个系统菜单栏。

"菜单级"下拉列表用于选择当前设计的菜单，其中包含"菜单栏"和当前正在编辑的子菜单及其上级子菜单名（只取前 10 个字符），选中"菜单栏"时，设计器中列出菜单条上的各菜单标题，这时可以设计菜单条。打开菜单设计器时自动开始菜单条设计。

"菜单名称"输入框用于输入菜单标题。可以在菜单名称中指定访问键，用反斜杠（\）后跟小于号（<）引导访问键字母即可，图 5-4 中的"\<A"表示字母 A 是该菜单的访问键。在子

菜单中可以定义分隔线，在菜单名称输入框中输入反斜杠后跟一个减号（\—）即可。

"结果"下拉表用于指定对应的菜单标题的类别，对于菜单栏中的菜单标题而言，可以选择"子菜单"、"命令"、"过程"或"填充名称"，对于子菜单而言，可以选择"子菜单"、"命令"、"过程"或"菜单项 #"。选择"子菜单"时表示对应的菜单标题为子菜单标题，点击"创建"按钮即可编辑建立相应的子菜单（如果对应的子菜单已创建，"结果"列后自动显示"编辑"按钮，点击该按钮即可进入相应子菜单编辑界面，在"菜单级"下拉表中选择"菜单栏"才能返回菜单条编辑界面）。选择"命令"表示选中该菜单时执行一个 Visual FoxPro 命令，这时在"结果"列后自动给出一个命令输入框，可以编辑输入一个操作命令。选择"过程"表示选中该菜单时执行一个 Visual FoxPro 子程序，点击"创建"按钮即可编辑建立相应的子程序（如果对应的子程序已创建，"结果"列后自动显示"编辑"按钮，点击该按钮即可编辑相应的子程序）。选择"菜单项 #"时，可以为对应的菜单指定一个内部名（菜单编号），在程序中可以直接引用该内部名以完成相应的菜单操作，可以利用系统菜单的内部名定义菜单（参见例 5-1），常用的系统菜单内部名如表 5-2 所示。

表 5-2　常用系统菜单内部名（菜单编号）

系统菜单条内部名	对应菜单名	"文件"菜单内部名	对应菜单名	"编辑"菜单内部名	对应菜单名
_MSYSMENU	系统菜单条	_MFILE	"文件"下拉菜单	_MEDIT	"编辑"下拉菜单
_MSM_FILE	"文件"菜单	_MFI_NEW	"新建"菜单	_MED_UNDO	"撤消"菜单
_MSM_EDIT	"编辑"菜单	_MFI_OPEN	"打开"菜单	_MED_REDO	"重做"菜单
_MSM_TEXT	"格式"菜单	_MFI_CLOSE	"关闭"菜单	_MED_CUT	"剪切"菜单
_MSM_TOOLS	"工具"菜单	_MFI_SAVE	"保存"菜单	_MED_COPY	"复制"菜单
_MSM_PROG	"程序"菜单	_MFI_SAVAS	"另存为"菜单	_MED_PASTE	"粘贴"菜单
_MSM_WINDO	"窗口"菜单	_MFI_PGSET	"页面设置"菜单	_MED_SLCTA	"全部选定"菜单
_MSM_SYSTM	"帮助"菜单	_MFI_SYPRINT	"打印"菜单	_MED_FIND	"查找"菜单

"选项"按钮用于定义对应菜单的操作选项，点击该按钮时显示"提示选项"对话框（图 5-5）。

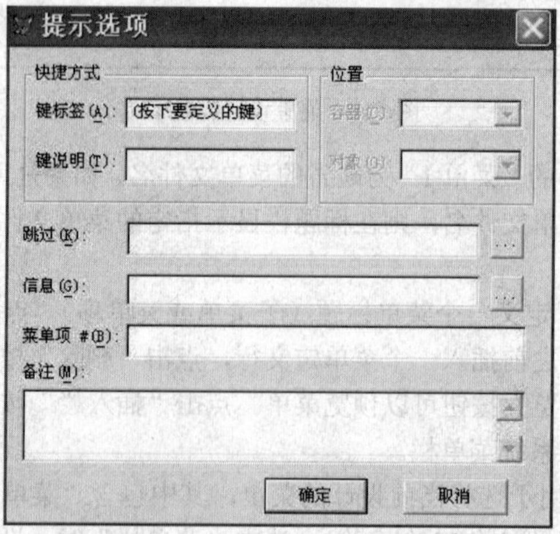

图 5-5　提示选项对话框

对话框中"快捷方式"的"键标签"文本框用于显示快捷键组合，将光标置于该输入框，然后按下相应的组合键，即会在该文本框中显示按下的组合键。"键说明"输入框用于指定对应快捷键的菜单提示，一般应选择与组合键一致（按下组合键后自动用相应的组合键填充该文本框）。以按下 Ctrl+R 为例，"键标签"和"键说明"文本框的内容均为 Ctrl+R。"跳过"输入框用于定义一个逻辑表达式，可以直接输入该表达式或点击输入框右端的按钮打开表达式生成器编辑生成该表达式。程序执行时，如果表达式的值为.T.，则对应的菜单项无效，否则有效。"信息"输入框用于输入菜单提示文本字符串（需要加字符串定界符），当选中该菜单项时，该提示文本将自动在 Visual FoxPro 的状态栏中显示。

按上述设计说明，可以设计出图 5-1 的各级菜单（图 5-6、图 5-7、图 5-8）。

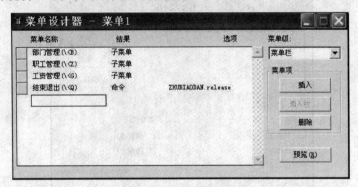

图 5-6 菜单栏定义

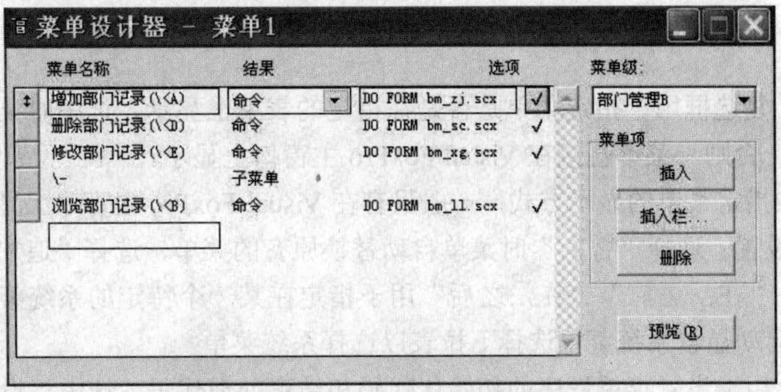

图 5-7 部门管理子菜单定义

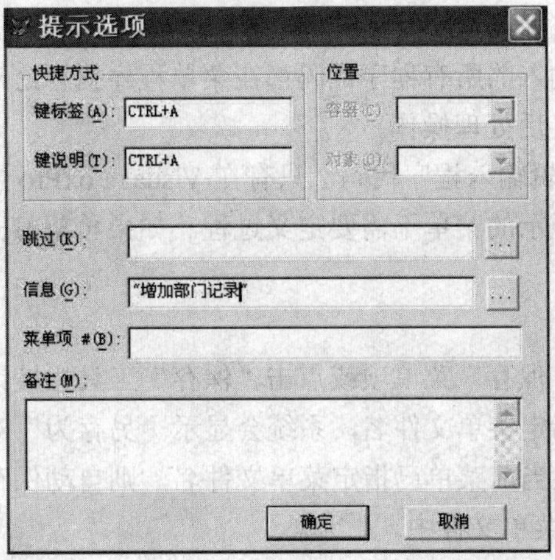

图 5-8 增加部门记录菜单项提示选项定义

3. 菜单选项设置

菜单选项设置包括常规选项和菜单选项两类。常规选项是针对整个菜单程序的，菜单选项是针对具体的菜单级的，对"菜单级"下拉表中的每个菜单级均可设置单独的菜单选项。本书只介绍常规选项设置。

在打开菜单设计器后，系统菜单的"显示"菜单中自动出现"常规选项"和"菜单选项"菜单项。选择"常规选项"菜单，系统打开"常规选项"设置对话框（图5-9）。

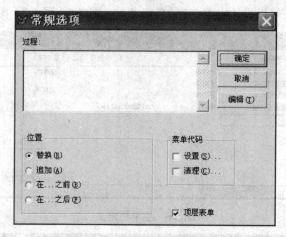

图 5-9 常规选项设置对话框

"顶层表单"复选框用于指定菜单是否是在指定的表单上显示，选中时菜单在应用程序的顶层表单中显示，否则，菜单直接在 Visual FoxPro 主窗口上显示。

"位置"选项指定菜单的显示方式，一般只有在 Visual FoxPro 主窗口上显示的菜单（非顶层表单）才需要设置。选择"替换"时菜单自动替换原有的菜单，选择"追加"则菜单在原有的菜单之后显示，"在...之前"、"在...之后"用于指定在某一个特定的系统菜单之前或之后显示，选择时其后自动显示系统菜单选择下拉表以选择系统菜单。

"菜单代码"用于设置菜单程序的初始化代码和结束处理代码。选中"设置"复选框时，系统自动打开"设置"代码编辑窗口，在该窗口输入的所有程序代码都在菜单程序开始执行之前执行，可以在该代码中进行菜单初始化操作。选中"清理"复选框时，系统自动打开"清理"代码编辑窗口，在该窗口输入的所有程序代码都在菜单程序执行之后（菜单显示出来之后）执行，可以在该代码中进行善后处理操作。

"过程"编辑框用于编辑输入程序代码。只有在 Visual FoxPro 主窗口上显示的菜单过程定义才有效，在顶层表单中显示的菜单不需要定义过程。如果希望打开一个编辑窗口编辑过程，点击"编辑"按钮即可。

4. 保存菜单

选择"文件"菜单的"保存"菜单项或点击"保存"工具栏按钮即可保存当前正在编辑的菜单。如果当前菜单尚未指定菜单文件名，系统会显示"另存为"对话框，其操作方法与其他文件的保存操作相同。如果当前菜单已指定菜单文件名，则自动保存该文件。假定前述设计的菜单保存到 zhucaidan.mnx 菜单文件中。

可以用菜单设计器编辑修改已建立的菜单文件。

在项目管理器中选中指定的菜单文件，然后点击"修改"按钮；也可选择"打开"菜单（工具栏按钮亦可），然后在"打开"对话框中选择"菜单"文件类型并浏览选择指定菜单文件；或在命令窗口中执行 MODIFY MENU <菜单文件名>命令均可打开菜单设计器并编辑修改相应菜单。

5．生成菜单程序

菜单文件不能直接用于建立菜单，必须由菜单文件生成菜单程序，在应用程序中执行菜单程序才能建立和显示菜单。菜单程序保存在特定的菜单程序文件中。

以 zhucaidan.mnx 为例，生成菜单程序的步骤如下：

<1> 打开菜单文件 zhucaidan.mnx（启动菜单设计器），系统菜单中显示"菜单"菜单；

<2> 选择"菜单"菜单中"生成"菜单项，系统显示"生成菜单"对话框（图 5-10）；

图 5-10　生成菜单对话框

<3> 可以直接在"输出文件"编辑框中输入待生成的菜单程序文件全路径字符串，也可点击编辑框右侧的浏览选择按钮打开"另存为"对话框浏览选择保存的文件夹和输入菜单程序文件名。缺省的路径是默认目录，缺省的菜单程序文件名与菜单文件名相同。设置完成后，点击"生成"按钮，如果菜单程序文件已经存在则提示是否覆盖原文件，确认后开始生成程序过程。如果菜单程序文件尚未生成则自动开始生成过程。生成的菜单程序文件扩展名是.mpr。

5.2.2　运行菜单程序

运行菜单程序后才能实际显示菜单。依据菜单常规选项的不同设置，菜单程序的运行方式是不同的。

1．在顶层表单上显示菜单

对于常规选项选择了"顶层表单"的菜单，其对应的顶层表单的 ShowWindow 属性需要设置为 2（顶层表单），AlwaysOnTop 和 DeskTop 属性一般应设置为.T.。以图 5-1 的表单为例，假定其文件名为 zhubiaodan.scx，其属性如上设置，其 Caption 属性设置为"工资管理"。在 zhubiaodan 上显示和撤消 5.2.1 节设计的菜单的方法如下。

在顶层表单的 Init 事件脚本中运行菜单程序，其命令语法格式为：

```
DO <菜单程序文件名>.MPR WITH THIS [, <菜单内部名字符串>]
```

例如，在 zhubiaodan.scx 的 Init 事件脚本中添加如下语句即可在运行表单时显示菜单：

```
DO zhucaidan.mpr WITH THIS, "ZCD"
```

命令中可以省略菜单内部名，这时自动取菜单程序文件名（不含扩展名）为菜单内部名。菜单内部名供表单事件脚本引用。

在撤消表单时需要撤消菜单，在顶层表单的 Destroy 事件脚本中撤消菜单，其命令语法格式为：

```
Release Menu <菜单内部名>
```

例如，在 zhubiaodan.scx 的 Destroy 事件脚本中添加如下语句即可在撤消表单时撤消菜单：

```
Release Menu ZCD
```

完成上述设置后，在运行 zhubiaodan.scx 时即可显示 zhucaidan.mnx 定义的菜单，其效果与图 5-1 完全相同。

2. 在 Visual FoxPro 主窗口上显示菜单

对于常规选项设置未选择"顶层表单"的菜单，其显示窗口为 Visual FoxPro 主窗口，可以在命令窗口或程序代码中用 DO 命令执行菜单程序，其语法格式如下：

```
DO <菜单程序文件名>.MPR
```

当菜单常规"位置"选项选择"替换"时，将会用相应的菜单替换掉 Visual FoxPro 系统菜单（图 5-11），当"位置"选项选择"追加"时，相应的菜单会自动在 Visual FoxPro 系统菜单末尾显示（图 5-12）。

图 5-11 替换系统菜单效果

图 5-12 追加效果

在调试状态下，一般需要在菜单调试之后恢复 Visual FoxPro 主菜单，可以采用如下两种方式实现：

（1）执行 SET　SYSMENU　TO　DEFAULT 命令恢复 Visual FoxPro 主菜单；

（2）在执行菜单程序之前用 PUSH　MENU　_MSYSMENU 保存系统菜单，在需要恢复系统菜单时执行 POP　MENU　_MSYSMENU 命令即可恢复保存的系统菜单。

3. 协调 Visual FoxPro 主窗口菜单与主表单

对于常规选项设置未选择"顶层表单"的菜单，有时可能需要把它与某一表单协调显示，否则可能会有异常。例如，图 5-11、图 5-12 的菜单操作，如果选择"结束退出"菜单项，因为该菜单命令为 zhubiaodan.Release，而 zhubiaodan.scx 根本没有打开，因此会产生语法错误。可以选择在表单 zhubiaodan.scx 中显示和撤消菜单。

要协调上述表单和菜单，首先需要 zhubiaodan.scx 的属性满足一定的要求，ShowWindow

属性需要设置为 1（在顶层表单中），**AlwaysOnTop** 和 **DeskTop** 属性均应设置为.F.。为防止通过表单控制盒关闭表单，可以把表单的 **TitleBar** 置为 0（关闭，即没有标题）或把表单的 **Closable** 属性置为.F.（不允许通过表单控制盒关闭表单）。

可以在表单的 **Load** 事件脚本中先保存系统菜单，然后运行菜单程序（在主窗口上显示菜单）：

```
PUSH MENU _MSYSMENU
DO zhucaidan.mpr
```

在表单的 Unload 事件脚本中恢复系统菜单：

```
POP MENU _MSYSMENU
```

完成上述设计后运行 zhubiaodan.scx 的效果如图 5-13 所示。

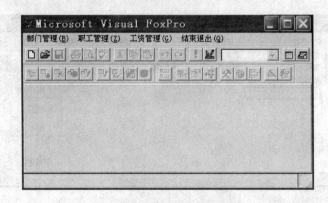

图 5-13　协调非顶层表单、主窗口和菜单

【例 5-1】 设计一个包含"页面设置"、"剪切"、"粘贴"等系统菜单项的菜单（参见图 5-14）。

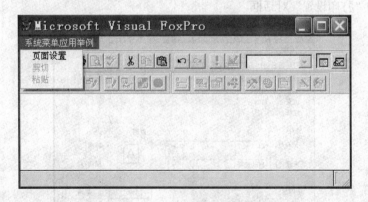

图 5-14　系统菜单引用举例

假定建立的菜单文件名为 menu1.mnx，可以按下列步骤建立该菜单。

<1> 在命令窗口执行 CREATE MENU menu1 命令打开菜单设计器，菜单栏只建立"系统菜单应用举例"一个子菜单标题（图 5-15）。

<2> 点击"系统菜单应用举例"子菜单项"创建"按钮，编辑建立该子菜单（图 5-16）。

<3> 在菜单"常规选项"对话框中不选"顶层表单"，"位置"选项选择"替换"。

<4> 生成菜单程序 menu1.mpr。

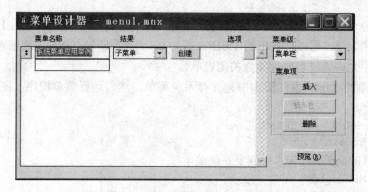

图 5-15　menu1.mnx 菜单栏设计结果

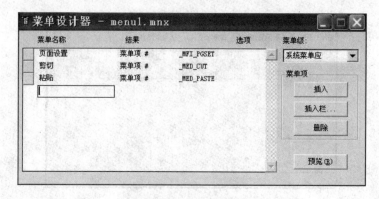

图 5-16　系统菜单应用举例子菜单设计结果

在命令窗口中运行 menu1.mpr 即可得到图 5-14 的结果。选择"页面设置"时，会打开如图 5-17 所示的"打印设置"对话框。

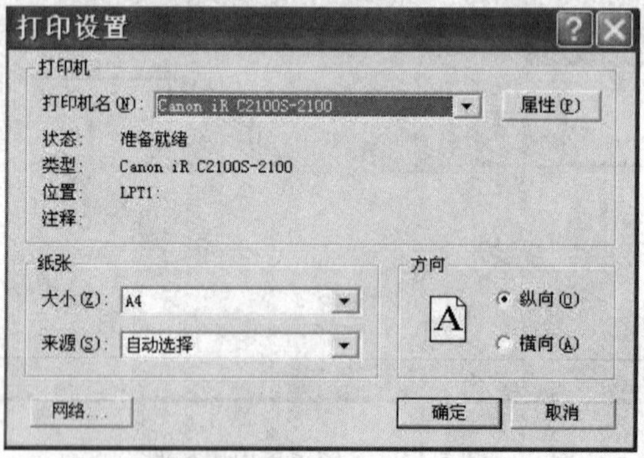

![打印设置对话框]

图 5-17　打印设置对话框

当在文本编辑窗口（命令窗口或其他代码编辑窗口）中选中了文本时，"剪切"菜单自动有效，选择该菜单项即可把选中的文本剪切掉（保存到剪贴板中）。当剪贴板中有文本时（已经执行过"剪切"或"复制"操作），"粘贴"菜单项有效，选择该菜单即可把保存到剪贴板中的文本内容粘贴到当前正在编辑的文本编辑窗口的当前光标位置。

系统菜单既可在下拉式菜单中引用，也可以在快捷菜单中引用（参见 5.3 节【例 5-2】）。

5.3 快捷菜单应用

快捷菜单是改善界面操作效率和方便性的重要手段。利用菜单设计器可以方便地定义快捷菜单并将其与可视化应用程序对象关联起来。例如，可以为编辑框控件创建一个包含"清除"、"剪切"、"复制"和"粘贴"等操作选项的快捷菜单，这样既可以方便编辑操作，也可以提高编辑处理效率。

创建快捷菜单与创建下拉菜单的方法类似，主要步骤如下。

<1> 打开"快捷菜单设计器"窗口。在"新建菜单"对话框（参见 5.2.1 节图 5-3）中点击"快捷菜单"按钮即可打开"快捷菜单设计器"窗口。快捷菜单设计器窗口标题与菜单设计器不同，另外，快捷菜单的菜单级别中没有菜单栏，只有"快捷菜单"和各级子菜单。快捷菜单设计器操作与"菜单设计器"对应操作完全相同（图 5-18）。

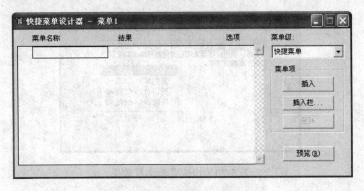

图 5-18 快捷菜单设计器窗口

<2> 设计菜单项、选择结果及菜单选项。

<3> 设置菜单常规选项，快捷菜单的常规选项只有"设置"和"清理"代码选项，一般不需要设置。

<4> 保存菜单，生成菜单程序文件（.mpr 文件）。

<5> 将快捷菜单指派给某个可视化对象（表单、控件等），最简单的方法是在指定对象的 RightClick 事件脚本中执行相应的快捷菜单程序。

【例 5-2】 为表单上的编辑框控件建立一个具有查找、复制、剪切、粘贴等功能的快捷菜单 kjcd.mnx。

可以按如下操作步骤设计实现该快捷菜单。

<1> 打开"快捷菜单设计器"窗口，定义快捷菜单各选项的内容，如图 5-19 所示，设置各菜单项的快捷键依次为 CTRL+F、CTRL+C、CTRL+X、CTRL+V；

<2> 以 kjcd.mnx 为菜单文件名保存菜单；

<3> 选择"菜单"菜单中的"生成"菜单项，生成文件名为 kjcd.mpr 的菜单程序文件；

<4> 建立表单 Form1，在其中放置编辑框控件 Edit1 并在其 RightClick 事件脚本中添加代码：

```
DO kjcd.mpr
```

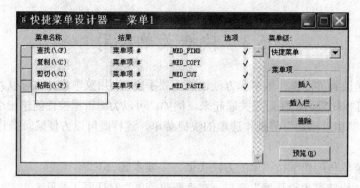

图 5-19　快捷菜单项定义

　　<5> 保存并运行 Form1 表单，右击表单上的编辑框时即会显示相应的快捷菜单（图 5-20），可以选择进行查找、复制、剪切、粘贴等编辑操作。

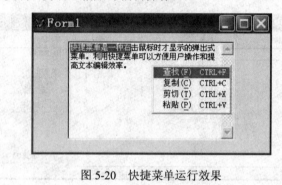

图 5-20　快捷菜单运行效果

5.4　报　　表

　　报表（Report）是应用程序中重要的输出内容，它可以形成满足特定格式要求的数据报表供管理需要或作为档案资料永久保存。比如，工资管理软件可能需要打印输出个人工资条和部门工资汇总表，学生管理软件可能需要打印输出课程表、学生统计报表等。Visual FoxPro 支持报表管理，其报表定义主要包括两部分内容：数据源和布局。数据源是报表的数据来源，通常是数据库中的表或自由表，也可以是视图、查询或临时表。报表布局定义报表的内容排列格式，可以定义多种复杂布局格式的报表，基本可以满足各种管理报表的设计需求。

　　Visual FoxPro 提供了 3 种创建报表的方法：使用报表向导创建报表，使用报表设计器创建自定义报表，使用快速报表创建简化格式的报表。Visual FoxPro 的报表定义保存在报表文件中，其文件扩展名是.frx。

5.4.1　利用报表向导创建报表

　　利用报表向导可以方便地定义报表，启动报表向导有以下 3 种途径：

　　（1）打开"项目管理器"，选择"文档"选项卡，选中"报表"节点，然后点击"新建"按钮，在弹出的"新建报表"对话框中点击"报表向导"按钮；

　　（2）从"文件"菜单中选择"新建"命令，或者点击系统工具栏"新建"按钮打开"新建"

对话框，在文件类型栏中选择报表，然后点击"向导"按钮；

（3）在"工具"菜单中选择"向导"子菜单并选择其中的"报表"菜单项。

按上述方法操作，均可以打开"向导选取"对话框，如图 5-21 所示。

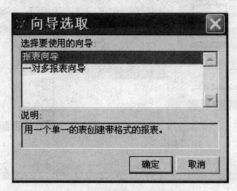

图 5-21 向导选取对话框

如果数据源只有一个表，应选择"报表向导"，如果数据源包括父表和子表，则应选择"一对多报表向导"。【例 5-3】、【例 5-4】说明了利用向导建立报表的方法。

【例 5-3】 用报表向导创建一个基于 zgb 表的反映职工基本信息的报表，报表文件名为 zg.frx。具体步骤如下所述。

<1> 在"向导选取"对话框中选择"报表向导"，点击"确定"按钮即可打开"报表向导"对话框（图 5-22），对话框首先显示字段选取界面。

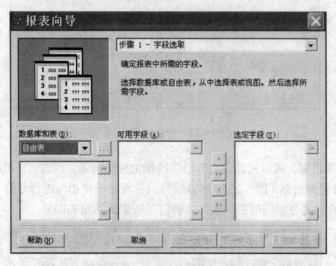

图 5-22 报表向导对话框

<2> 字段选取。在对话框字段选取界面，点击数据库和表下拉表选择或点击下拉表右侧按钮浏览选择 GZDB 数据库，然后选中 ZGB 表，这时，ZGB 字段自动出现在"可用字段"列表中，将 Bmh、Zgh、Zgm、Xb、Sr、Jbgz 字段添加到"选定字段"列表中（图 5-23）。

<3> 分组记录。选取字段后，点击"下一步"按钮，系统显示向导"分组记录"界面（图 5-24）。报表数据可以按指定分组字段（至多可以选择 3 个）进行分组。本例选择 Bmh 字段作为分组字段，以便按部门输出职工信息。

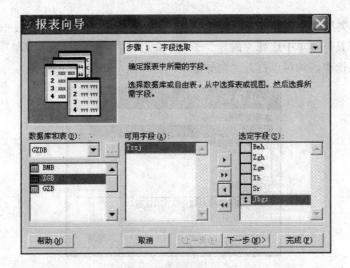

图 5-23　字段选取结果

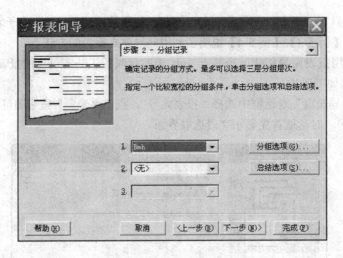

图 5-24　分组字段选择

<4> 分组选项设置。可以对选定的分组字段指定分组间隔，点击"分组选项"按钮即可打开"分组间隔"设置对话框（图 5-25）。可以按分组字段左子串相同进行分组，本例按整个 Bmh 字段进行分组。设置完分组间隔后，点击"确定"按钮返回报表向导。

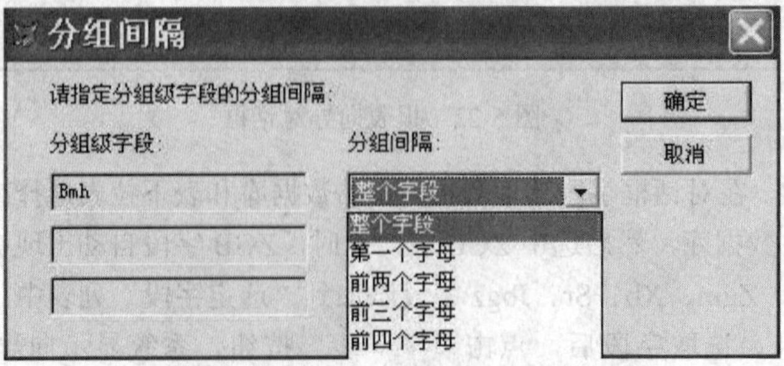

图 5-25　分组间隔设置对话框

<5> 总结选项设置。点击"总结选项"按钮即可打开"总结选项"设置对话框（图 5-26）。可以为每个字段指定汇总方式（求和、平均值、计数、最小值、最大值），选中指定字段对应的汇总方式复选框即表示按选定的汇总方式进行汇总。一般每个字段应只选择一种汇总方式。选中"细节及总结"时报表输出所有记录并对每个汇总部门的记录生成总结汇总（本例是计算每个部门职工的基本工资平均值）；选中"只包含总结"时报表只输出每个汇总部门的总结汇总（本例是计算每个部门职工的基本工资平均值），不输出职工记录；选中"不包含总计"时报表不产生所有部门的总计，否则最后会产生总计信息（本例是计算所有职工的平均工资）。选中"计算求和占总计的百分比时，会计算分组求和结果占总和的百分比"。设置完总结选项后，点击"确定"按钮返回报表向导。

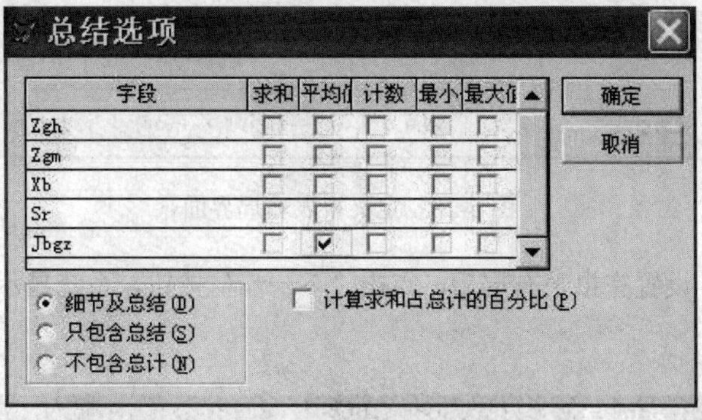

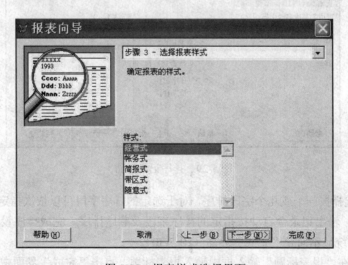

图 5-26 总结选项设置对话框

<6> 完成"分组选项"和"总结选项"设置后，点击向导（图 5-24）"下一步"按钮，系统显示向导样式选择界面（图 5-27）。可以选择"经营式"、"帐务式"、"简报式"、"带区式"或"随意式"，不同的报表样式仅仅是形式上的差别，并不影响报表中的数据。

图 5-27 报表样式选择界面

<7> 定义报表布局。选择完报表样式后，点击"下一步"按钮，系统显示"定义报表布局"界面（图 5-28）。在布局界面中可以选择列布局或行布局，也可以选择打印纸的打印方向，可

以纵向打印（打印行宽度较小时选择），也可以横向打印（打印行宽度较大时选择）。

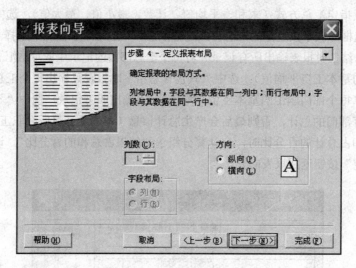

图 5-28　定义报表布局界面

<8> 排序记录。设置完报表布局后，点击"下一步"按钮，系统显示向导"排序记录"定义界面（图 5-29）。

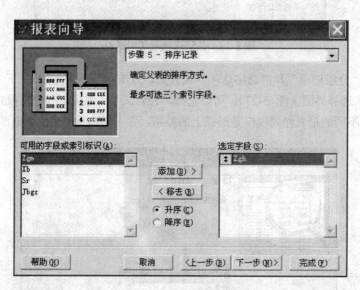

图 5-29　排序记录界面

<9> 可以选择按一个或几个字段排序，对于选定的排序字段可以依次指定排序次序是"升序"或"降序"，输出记录会自动按指定的排序字段及顺序排序。完成排序设置后，点击"下一步"按钮，系统显示向导"完成"界面（图 5-30）。

<10> 可以在"报表标题"输入框中输入报表标题，点击"完成"界面中的"预览"按钮可以查看报表的输出效果（图 5-31 示）。如果效果理想，点击"完成"按钮并在"另存为"对话框中选择将报表保存到报表文件 zg.frx 中。在命令窗口或程序中就可以使用该报表文件产生实际的报表输出了。

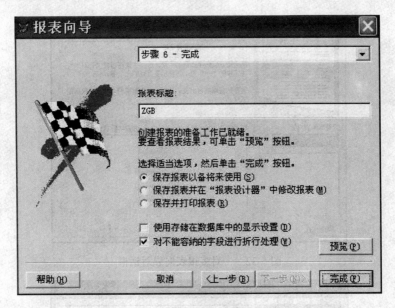

图 5-30 完成界面

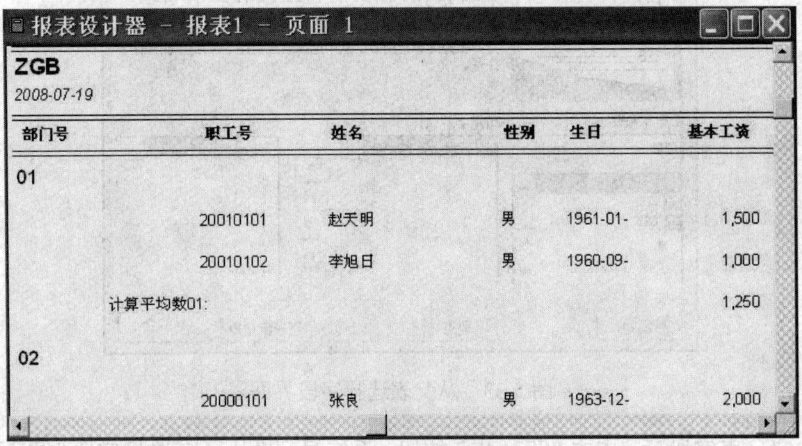

ZGB					
2008-07-19					
部门号	职工号	姓名	性别	生日	基本工资
01					
	20010101	赵天明	男	1961-01-	1,500
	20010102	李旭日	男	1960-09-	1,000
计算平均数01:					1,250
02					
	20000101	张良	男	1963-12-	2,000

图 5-31 报表预览效果

【例5-3】的报表数据来源于数据库表（视图亦可），在按 Bmh 分组时，每个分组只能输出 Bmh，如果希望输出每个部门的名称，就需要从 BMB 中获得相应信息，这需要使用一对多报表实现。对于 BMB 中的每个 Bmh 而言，在 ZGB 中都有多个相同 Bmh 的职工记录与之对应，即 Bmh 和 ZGB 之间存在一对多联系，BMB 是父表，ZGB 是子表。

【例5-4】 以 BMB 表为父表，ZGB 表为子表，创建一个一对多报表，要求报表内容包括 Bmm、Zgm、Xb、Sr、Jbgz。报表文件名为 zg_2.frx。

可以按如下操作步骤实现设计要求：

<1> 在"向导选取"对话框中选择"一对多报表向导"，点击"确定"按钮即可打开"一对多报表向导"对话框（图5-32）；

<2> 对话框首先显示的是"从父表选择字段"界面（图5-32），其选择方式与前述方法相同，假定选择 BMB 的 Bmm 字段（图5-33）；

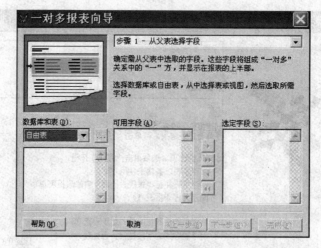

图5-32 一对多报表向导对话框

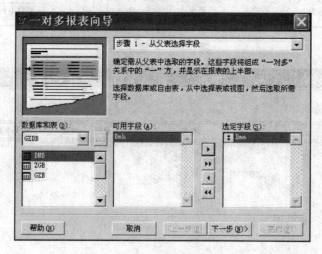

图5-33 从父表选择字段界面

<3> 选定父表字段后，点击"下一步"按钮，系统显示"从子表选择字段"界面（图5-34）；

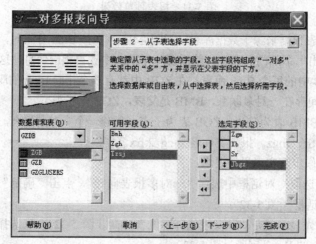

图5-34 从子表选择字段界面

<4> 选择 ZGB 表作为子表,将 Zgm、Xb、Sr、Jbgz 字段添加到选定字段列表,点击"下一步"按钮,系统显示"为表建立关系"界面(图 5-35);

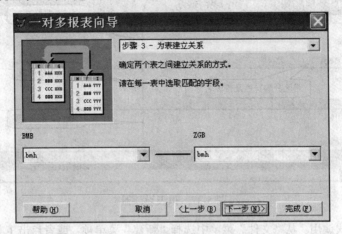

图 5-35 为表建立关系界面

<5> 在"为表建立关系"界面中选择父表(BMB)字段和子表(ZGB)字段,然后点击"下一步"按钮,系统依次显示"排序记录"、"选择报表样式"和"完成"界面,其操作方法与【例 5-3】中的说明相同,不再赘述。将创建的报表保存到报表文件 zg_2.frx 中,其预览效果如图 5-36 所示。

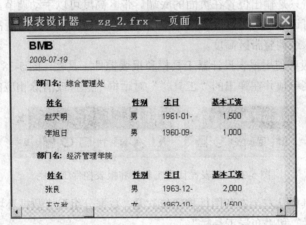

图 5-36 报表预览效果

利用向导生成报表时,报表的格式是确定的,要想按自己的要求设计报表,可以利用报表设计器设计报表,这样可以自定义报表的全部内容。

5.4.2 报表设计器及其工具栏和数据环境设置

Visual FoxPro 为报表设计提供了报表设计器,在报表设计器中用户可以通过直观的操作来设计和修改报表。使用报表设计器创建报表时需要先打开报表设计器,可以使用下面 3 种方法打开报表设计器(图 5-37)。

(1)在项目管理器环境下调用。在"项目管理器"窗口中选择"文档"选项卡,选中"报表", 然后点击"新建"按钮, 在"新建报表"对话框中点击"新建报表"按钮。

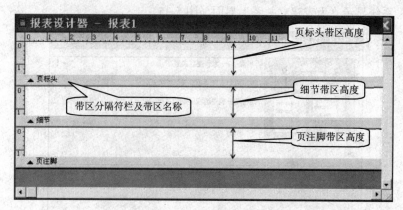

图 5-37 报表设计器

（2）菜单方式调用。从"文件"菜单中选择"新建"菜单项, 或者点击工具栏上的"新建"按钮打开"新建"对话框。选择报表文件类型, 然后点击"新建文件"按钮。

（3）在命令窗口中执行 CREATE REPORT 命令, 其语法格式如下:

```
CREATE REPORT [<报表文件名>]
```

初始设计器界面分为三个带区。页标头带区定义报表每页重复的页标题和表头, 其定义内容每页重复输出。细节带区定义报表内容, 一般按数据环境中表的记录重复输出, 页注脚带区与页标头带区类似, 只是输出位置在页面的底端。带区高度可以手动调节, 用鼠标按住带区分隔符栏上下拖拽即可调整相应带区的高度。双击带区分隔符栏会弹出带区高度设置对话框, 在该对话框中可以输入或调整带区高度。

设计报表时一般要使用报表设计器工具栏和报表控件工具栏（图 5-38）。可以选择"显示"菜单中"工具栏"菜单项并在弹出的"工具栏"对话框中选择或清除相应的工具栏。

图 5-38 报表设计器工具栏和报表控件工具栏

报表设计器工具栏从左至右各图标按钮依次是"数据分组"、"数据环境"、"报表控件工具栏"、"调色板工具栏"和"布局工具栏"。

"数据分组"按钮用于创建数据分组表达式及指定其他属性。"数据环境"按钮用于打开报表的"数据环境设计器"窗口。"报表控件工具栏"按钮用于显示或隐藏"报表控件"工具栏。"调色板工具栏"按钮用于显示或隐藏"调色板"工具栏。"布局工具栏"按钮用于显示或隐藏"布局"工具栏。

报表控件工具栏从左至右各图标按钮依次是"选定对象"、"标签"、"域控件"、"线条"、"矩形"、"圆角矩形"、"图片 / ActiveX 绑定控件"和"按钮锁定"。

"选定对象"按钮按下后, 可以选定、移动或调整报表中各种控件的大小和位置。在创建某个控件后, 系统将自动选定该按钮。

"标签"按钮按下后, 可以在报表上添加一个标签控件, 用于显示静态标题文本。

"域控件"按钮按下后, 可以在报表上添加一个域控件, 域控件一般用于显示字段、内存变量或表达式的内容。

"线条"、"矩形"或"圆角矩形"按钮按下后可以在报表上添加直线（水平或垂直）、矩形或圆角矩形，这些控件主要用于美化报表，并不影响报表的实质信息。

"图片／ActiveX 绑定控件"工具栏按钮用于向报表添加图片或 ActiveX 控件。

"按钮锁定"按钮按下后，可以连续向报表添加最后选中的控件，从而可以提高报表设计效率。

向报表添加控件和选择报表上的控件的方法与表单控件操作方法相同。选择"编辑"菜单的"剪切"菜单项或按 DELETE 键可以删除报表中选中的控件。按住控件可以拖动调整控件位置，选中控件后，按住边框标记鼠标光标会自动改变，这时可以拖拽调整控件大小。

打开报表设计器后，需要进行如下操作：

（1）设置报表数据环境及打印页面规格；

（2）设计报表内容及布局；

（3）保存报表；

（4）在应用程序中预览报表和打印输出报表。

打开报表设计器后，一般先设置数据环境。与表单数据环境一样，报表数据环境为报表准备待处理数据，其中可以包含数据库表、视图等数据环境对象。数据环境对象在输出报表时自动打开，不需要特别进行维护。

在报表设计器打开后，选择"显示"菜单中的"数据环境"菜单项、点击"报表设计器"工具栏中的"数据环境"按钮或右击报表设计器并在弹出菜单中选择"数据环境"菜单项均可打开数据环境设计器，可以向数据环境中添加表或视图，其操作方法与表单数据环境相同。设置完成后，关闭数据环境设计器即可。在需要修改的时候，可以再次打开和编辑报表数据环境。

报表设计器的带区宽度是与选定的页面可打印宽度一致的，在实际设计报表内容布局之前，应先确定打印页面规格。如果在设计完报表内容之后再选择打印页面规格，可能会出现页面内容超出可打印区域（规格缩小时可能发生）或打印内容集中在页面某一侧（规格扩大时可能发生）的情况。设置打印页面规格的操作步骤如下所述。

<1> 在报表设计器环境下选择"文件"菜单中"页面设置"菜单项，系统显示"页面设置"对话框（图 5-39）。

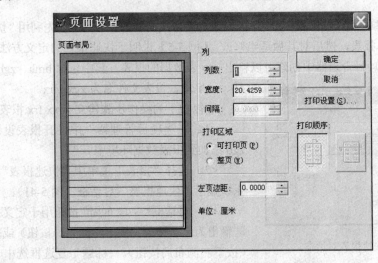

图 5-39　页面设置对话框

<2> 对话框中"列数"选择用于设置打印列数（缺省为 1 列），可以点击调节钮微调列数，也可以直接输入列数，当列数超过 1 列时，打印顺序选择有效，按下左端的按钮选择按列序打印，按下右端的按钮选择按行序打印，"左页边距"用于设置页面左端打印起始位置距页边沿的距离。"页面设置"一般取缺省值即可。点击对话框"打印设置"按钮时系统显示"打印设置"对话框（图 5-40）以设置打印纸规格。

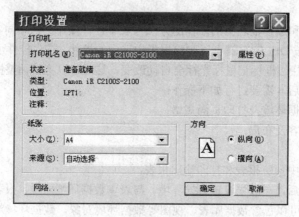

图 5-40　打印设置对话框

<3> 在"打印机名"下拉列表中可以选择可用打印机，打印机不同时，页面的输出可能会有微小变化，应尽可能选择最终打印时使用的打印机。纸张"大小"选择下拉列表中列出了选定打印机支持的各种纸张规格，可以从中选择合适的纸张大小，纸张"来源"一般不需设置，取缺省设置即可。打印"方向"选择可以选择"纵向"或"横向"，纵向打印按纸张前进方向打印，横向打印则旋转 90°打印（相当于横置页面）。当打印行宽超出页面宽度，但未超出页面高度时，可以采用横向打印输出。设置完打印规格参数后点击"确定"按钮返回"页面设置"对话框，继续点击"确定"按钮关闭"页面设置"对话框完成页面设置，这时报表设计器带区宽度会自动按选定打印宽度进行调整。

5.4.3　利用报表设计器设计快速报表

利用系统提供的"快速报表"功能可以快速定义格式简单的报表。可以先利用"快速报表"功能建立一个简单报表，然后对其做适当修改。【例 5-5】说明了快速报表的定义方法。

【例 5-5】　在项目管理器中创建可以输出 zgb 表数据的报表，其中包含 bmh、zgh、zgm、xb、sr 字段，报表文件名为 zgxx.frx。

可以按下列操作步骤建立 zgxx.frx 报表。

<1> 在"项目管理器"中打开报表设计器并将 zgb 添加到报表数据环境中。

<2> 选择"报表"菜单中"快速报表"菜单项，系统显示"快速报表"对话框（图 5-41）。

<3> 对话框"字段布局"按钮用于定义报表细节区输出为水平排列（按下左侧布局按钮）或垂直排列（按下右侧布局按钮）。"标题"复选框选中时为每个细节区输出字段添加标题，对于水平排列的报表，标题添加到页标头区，对于垂直排列的报表，

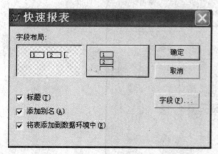

图 5-41　快速报表对话框

标题自动添加到细节区每个输出字段之前，标题自动取对应字段的字段名。"添加别名"复选框选中时为报表中的字段加别名；如果事前没有设置数据环境，在选择"快速报表"后会显示"打开"对话框选择对应的数据库表，选中"将表添加到数据环境中"时会自动把表添加到数据环境中。点击"字段"按钮可以打开"字段选择器"对话框（图 5-42）。

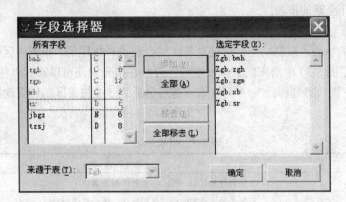

图 5-42 字段选择器对话框

<4> 在"所有字段"列表中会自动列出数据环境中的表或视图的所有字段，选中某一字段并点击"添加"按钮即可将其加入到"选定字段"列表中，点击"全部"按钮可以把全部字段添加到"选定字段"列表中。移去操作与添加操作类似，只是操作方向相反。选择完字段并点击"确定"按钮，所有选定字段均会被添加到报表细节带区中。

<5> 关闭"字段选择器"对话框后，系统返回到"快速报表"对话框，点击"确定"按钮，系统自动生成相应的报表定义（图 5-43），选择"文件"菜单的"打印预览"菜单项可以预览该报表（图 5-44）。

<6> 保存报表，将其报表文件命名为 zgxx.frx。

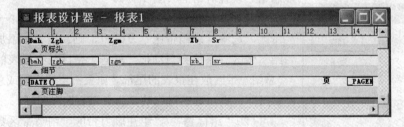

图 5-43 生成的快速报表

图 5-44 报表局部预览效果

5.4.4 利用报表设计器设计自定义报表

利用快速报表功能设计的报表格式有时可能不满足用户需求，例如，图 5-44 中列的标题不是汉字，报表行没有分隔线等都不符合通常的习惯。可以通过报表设计器对已有报表进行修改或完全自行设计全新的报表。

1．带区设置

带区是报表的核心，报表功能是通过对带区的合理设计体现的，报表带区可以根据实际需要进行设置。除了图 5-37 中给出的三个基本带区外，在报表中还可以设置"标题"/"总结"、"组标题"/"组注脚"、"列标题"/"列注脚"等带区。表 5-3 按带区的位置次序列出了各类带区及其功能说明。

表 5-3　报表带区

带 区 名 称	带 区 说 明
标题	在报表开头打印一次，用于打印报表名称
页标头	在每个输出页面的顶端打印一次，用于打印报表栏目名称
列标头	在分栏报表中每列顶端打印一次
组标头	在每个数据分组首部打印一次
细节	每条记录打印一次，用于打印栏目明细
组注脚	在每个数据分组末尾打印一次，用于打印分组汇总数据
列注脚	在分栏报表中每列末尾打印一次
页注脚	在每个页面的底端打印一次，例如页码和日期等
总结	在报表末尾打印一次，用于打印汇总数据

（1）"标题"/"总结"带区　标题/总结带区可以用于设置报表的总标题和结尾汇总。在打开报表设计器后，选择"报表"菜单中的"标题／总结"菜单项，系统将显示"标题/总结"设置对话框（图 5-45）。

图 5-45　标题/总结设置对话框

选中"标题带区"复选框，则在报表中添加一个"标题"带区，选中"总结带区"复选框，则在报表中添加一个"总结"带区。系统会自动把"标题"带区放在报表的顶部，把"总结"带区放在报表的尾部。如果希望把标题或总结内容单独打印一页，选中对应的"新页"复选框即可。

（2）"组标题"/"组注脚"带区　细节带区数据可以进行分组统计处理，组标题/组注脚带区即是用来进行分组输出处理的。

在打开报表设计器后，选择"报表"菜单中的"数据分组"菜单项，或点击"报表设计器"工具栏中的"数据分组"按钮，系统将显示"数据分组"对话框（图 5-46）。

可以设置一个或多个分组表达式。可以直接在表达式编辑输入框中输入分组表达式，也可以点击输入框右端的按钮打开表达式生成器设计分组表达式。可以通过"组属性"设置来控制分组的输出方式。设置完分组表达式并点击"确定"按钮后，即会在细节带区之前插入"组标头"带区，在细节带区之后插入"组注脚"带区。

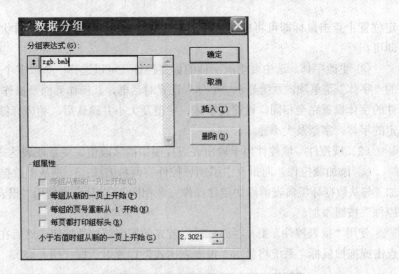

图 5-46 数据分组对话框

（3）"列标题" / "列注脚"带区 "列标头"和"列注脚"带区用于多栏报表。在"页面设置"对话框中，列数设置大于 1 时，系统自动在"页标头"带区之后添加"列标头"带区，在"页注脚"带区之前添加"列注脚"带区（图 5-47）。

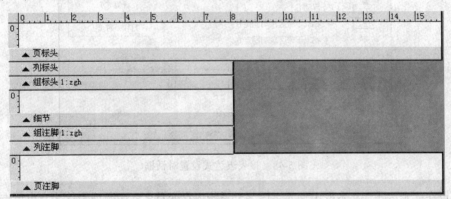

图 5-47 列标头/列注脚带区

添加了列标头、列注脚带区后，组标头、细节和组注脚带区自动按列标头带区调整至等宽，其宽度为页面设置时设置的列宽，缺省宽度为页面宽度被列数等分的宽度（图 5-47 为两列）。在输出列多于一列时，列标头/列注脚、组标头/组注脚、细节等带区内容分列输出。

在每个带区都可以添加控件，输出报表时的所有输出内容都是通过控件产生的。如果某个带区高度为零，则相应带区不起任何作用，不会产生实际输出。如果带区中没有任何控件，则只产生等高度的空白输出。

2. 控件应用

在"报表设计器"中设计报表的核心是在带区中添加合适的控件。

（1）标签控件 标签控件用于在报表中输出说明性文字，如报表标题，栏目标题等显示输出都可以使用标签控件来实现。

① 添加标签控件。在"报表控件"工具栏中按下"标签"工具栏按钮，然后在报表的指

定位置上点击鼠标即可将标签控件插入到指定位置，同时进入编辑状态，编辑输入相应文本即可。

② 更改字体。选中要更改字体的标签控件（可以选择一个或多个），选择"格式"菜单中的"字体"菜单项，系统显示"字体"设置对话框，其操作界面及操作方法与 Windows 其他软件的字体设置完全相同。设置完字体、字型及大小并确认后，相应标签的文本内容即自动以选定的字体、字型及大小显示。

（2）域控件 域控件用于输出表或视图中的字段值、变量或表达式的计算结果。

① 添加域控件。向报表中添加域控件有两种方法：一是从"数据环境设计器"中拖拽添加（与从数据环境向表单添加控件操作完全相同），二是直接使用"报表控件"工具栏中的"域控件"按钮添加。

使用"报表控件"工具栏添加时，首先需按下域控件按钮，然后在报表带区的指定位置上点击或拖拽鼠标，系统将显示"报表表达式"设置对话框（图 5-48）。

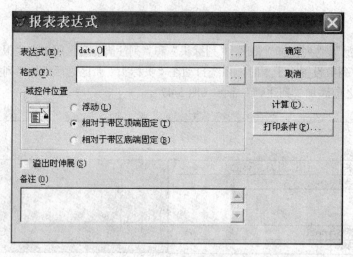

图 5-48　报表表达式设置对话框

可以在"表达式"文本框中输入字段名、系统内存变量名、函数或表达式，也可点击输入框右端的按钮打开"表达式生成器"对话框并在该对话框中设计生成表达式，其操作方法与 3.3.1 节介绍的表达式生成器操作方法相同。

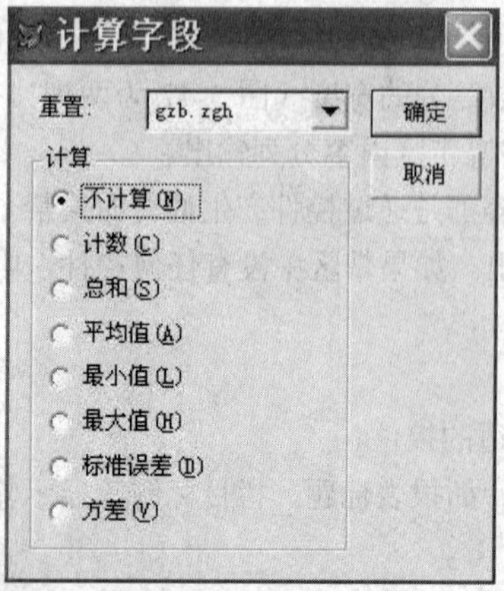

域控件可以输出字段运算结果，点击"报表表达式"设置对话框"计算"按钮即可打开"计算字段"对话框（图 5-49）。

在"重置"下拉列表框中有 3 个固定选项：报表尾、页尾和列尾，另外包含一个分组表达式。该设置为表达式重新计算设置条件，选择报表尾时整个报表只计算一次，选择页尾时每页计算一次，选择列尾时每列计算一次，选择分组表达式时每个数据分组自动计算一次。"计算"选项按钮组用于选择表达式计算方式，选中相应的计算方式并点击"确定"按钮即可关闭"计算字段"对话框并返回到"报表表达式"设置对话框。

图 5-49　计算字段对话框

"报表表达式"对话框中"域控件位置"选项用于选择控件的输出位置。"浮动"选项指定域控件可以向下浮动;"相对于带区顶端固定"选项可使域控件输出相对于带区顶端保持固定的位置("相对于带区底端固定"与此类似)。"溢出时伸展"复选框选中时,如果控件宽度不足以完整输出表达式运算结果则自动向右扩展宽度从而可以完整输出相应内容。

"备注"编辑框可以输入备注文本,文本内容添加至报表文件中,并不出现在输出报表中。

域控件结果可以控制输出,点击"报表表达式"设置对话框中"打印条件"按钮即可打开"打印条件"设置对话框(图 5-50)。

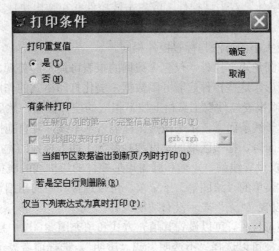

图 5-50 打印条件设置对话框

可以选择是否打印重复值,选择"否"时只打印表达式的不同值,重复值不再打印。选中"若是空白行则删除"复选框时,如果带区内没有其他输出,则当本域控件输出内容是空白时删除当前行。"仅当下列表达式为真时打印"文本框用于输入一个逻辑表达式,输出报表时如果表达式值为真则输出域控件结果,否则不输出任何内容,也可以利用表达式生成器生成该逻辑表达式。设置完打印条件后,点击"确定"按钮返回"报表表达式"设置对话框。

"报表表达式"设置对话框中"格式"输入框用于定义控件输出格式,可以直接输入表达式输出格式模板字符串,也可以通过格式设置对话框设置域控件输出格式。点击输入框右端的按钮即可打开"格式"设置对话框(图 5-51)。

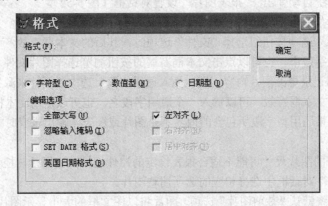

图 5-51 格式设置对话框

可以在格式输入框中直接输入格式模板字符串，或者通过输入框下面的选项进行格式设置。格式模板字符串是专门用于定义输出格式的字符串，其构造比较复杂。通过选项设置比较简单，首先选中表达式类型，可以选择"字符型"、"数值型"或"日期型"。对每种表达式类型都有若干编辑选项，选中需要的编辑选项即完成了格式设置，点击"确定"按钮返回"报表表达式"设置对话框后，相应的格式模板字符串被自动添加到对话框格式编辑框中。

设置完报表表达式后，点击"确定"按钮关闭"报表表达式"设置对话框，这时即在报表中指定带区位置添加了一个域控件。

② 修改表达式及字体。双击域控件，或右击域控件并在弹出快捷菜单中选择"属性"菜单项即可打开"报表表达式"设置对话框并修改表达式及其格式。

修改字体、字型及大小的方法与标签控件相同。

（3）线条、矩形和圆角矩形控件　仅包含数据的报表可能不够美观，可以在报表中适当添加线条、矩形或圆角矩形，这些控件起着分隔数据，美化打印格式的作用。

① 添加控件。在"报表控件"工具栏上按下相应的控件按钮，然后在报表带区中拖拽即可插入相应的控件。对于线条而言，水平拖拽鼠标插入水平线，垂直拖拽鼠标插入垂直线。对于矩形和圆角矩形控件而言，拖拽区域的宽度和高度等于插入控件的宽度和高度。

② 更改样式。可以设置线条、矩形和圆角矩形控件的边框线的线型和线的粗细。选中控件，然后选择"格式"菜单的"绘图笔"子菜单，可以选择其中的粗细设置（从"细线"到6磅），也可以选择线型设置（"无"表示没有边框线）。

对于矩形和圆角矩形控件，可以设置其填充方式和填充图案。选中控件，然后选择"格式"菜单的"方式"子菜单，可以选择"不透明"或"透明"，选择前者表示按选定的填充图案填充控件区域，选择"透明"时则不填充控件区域，其中的其他控件不会被覆盖。选择"格式"菜单的"填充"子菜单可以选择填充图案，填充图案可以选择透明或其他图案，选择透明图案时忽略方式选择。选择其他图案时，如果方式选择为"不透明"则用相应图案填充控件。

对于圆角矩形控件，还可以设置其圆角样式。双击控件或右击控件并选择弹出菜单中的"属性"菜单项，系统会弹出"圆角矩形"设置对话框，在该对话框"样式"区域选择想要的圆角样式，同时可以设置位置选项和打印条件。设置完成后，点击"确定"按钮即可关闭相应对话框。

（4）OLE 对象　可以是图片、声音、文档等，可以通过 OLE 对象插入图片或 ActiveX 控件。在"报表控件"工具栏中按下"图片/ActiveX 绑定控件"按钮，在报表的一个带区内按下并拖动鼠标，系统自动弹出 "报表图片"设置对话框（图5-52）。

在"报表图片"设置对话框中，图片来源有文件和字段两种方式。

在"图片来源"选项按钮组选择"文件"选项时，其后的文本框有效，可以输入一个图片文件的文件名路径字符串，也可以点击文本框右端的按钮浏览选择图片文件。

如果希望根据记录更改图片内容，则应插入通用字段。选中"图片来源"选项按钮组"字段"选项，其后的文本框有效，可以输入一个通用字段名。也可以点击文本框右端的按钮浏览选择通用字段。如果通用型字段所包含的内容不是图片或图表，输出报表时将只输出此对象的图标。

添加到报表中的图片尺寸可能不适合报表设定的控件规格。当图片与控件大小不一致时，需要在"报表图片"对话框中选择相应的选项调整图片。

裁剪图片：系统默认"裁剪图片"选项，图片将以图文框的大小显示图片。在这种情况下，可能因为图文框太小而只显示部分图片。

报表图片
图片来源
文件(F):
字段(L):
确定
取消
打印条件(P)...
假如图片和图文框的大小不一致
剪裁图片(C)
缩放图片，保留形状(S)
缩放图片，填充图文框(A)
对象位置
浮动(L)
相对于带区顶端固定(T)
相对于带区底端固定(B)
图片居中(N)
注释(O):

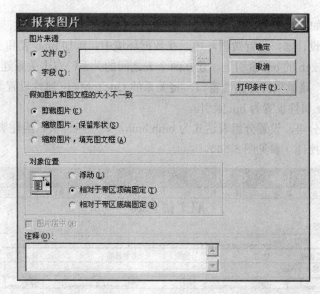

图 5-52　报表图片设置对话框

缩放图片，保留形状：若要在图文框中放置一个完整、不变形的图片，则应选择“缩放图片，保留形状”选项。但是在这种情况下，图片可能无法填满整个控件区域。

缩放图片，填充图文框：若要使图片填满整个图文框，应选择“缩放图片，填充图文框”选项。但是在这种情况下，图片可能因纵横缩放比例不一致而失真。

对于通用型字段中的图片，若要以居中位置放置，可在“报表图片”对话框中选中“图片居中”复选框，这样可以保证比图文框小的图片能够在控件的中心位置显示。若图片来源是“文件”，则该复选框不可用，因为存储在文件中的图片形状和尺寸都是固定的，无须居中放置。

与其他对象一样，图片的位置有 3 种选择，其操作及含义与域控件位置设置相同。

在“注释”文本框中可输入对图片或 OLE 对象的注释文本，这些文本仅供参考，并不出现在报表中。

3. 一对多分组报表定义举例

【例 5-6】 按部门打印职工信息表，打印预览样式如图 5-53 所示。

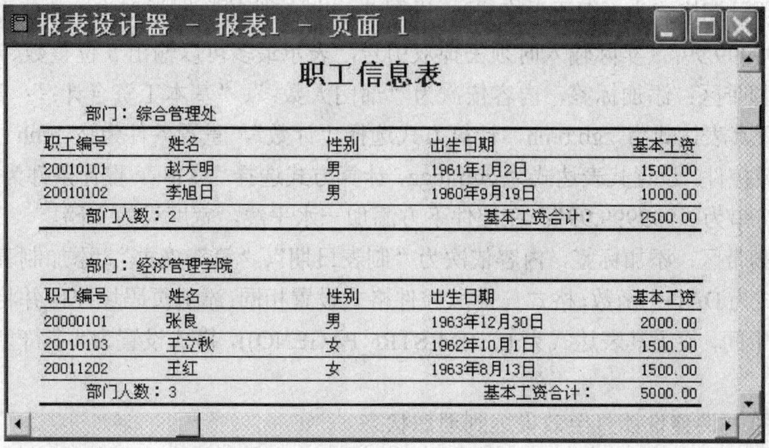

报表设计器 - 报表1 - 页面 1
职工信息表
部门：综合管理处
职工编号 姓名 性别 出生日期 基本工资
20010101 赵天明 男 1961年1月2日 1500.00
20010102 李旭日 男 1960年9月19日 1000.00
部门人数：2 基本工资合计： 2500.00
部门：经济管理学院
职工编号 姓名 性别 出生日期 基本工资
20000101 张良 男 1963年12月30日 2000.00
20010103 王立秋 女 1962年10月1日 1500.00
20011202 王红 女 1963年8月13日 1500.00
部门人数：3 基本工资合计： 5000.00

图 5-53　职工信息表

报表设计步骤如下。

<1> 打开报表设计器，设置数据环境，在数据环境中，添加 bmb 表和 zgb 表；将 bmb 表的 bmh 字段拖拽到 zgb 的 bm 索引上，建立两个表之间的关系；右击关系连线，在弹出的快捷菜单中选择"属性"菜单项打开属性窗口，将关系的 OneToMany 属性设置为.T.；将 bmb 表数据环境对象的 Order 属性设置为 bm 索引。

<2> 添加数据分组，设置分组表达式为 bmb.bmh，调整组标头、组注脚带区高度。

<3> 添加报表控件（参见图 5-54）。

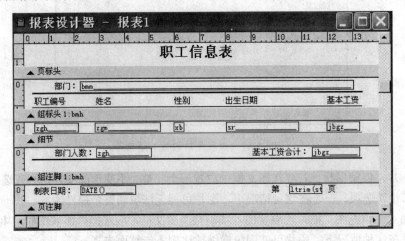

图 5-54　报表布局设计

• 页标头带区：添加一个标签，内容为"职工信息表"，设置其字体为宋体粗体三号字。

• 组标头带区：添加标签控件，内容依次为"部门:"、"职工编号"、"姓名"、"性别"、"出生日期"和"基本工资"；添加域控件，设置其表达式为 bmb.bmm；添加两个水平直线并调整其位置和长度，上面的线条宽度设置为 2 磅。

• 细节带区：将数据环境中 zgb 表的 zgh、zgm、xb、sr、jbgz 五个字段拖拽到与组标头对应标签一致的位置并使其垂直位置相同，高度相同，在域控件下添加一个线条控件；设置 sr 域控件的表达式格式为"日期型"且选择"SET DATE 格式"（按系统区域选项格式输出，假定系统区域选项日期格式为"汉语"格式）；设置 jbgz 域控件的数据类型为"数值型"，格式模板字符串为"99999.99"（实际输入时须去掉双引号，表示最多可以输出 5 位整数、两位小数）。

• 组注脚带区：添加标签，内容依次为"部门人数:"、"基本工资合计:"；添加部门人数域控件，设置其表达式为 zgb.bmh，计算方式选择"计数"，重置条件为按 bmh 重置；添加基本工资合计域控件，设置其表达式为 zgb.jbgz，计算方式选择"总和"，重置条件为按 bmh 重置，格式模板字符串为"999999.99"；在控件下方添加一水平线，宽度设为 2 磅。

• 页注脚带区：添加标签，内容依次为"制表日期"、"第"、"页"；添加制表日期域控件，设置其表达式为 DATE()函数，格式与 sr 域控件格式设置相同；添加页码域控件并将其放至"第"、"页"标签的中间，设置其表达式为 LTRIM(STR(_PAGENO))，格式设置为"字符型"并选择"居中对齐"。

<4> 预览并调整设计直至效果达到理想状态。

<5> 保存报表，假定保存报表文件名为 ZG_3.frx。

完成上述设计后，预览报表的效果与图 5-53 相同。可以继续改进设计该报表，比如，可以在报表中添加垂直线条或矩形控件以分隔各输出字段。图 5-55 为改进设计后的结果。

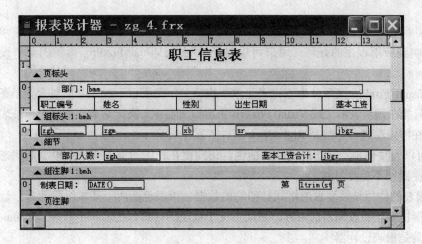

图 5-55　图 5-54 改进设计结果

图 5-55 在组标头带区和细节带区添加了列分隔线，在组注脚带区添加了边框竖线。保存报表文件名为 zg_4.frx，预览效果如图 5-56 所示。

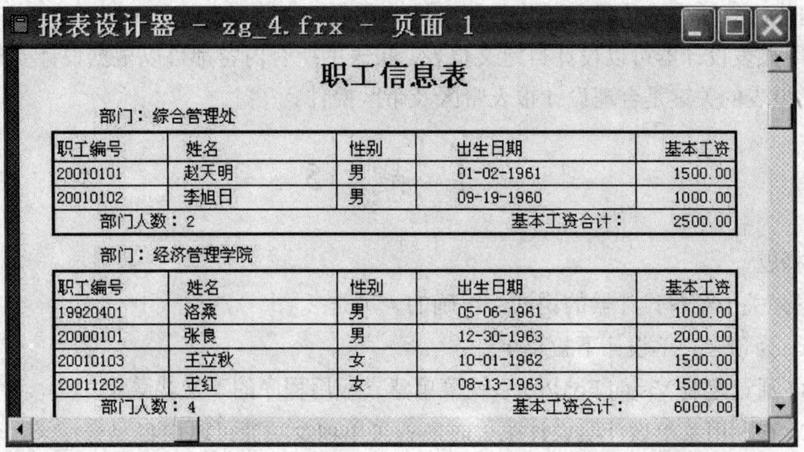

图 5-56　添加了垂直分隔线及边框线的预览效果

5.4.5　输出报表

设计报表的目的是要按照一定的格式打印输出数据，而打印输出过程一般应通过程序实现。输出报表的命令是 REPORT FORM 命令，其典型语法结构如下：

```
REPORT FORM <报表文件名> [PREVIEW] [TO PRINTER [PROMPT]]
```

选择 PREVIEW 时，命令执行过程中将首先打开预览窗口预览报表。选择 TO PRINTER 选项时将在打印机上打印输出报表，如果选择 TO PRINTER PROMPT，则会在打印输出报表之前先显示打印设置对话框。

本章小结与深入学习提示

1. 菜单是应用程序中经常使用的、必不可少的交互式操作界面工具之一，菜单设计的好坏直接影响到应用程序的好坏。用户可以方便地利用 Visual FoxPro 提供的菜单设计器创建菜单。

2. Visual FoxPro 菜单分为下拉式菜单和快捷菜单两类。下拉式菜单包含菜单条和下拉子菜单，它只能在顶层表单上或 Visual FoxPro 主窗口上显示。快捷菜单必须与表单或表单控件配合使用，在特定事件（一般是 RightClick 事件）发生时显示。

3. 可以为菜单项定义访问键和快捷键。访问键在相应的菜单或子菜单激活状态下才可以使用，快捷键则不受此限制。

4. 报表的作用是按要求的格式打印输出数据。报表包括两个基本组成部分：数据源和布局。数据源提供了报表输出的内容，布局定义了报表的格式、字体和字号等。Visual FoxPro 报表设计工具是报表设计器。

5. 报表设计器按带区组织报表内容，基本的报表带区包括"页标头"带区、"细节"带区和"页注脚"带区，可以选择添加其他报表带区。

6. 可以利用快速报表或报表向导定义报表，其优点是定义过程比较简单，只要按操作提示一步步进行即可。快速报表或用向导定义的报表其格式一般是固定的，可以在定义之后利用报表设计器修改自动生成的报表以使其符合设计要求。

7. 利用报表设计器可以设计自定义报表，报表的所有内容都可以根据设计要求自主设计。设计自定义报表的关键是合理设计报表带区及带区控件。

习 题 5

1. 选择题

（1）下列关于菜单设计器的说法，正确的一项是（　　）。

    A. 为顶层表单设计下拉菜单

    B. 通过定制 Visual FoxPro 系统菜单建立应用程序的下拉式菜单

    C. 在利用菜单设计器设计菜单时，各菜单项及功能可以由自己来定义，也可以用 Visual FoxPro 系统的标准菜单项及功能

    D. A、B 和 C

（2）在 Visual FoxPro 中，使用"菜单设计器"定义菜单，最后生成的菜单程序的扩展名是（　　）。

    A. .mnx   B. .prg   C. .mpr   D. .spr

（3）假设已经生成了名为 mymenu 的菜单程序，执行该菜单程序的命令是（　　）。

    A. DO　mymenu   B. DO　mymenu.mpr

    C. DO　mymenu.pjx   D. DO　mymenu.mnx

（4）为一个表单创建了快捷菜单，要打开这个菜单，应当使用（　　）。

    A. 热键   B. 快捷键   C. 事件   D. 菜单

（5）要设置菜单项"打印（P）"，即给打印菜单设置一个访问键，应该输入（　　）。

  A. 打印（P） B. 打印（P）   C. 打印（/<P） D. 打印（\<P）

（6）在报表设计器中，带区的作用主要是（　　）。

  A. 控制数据在页面上的打印宽度

  B. 控制数据在页面上的打印区域

  C. 控制数据在页面上的打印位置

  D. 控制数据在页面上的打印数量

（7）在"报表设计器中"，可以使用的控件是（　　）。

   A. 标签、域控件和线条   B. 标签、域控件和列表框

   C. 标签、文本框和列表框   D. 布局和数据源

（8）在报表或表单上对齐和调整控件的位置可以使用的工具栏是（　　）。

  A. 调色板   B. 布局   C. 表单控件   D. 表单设计器

（9）用于打印表或视图中的字段、变量和表达式的计算结果的控件是（　　）。

  A. 报表控件   B. 域控件   C. 标签控件   D. 图片/绑定控件

（10）在创建快速报表时，基本带区包括（　　）。

  A. 标题、细节和总结   B. 页标头、细节和页注脚

  C. 组标头、细节和组注脚   D. 报表标题、细节和页注脚

2. 简答题

（1）如何将设计好的菜单添加到指定的表单？

（2）下拉式菜单和快捷菜单有何区别？

（3）如何生成菜单程序文件？

（4）在报表设计器中共有几个带区，各带区的作用是什么？

（5）域控件主要用在哪些场合？

（6）如何设置报表的数据环境？

3. _PAGENO 系统变量是一个记录当前打印页数的数值型变量，起始值为 1，每页自动增 1，一般用该变量输出打印页码。在【例 5-6】中，设置页码域控件的表达式为 LTRIM(STR(_PAGENO))，并置数据类型为字符型，对齐方式为居中对齐。实际上也可以直接设置页码域控件的表达式为_PAGENO，这两种设置方式的区别是什么？

4. 在自定义菜单中可以引用系统菜单吗？如果可以，应该怎样引用？

5. 设计如下结构的菜单：

  系统管理

    环境设置

    退出

  文件管理

    复制文件

    删除文件

    打开文件

6. 设计一个报表，该报表可按部门打印输出指定月份工资数据。

第6章 应用程序发布

软件是指计算机程序及相关数据和文档，软件的核心是计算机程序（或称应用程序）。本章不区分应用程序和软件。软件开发一般是在实验室中完成的，软件在交付用户之前必须经过一定的处理，不能把实验室中的原始程序代码直接交付给最终用户，而应把应用程序制作成可以由用户自定义安装的软件产品。把实验室中的软件转换为用户可以自行安装配置的软件产品的过程一般叫软件发布或应用程序发布。

6.1 应用程序开发者和应用者

6.1.1 开发者的基本问题

应用程序的开发是一个持续的过程，在这个过程中，开发者主要需要面对以下问题。

① 应用程序需要实现的功能是什么？了解和明确功能需求是开发应用程序的前提，不能设想在不能确定应用程序需要实现的基本功能之前可以设计出应用程序。

② 采用什么程序设计语言或开发工具实现应用程序？应用程序总是要用具体的程序设计语言或开发工具来实现，确定开发工具或语言是开发者必须首先面对的问题，甚至在实际设计工作开始之前就需要明确开发工具或语言。

③ 进行必要的设计工作。从软件工程的角度来说，设计应用程序和实际编制程序代码是两个不同的阶段，当软件的功能较简单时，设计工作可以相应简化，但必须进行必要的软件设计。软件设计要解决的问题是软件的功能、结构和运行方式的问题。

④ 编程及调试、测试。编程过程就是用开发工具，如 Visual FoxPro 等实现设计的软件的过程，调试与测试的目的是发现软件的错误并予以改正，从而降低用户使用过程中发现错误的可能性。

⑤ 必要的文档。软件文档一般可以分为两类：设计文档和使用操作文档。设计文档是软件开发和维护需要的文档，有了设计文档，开发人员才能设计出应用程序代码，维护人员才能对应用程序进行必要的修改和维护。操作文档则是用户使用软件时必不可少的资料，它是用户操作和维护应用软件的参考依据。

⑥ 发布应用程序。开发者必须给最终用户提供一个可以方便地安装和配置的软件产品，从而可以自行安装配置和操作软件。

开发者解决上述问题的过程就是软件开发的过程。在这个过程中软件发布是一个重要的工作，其意义在于：

① 保护开发者的知识产权，软件发布把原始开发代码编译成可执行程序，提交给用户的产品不包含源程序代码，同时，在发布软件时可以对软件产品做必要的版权保护处理；

② 提升软件产品的技术层次，自动安装配置是对软件产品的基本要求，设想一下，如果

用户直接使用开发的源代码，要配置好程序的运行环境和运行程序该是一件多么困难的事情；

③ 节约维护成本，自动安装配置的软件一般可以由用户自行安装和维护，开发者不需要过多地介入维护过程，因此可以降低开发者维护软件的成本。

在应用程序发布阶段，开发者的主要工作是为方便用户安装和应用软件产品而对其进行必要的处理，其核心工作之一是制作用户可以自行安装和配置的软件产品发布盘。

6.1.2 应用者的基本问题

在软件开发过程中，应用者所面对的基本问题是：

① 需要开发一个什么样的软件，即软件的功能需求是什么，软件是为应用者开发的，它要能够实现应用者需要它实现的功能；

② 软件如何安装配置，用户需要的是一个软件产品，它需要易于安装和配置；

③ 软件如何操作，用户仅仅是使用者，他不需要了解开发的细节，但需要知道如何使用；指导用户操作软件的工具就是操作文档，如《操作说明书》或《用户手册》等，通过这些文档用户可以快速了解和掌握软件的操作方法。

6.2 利用项目管理器管理应用程序对象

Visual FoxPro 项目管理器既是软件开发管理的工具，同时也是软件发布的工具。利用项目管理器可以非常方便地设计、调试、测试和发布应用程序。为描述方便，本章把项目管理器中的所有对象统称为应用程序对象或程序对象。

6.2.1 管理和调试应用程序对象

通过项目管理器建立的数据库、表、视图、查询，表单、程序、菜单等应用程序对象都会自动加入到项目管理器中。可以把项目管理器中不需要的应用程序对象移出，也可以把单独建立的应用程序对象添加到项目管理器中。一般应把所有应用程序对象保存在一个文件夹中并把该文件夹设置为默认目录，在建立各类应用程序对象时，应采用一致、规范的命名方法。

在项目管理器中选择某一对象后，"移去"按钮有效，点击该按钮后，系统显示"移去"、"删除"选择对话框（图 6-1），选择"移去"则只从项目管理器中移出相应的应用程序对象，选择"删除"则把选定的应用程序对象文件从磁盘上删除。

在项目管理器中选中待添加应用程序对象节点，"添加"按钮有效，点击该按钮显示"打开"文件对话框（图 6-2），浏览选择待添加的文件后，点击"确定"按钮即可把选定的应用程序对象文件添加到项目管理器中。

通过项目管理器可以调试运行某些应用程序对象，如表单、程序、菜单等。以【例 4-13】表单为例，在项目管理器中选定表单 Form4_13，然后点击"运行"按钮即可运行该表单。在应用程序设计阶段，需要调试运行每一个表单以验证其功能的正确性。

6.2.2 应用程序执行入口与事件处理循环

在一个应用程序项目中往往包含很多程序、表单、菜单等可执行程序对象，这些程序对象相互之间一般存在调用关系，其中最先执行的程序对象就是整个应用程序的执行入口。

图 6-1 移去/删除选择对话框

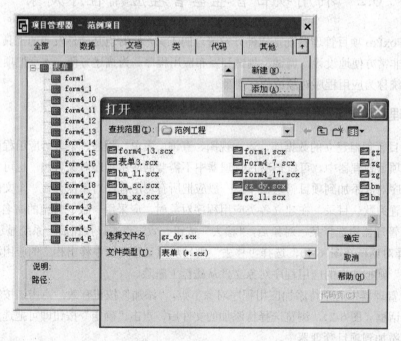

图 6-2 打开文件对话框

1. 主文件设置与事件处理循环

在 Visual FoxPro 项目管理器中，把应用程序的入口文件称为主文件。主文件的选择与应用程序的初始操作界面有关，一般有两种初始界面设置方式：

（1）应用程序打开单独的表单，称为主表单，在主表单上打开一个操作菜单，称为主菜单，通过主菜单可以打开其他功能表单；当操作结束时，关闭主表单，这时程序结束运行；

（2）应用程序使用 Visual FoxPro 主窗口，只是用主菜单替换掉主窗口菜单，在程序结束时，恢复 Visual FoxPro 主窗口菜单。

对于第一种设置方式而言，应设置一个程序文件作为主文件，这个程序称为主程序。主程序的代码一般应包含以下内容：运行环境设置、打开主表单、恢复运行环境。

对于第二种设置方式而言，既可以设置一个程序文件作为主文件，也可以直接设置主菜单文件为主文件。设置一个程序文件是主文件时，这个程序依然称为主程序，其代码一般应包含以下内容：运行环境设置、打开主菜单、恢复运行环境、恢复 Visual FoxPro 系统菜单。

主表单、主菜单和主程序的代码设计依据初始界面设置的不同而不同，其核心是事件处理循环。

正常情况下，程序是顺序执行的，执行过程中程序一般不会停顿，例如，有下面的两个程序：

```
DO FORM Form1_1
QUIT
```

```
DO PP.MPR
QUIT
```

执行左面的程序时，在显示完表单 Form1_1 之后，并不会停留在表单操作界面，程序会立即执行 QUIT 命令并退出 Visual FoxPro。同样，在执行右面的程序时，在执行完菜单程序 PP.MPR 后，并不会停留在菜单操作界面，而是会立即执行 QUIT 命令退出 Visual FoxPro。对于表单、菜单等对象而言，如果希望程序可以响应相应对象的操作事件，就必须让程序进入等待并响应对象事件的状态，这种状态叫做事件处理循环，在启动事件处理循环之后，用户对对象的各种操作会自动触发相应对象的事件并执行对应的脚本。启动事件处理循环的语句是 READ EVENTS 语句，执行该语句后，程序自动进入事件处理循环，直到在某一事件发生时执行了 CLEAR EVENTS 语句之后才退出事件处理循环，由对应的 READ EVENTS 启动的事件处理循环结束，这时程序会继续执行 READ EVENTS 语句之后的语句序列。在事件处理循环期间，程序的执行点一直停留在 READ EVENTS 语句上。

图6-3 示例菜单结构

依据初始操作界面的选择，事件处理循环的设计会有所不同。为说明问题方便，假定建立一个新的项目 Project6_1，其中包含 gzdb 数据库，Form4_1、Form4_2、Form4_3、Form4_4、Form4_5、Form4_6、Form4_7 等表单（第四章建立的表单）。设计一个主表单 zhubiaodan，设置其 Caption 属性为"主表单"，DeskTop 属性为.T.，MDIForm 属性为.T.，ShowWindow 属性为2（顶层表单）。设计一个主菜单 zhucaidan，其菜单层次结构如图6-3所示。

2. 主程序-主表单-主菜单结构的事件处理循环设计

对于 Project6_1 而言，采用主程序-主表单-主菜单结构时，应在主程序中执行主表单，然后启动事件处理循环，在主表单中打开主菜单，选择"结束退出"菜单操作时关闭主表单，在关闭主表单时结束事件处理循环。

为使菜单能够与主表单协调，需要设置主菜单常规选项如图6-4所示。

可以设计一个主程序 main.prg（主文件）如下：

```
* 设置运行环境
DO FORM zhubiaodan.scx
READ EVENTS
```

* 恢复初始环境

主程序首先应进行运行环境设置（依需要添加代码），然后执行（打开）主表单并启动事件处理循环。

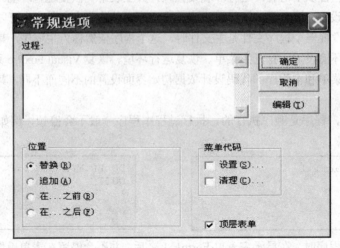

图 6-4　主菜单常规选项设置

在主表单打开时显示主菜单，设计 zhubiaodan 表单如下 Init 事件脚本即可：

```
DO zhucaidan.mpr WITH THIS,"PZCD"
```

在关闭主表单时，释放主菜单，同时结束事件处理循环，设计 zhubiaodan 表单如下 Unload 事件脚本即可：

```
Release Menu PZCD
Clear Events
```

在点击"结束退出"菜单项时，应关闭主表单，设置该菜单的菜单命令为 zhubiaodan.Release 即可。

完成上述设计并编译生成 EXE 文件（Project6_1.exe）后，运行 EXE 程序的效果如图 6-5 所示。

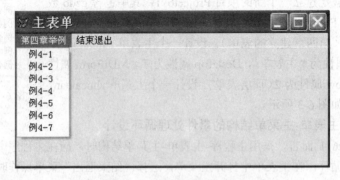

图 6-5　主程序-主表单-主菜单结构程序运行效果

点击"结束退出"菜单或表单控制盒中的关闭按钮都可以结束程序的运行。

3．主程序-主菜单结构的事件处理循环设计

应用程序可以直接使用 Visual FoxPro 主窗口，只要把 Visual FoxPro 的主菜单替换为应用程序的主菜单即可。因为没有顶层表单，因此需要取消 zhucaidan 的菜单常规选项中的"顶层

表单"选择。

主程序中首先应设置系统环境，然后打开主菜单并启动事件处理循环，当事件循环结束时应恢复初始环境和 Visual FoxPro 系统菜单（恢复系统菜单的命令是 SET SYSMENU TO DEFAULT）。设计主程序 main.prg（主文件）如下：

```
* 设置运行环境
DO zhucaidan.mpr
READ EVENTS
SET SYSMENU TO DEFAULT
* 恢复初始环境
```

在点击"结束退出"菜单项时，应结束事件处理循环，设置该菜单的菜单命令为 Clear Events 即可。

完成上述设计并编译生成 EXE 文件后，运行 EXE 程序的效果如图 6-6 所示。

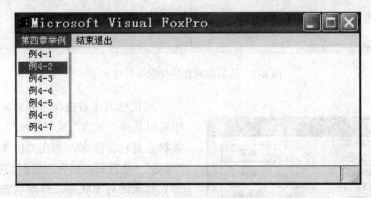

图 6-6 主程序-主菜单结构程序运行效果

点击"结束退出"菜单时执行 Clear Events 命令结束事件处理循环，主程序继续执行 Read Events 命令之后的 SET SYSMENU TO DEFAULT 命令恢复 Visual FoxPro 主菜单，然后结束执行。

4. 主菜单结构的事件处理循环设计

在直接从主菜单开始执行的应用程序结构中，需要在菜单中启动和结束事件处理循环。启动事件处理循环应该在菜单对象已经建立和显示之后，在菜单常规选项中添加如下"清理"代码即可：

```
* 设置运行环境
READ EVENTS
SET SYSMENU TO DEFAULT
* 恢复初始环境
```

"结束退出"菜单命令同样需要结束事件处理循环，即执行 CLEAR EVENTS 命令，这时继续执行清理代码中 READ EVENTS 语句后面的语句，从而恢复系统菜单和初始系统环境。

在完成上述设计后，设置 zhucaidan 为主文件即可，其运行效果与图 6-6 相同。

6.2.3 连编应用程序

设计好程序的初始运行结构和主文件之后就可以连编生成最终程序了，连编结果可以是一个应用程序文件（.app 文件）或可执行文件（.exe 文件），连编结果中可以包含所有应用程序对象。可以选择是否在连编结果程序中包含数据库及表，图 6-7 左侧表示连编结果不包含（即排除）gzdb 数据库和 bmb、zgb、gzb 等表。图 6-7 右侧则表示连编结果包含 gzdb 数据库和 bmb、zgb、gzb 等表。

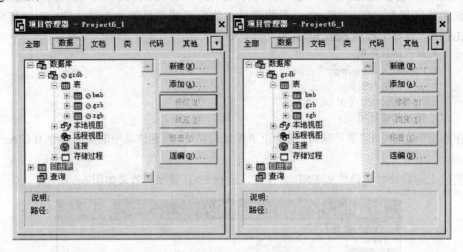

图 6-7 数据库对象的排除与包含状态

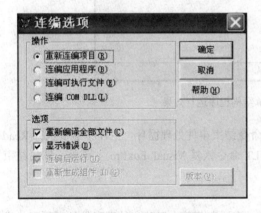

图 6-8 连编选项对话框

用鼠标右击数据库及表对象，在弹出菜单中可以选择"包含"或"排除"。如果原来的对象状态是包含状态，则在弹出菜单中可以选择"排除"，选择后，相应对象即切换为排除状态。如果原来的对象状态是排除状态，则在弹出菜单中可以选择"包含"，选择后，相应对象即切换为包含状态。

选择为包含状态的数据库和表在程序运行时不能被修改，如果希望程序运行时能够修改表及其数据，就必须把相应的表排除。

点击项目管理器中的"连编"按钮即可打开连编选项对话框（图 6-8）。

对话框中的"选项"用于设置连编策略，选中"重新编译全部文件"时将会在每次连编时编译所有文件（未选此项时则只重新编译自上次编译后修改过的文件）。

可以选择四种编译操作：

- 重新连编项目
- 连编应用程序
- 连编可执行文件
- 连编 COM DLL（本书不予介绍）

选择"重新连编项目"并点击"确定"按钮后，将重新连编整个项目，系统会依据文件的引用关系自动把尚未添加进项目的相关文件自动添加到项目中。

选择"连编应用程序"并点击"确定"按钮后，系统显示"另存为"对话框（图 6-9）。

在"保存在:"下拉表中可以选择目标文件夹，在"应用程序名"输入框输入一个应用程序文件名（缺省的文件名是项目文件名），然后点击"保存"按钮，这时就会开始编译应用程序，编译结束后，在指定文件夹中就可以找到编译生成的.app 文件。

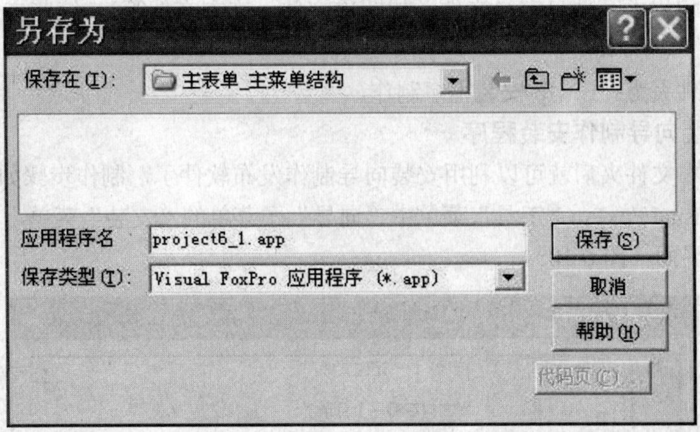

图 6-9　另存为对话框

选择"连编可执行文件"的操作与"连编应用程序"操作相同，只是编译结果是一个 EXE 文件。

应用程序文件（.app 文件）不能脱离 Visual FoxPro 独立运行，可执行文件（EXE 文件）则可以脱离 Visual FoxPro 独立运行。

6.3　发布应用程序

发布过程就是把最终的软件制作成用户可以自行安装配置的软件，这样最终用户就可以独立完成软件的安装配置操作并顺利使用相应软件。Visual FoxPro 为制作安装程序提供了技术支持。

6.3.1　发布软件的制作

可以使用 Visual FoxPro 的安装向导制作发布软件，也可以使用其他安装程序制作软件制作安装程序，例如 Setup2GO 就是一个很好的安装制作软件。本节只介绍利用 Visual FoxPro 安装向导制作安装软件的方法。

1．发布文件夹与发布文件

发布软件需要包含应用程序和其他相关文件，这些文件在安装软件时被安装到安装文件夹中。应把所有发布文件放到一个文件夹中，这个文件夹就是发布文件夹。

对于连编为.app 文件的应用程序而言，发布文件夹中需要包含相应的.app 文件和连编时选择"排除"的数据库、表文件及其索引文件和备注文件。

对于连编为.exe 文件的应用程序而言，发布文件夹中需要包含相应的.exe 文件、Visual FoxPro 动态连接库文件和连编时选择"排除"的数据库、表文件及其索引文件和备注文件。以 6.2.3 节连编生成的 Project6_1.exe 应用程序为例，发布文件夹中需要包含的文件如下：

- 可执行程序文件：Project6_1.exe；
- Visual FoxPro 动态连接库文件：vfp6r.dll，vfp6rchs.dll，vfp6renu.dll；
- 数据库文件：gzdb.dbc，gzdb.dcx，gzdb.dct；

● 表及其附属文件：bmb.dbf，bmb.cdx，zgb.dbf，zgb.cdx，gzb.dbf，gzb.cdx。

如果程序中使用了其他自定义文件（如图象文件、文本文件等），这些文件也应被复制到发布文件夹中。

假定发布文件夹为：E:\vfp 安装程序制作。

2．利用安装向导制作安装程序

在准备完发布文件夹后就可以利用安装向导制作发布软件了，制作步骤如下所述。

<1> 选择 Visual FoxPro "工具"菜单中"向导"子菜单的"安装"菜单，系统显示安装向导"定位文件"界面（图 6-10）。

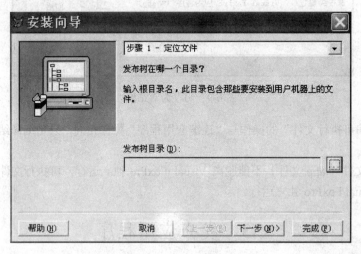

图 6-10　定位文件界面

<2> 发布树目录即是发布文件夹（其中可以包含子文件夹），点击"发布树目录"文本框右端的浏览选择按钮可以浏览选择发布树目录（图 6-11，本例目录为：E:\vfp 安装程序制作），选择好目录后点击"选定"按钮，选定的文件夹全路径字符串即显示在"定位文件"界面的"发布树目录"中。

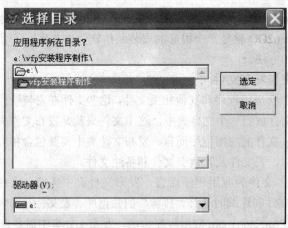

图 6-11　选择目录对话框

<3> 选择完发布树目录后，点击"定位文件"界面的"下一步"按钮，系统显示向导的"指定组件"界面（图 6-12）。

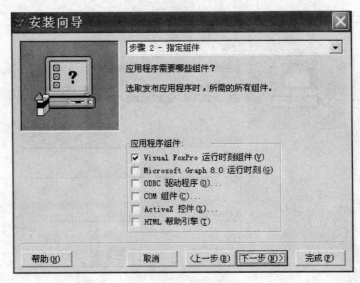

图 6-12　指定组件界面

　　<4>　"Visual FoxPro 运行时刻组件"是指 Visual FoxPro 动态连接库文件，该组件是必选的（缺省为选中状态）。如果程序表单中使用 Graph 8.0 的控件则必须选择包含"Microsoft 8.0 Graph 运行时刻"组件。如果程序通过 ODBC 访问远程数据库则应选择包含"ODBC 驱动程序"。如果程序表单中使用了 OLE 控件则应选择包含"COM 组件"。如果程序表单中使用了 ActiveX 控件则应选择包含"ActiveX 控件"。如果程序使用了 HTML 帮助则应选择包含"HTML 帮助引擎"。选择完包含的程序组件之后，点击"下一步"按钮，系统显示"磁盘映象"设置界面（图 6-13）。

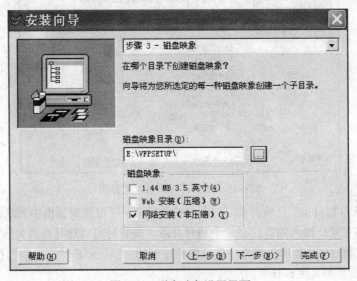

图 6-13　磁盘映象设置界面

　　<5>　可以直接在"磁盘映象"目录输入框中输入磁盘映象目录（保存安装程序的文件夹路径），也可以点击输入框右侧的浏览选择按钮浏览选择磁盘映象目录。在"磁盘映象"选择中，一般选择"网络安装（非压缩）"或"Web 安装（压缩）"，1.44 MB 软盘安装已经过时。完成上述操作后点击"下一步"按钮，系统显示"安装选项"设置界面（图 6-14）。

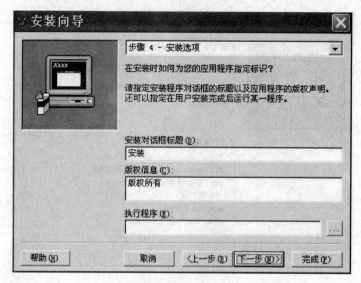

图 6-14　安装选项设置界面

<6> 在"安装选项"界面中可以选择安装对话框的标题、版权信息，也可以指定一个在安装完成后执行的程序（一般不需要）。设置完安装选项后，点击"下一步"按钮，系统显示"默认目标目录"设置界面（图6-15）。

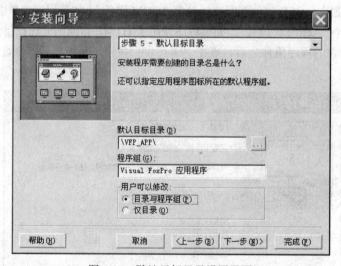

图 6-15　默认目标目录设置界面

<7> "默认目标目录"是软件安装时的安装文件夹，可以在对话框中"默认目标目录"输入框中输入安装目录，输入内容应是一个相对目录（安装时可以选择修改）。在"程序组"输入框输入的是安装程序在程序管理器中建立的程序组的名字。点击"下一步"按钮，系统显示"改变文件位置"界面（图6-16）。

<8> 对话框中表格内的"文件"列列出了所有安装文件；"目标目录"列出了对应文件的安装文件夹，可以选择应用程序安装文件夹（AppDir）、Windows 文件夹（WinDir）或 Windows 系统文件夹（WinSysDir）。ActiveX 选项用于指示 ActiveX 控件文件；"程序管理器项"用于指定应用程序，选中的程序将在 Windows 程序组中生成对应的程序项，选中某一程序文件时，系统显示程序组菜单项设置对话框（图6-17）。

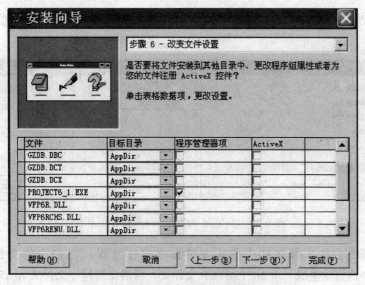

图 6-16 改变文件位置界面

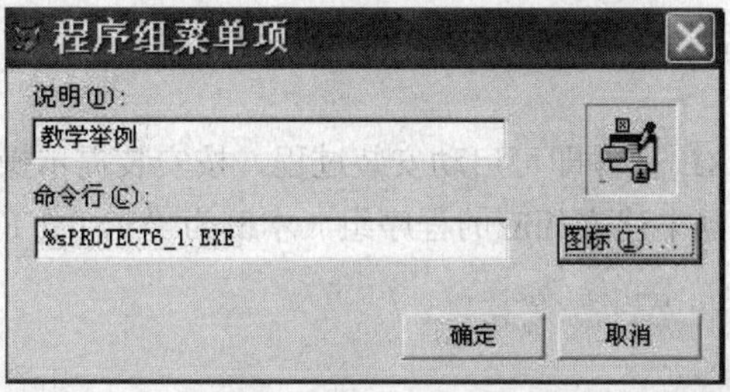

图 6-17 程序组菜单项设置对话框

<9> 对话框中"说明"输入框输入的是在程序组中建立的程序项名字,命令行输入框中 %s 表示应用程序安装文件夹,其后的内容是应用程序文件名,点击"图标"按钮可以浏览选择应用程序的图标。点击对话框"确定"按钮即可返回"改变文件位置"界面,点击"下一步"按钮,系统显示"完成"界面(图 6-18)。

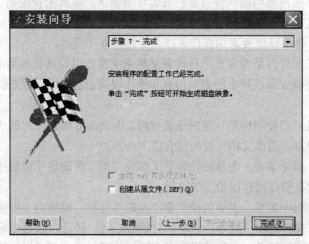

图 6-18 向导完成界面

<10> 一般不需要选择"创建从属文件(.DEP)",点击"完成"按钮即开始创建安装文件,

这时系统会自动显示安装向导的进展情况（图 6-19 左图），最后显示"统计信息"（图 6-19 右图）。

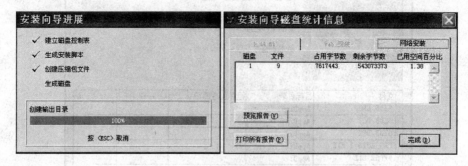

图 6-19 安装向导进展及结果统计信息

<11> 点击"完成"按钮即完成了安装程序制作过程，在指定的文件夹（本例为 E:\VFPSETUP）内自动生成一个 NETSETUP 文件夹（网络安装程序文件夹），该文件夹的文件即为最终的安装文件，其中 SETUP.EXE 为安装程序，CAB 文件为程序打包文件。把该文件夹的内容复制到发布盘（U 盘或光盘）即可交给用户自行安装了。

3．安装说明

安装时点击 SETUP.EXE 文件即可启动安装过程，按安装提示操作即可完成安装，这时会在 Windows 应用程序管理器中建立相应的程序组（本例为"Visual FoxPro 应用程序"）和程序项（本例为"教学举例"）。

6.3.2 说明文档

关于软件文档有相应的软件工程规范，本书不讨论这些具体规范，而是从操作的角度来说明这些文档的必要性及其应该包括的内容。

在实际开发一个应用程序时，需要为最终用户提供相应的程序操作说明文档，这些文档至少应包括安装配置说明和操作说明两类信息。

安装配置说明文档需要明确软件需要的安装环境要求，参数配置说明以及安装说明。

安装环境一般包括硬件环境要求和软件环境要求，硬件要求如 CPU、内存、磁盘空间、网络等硬件环境要求。软件环境要求如操作系统、支撑软件环境等。

参数配置说明是指软件是否需要特殊设置某些系统参数以及这些参数的设置方式。

安装说明需要提供安装过程中的提示信息和操作说明信息，这样用户就可以独立安装应用程序了。

操作说明文档是用户使用应用软件的重要文档，用户在使用软件时的所有问题都应该在该文档中予以说明和解答。操作文档一般应包含以下内容。

（1）功能说明 每个菜单、表单的功能定义都要完整、明确地予以说明，用户可以据此了解软件的基本功能并在操作时作出恰当的选择。

（2）操作说明 每个菜单、表单的操作要求都需要完整、准确地予以说明。说明的组织方式有两种，一种是以操作界面（菜单、表单）为核心，另一种是以管理目标为核心。以操作界面为核心的组织方式比较简单，只要按模块顺序组织就可以了，其缺点是最终用户在使用时可能不容易掌握应该通过哪些菜单、表单实现自己的管理要求。以管理目标为核心的组织方式以具体的业务流程为主线组织文档,其优点是最终用户能够快速了解自己的管理要求需要通过哪些菜单、表单操作来实现,缺点是设计者需要准确把握具体的管理业务流程,编制文档的难度相应增大。

文档是软件的重要组成部分,无论是软件开发者还是用户都应非常重视软件文档。对于开发者而言,应提供相应的软件文档。对于用户而言,应把文档作为验收软件的基本内容。对于一个正规的软件产品而言,文档是必须要有的,绝对不是可有可无的。

本章小结与深入学习提示

1. 软件是指计算机程序及相关数据和文档,软件的核心是计算机程序(或称应用程序)。软件包括程序,反过来程序一般不能体现软件的全貌。

2. 应用程序发布是软件开发的重要步骤,是软件形成软件产品的过程。应用程序发布的核心内容是形成可以自行安装的安装程序。

3. Visual FoxPro 为安装程序制作提供了生成向导,利用该向导可以方便地把 Visual FoxPro 应用程序打包生成安装程序。

4. 可以采用其他安装制作软件制作安装程序。

习　题　6

1. Visual FoxPro 应用程序的事件处理循环是什么?事件处理循环什么时候开始?什么时候结束?

2. 请举例说明软件文档的重要性。

3. 利用 Visual FoxPro 安装向导实际制作一个安装程序,并在其他计算机上安装这个安装程序,体会安装制作向导的每一步操作。如果有条件,利用其他安装制作软件制作安装程序,并与 Visual FoxPro 安装向导运行过程进行对比。

4. 举例说明什么是目录,什么是文件夹。

第 7 章 程序设计进阶

7.1 程序结构的图示化表示

从软件工程的角度而言，程序设计是一个从设计到实现的过程。当程序的规模足够大时，直接编制程序代码几乎是不可能的，需要先进行程序结构设计，然后才可能编制程序代码。用图示化方式描述程序结构是程序设计的基本手段之一，本书介绍程序流程图和盒图这两种程序结构设计图示化方法。

7.1.1 程序流程图

程序流程图也叫程序框图，是最早采用的程序设计工具，通过流程图可以清晰描述出程序的结构并能方便地用程序设计语言实现。

1. 流程图符号

流程图符号主要包括：起止框、处理框、输入输出框、判断框、流程线、连接符，图 7-1 从左至右依次给出了相应的图形符号。

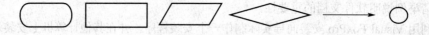

图 7-1 常用流程图符号

起止框用于表示程序的开始或结束，在图形符号内可以添加"开始"、"结束"字样。起始框只有一个发出的流程线，结束（终止）框可以有一个或多个流入的流程线。

处理框表示一个完整的功能处理，可以在处理框内添加处理内容描述文字。处理功能一般具有很大的伸缩性，可能很大，也可能很小。当处理功能很大时，往往又能进一步分解成更详细的流程图。处理框可以有多个流入的流程线，但只能有一个流出的流程线。

输入输出框用于表示输入输出，在输入输出框内可以添加说明性文字或给出输入输出内容。输入输出框的流程线限制与处理框相同。

判断框用于表示逻辑判断，一般应在判断框内给出判断条件。判断框可以有多个流入的流程线，但只能有两个流出的流程线，在两个流出的流程线中，一个是条件成立（真，一般用 Y 表示）时程序的执行流程，另一个是条件不成立（假，一般用 N 表示）时程序的执行流程。

流程线用于表示程序的执行顺序，箭头表示执行的方向。程序中起始流程线从起始框发出，结束流程线指向结束框。

连接符用于流程线的接续。当流程图较大时，往往不能在一页纸上表示出来，用连接符可以接续断开的流程线。连接符内可以写上连接序号，两页中接续的连接符编号相同。

2. 三种基本程序结构

程序结构有三种：顺序结构、选择（分支）结构和循环结构。

顺序结构如图 7-2（a）所示。顺序结构程序沿流程线依次执行各处理操作。

选择结构如图 7-2（b）、图 7-2（c）所示。选择结构可以依据判断条件改变程序执行的流程。图 7-2（b）可以选择是否执行给定的语句序列，Visual FoxPro 中的简单条件语句可以实现此功能。图 7-2（c）可以选择执行语句序列 1 或语句序列 2，Visual FoxPro 中的分支条件语句可以实现此功能。

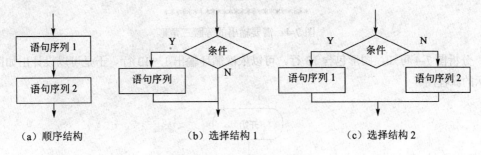

（a）顺序结构　　　　　　（b）选择结构 1　　　　　　（c）选择结构 2

图 7-2　顺序结构和选择结构

循环结构如图 7-3 所示。

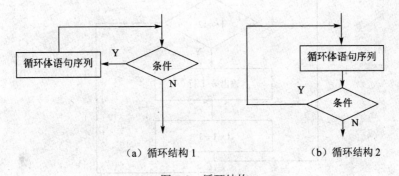

（a）循环结构 1　　　　　　（b）循环结构 2

图 7-3　循环结构

循环结构可以分为两种，第一种是图 7-3（a）所示的结构，这种结构的循环首先判断循环条件，条件成立（为"真"）时执行一次循环体语句序列，然后继续判断循环条件，如此重复直至循环条件不成立（为"假"）为止。这种循环的循环体语句序列可能一次都不被执行。Visual FoxPro 中的 DO WHILE 循环，FOR 循环和 SCAN 循环都属于这种循环。

第二种是图 7-3（b）所示的循环结构，这种结构的循环首先执行循环体语句序列，然后判断循环条件，如果条件成立则继续执行循环体语句序列，如此重复直至循环条件不成立（为"假"）为止。这种循环的循环体语句序列至少被执行一次。

用流程图设计程序的过程一般是一个逐步细化的过程，即先设计出初步解决问题的流程图，然后再细化每一个步骤直至可以设计出完整程序为止。

【例 7-1】 设计程序输出如图 7-4 所示的等腰三角形。

图 7-4　需要输出的等腰三角形

分析图 7-4 可知，图形包含 13 行，可以依次循环输出 1～13 行。于是可以设计出如图 7-5 所示的流程图。

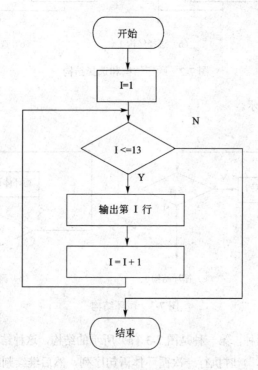

图 7-5　程序流程图

由图 7-5 可以设计出相应的程序结构：

```
FOR I=1 TO 13
    * 输出第 I 行
ENDFOR
```

图 7-5 中"输出第 I 行"还需要继续细化才能实现。分析图 7-4 可知，如果以第 13 行行首无空格符计算，第 12 行行首 1 个空格，第 11 行行首 2 个空格，…，第 1 行行首 12 个空格，即第 I 行行首须先输出 13-I 个空格。

第 1 行有 1 个星号，第 2 行有 3 个星号，…，第 I 行有 2*I-1 个星号，于是可以设计出"输出第 I 行"的流程图（图 7-6）。

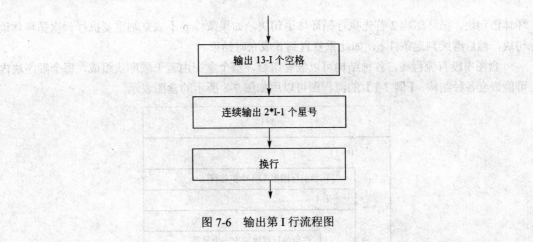

图 7-6　输出第 I 行流程图

用图 7-6 替换图 7-5 中的"输出第 I 行"处理框即可得到完整的程序流程图。"输出第 I 行"处理可以用下列代码实现：

```
?? SPACE(13-I)          && 输出 13-I 个空格
FOR J=1 TO 2*I-1        && 在当前行连续输出 2*I-1 个星号
    ?? "*"
ENDFOR
?                       && 换行
```

完整的程序如下：

```
FOR I=1 TO 13
    ?? SPACE(13-I)
    FOR J=1 TO 2*I-1
        ?? "*"
    ENDFOR
    ?
ENDFOR
```

7.1.2　盒图（N-S 图）

用程序流程图设计程序时由于流程线指向可以非常灵活，用程序代码实现需要用到转移语句，这种语句可以直接改变语句的执行顺序，其结果是程序的结构比较复杂。盒图不存在流程线，因而可以避免任意转移的问题。盒图也叫 N-S 图，N、S 分别取自创立者姓名首字符。

盒图也包含三种程序结构：顺序结构、选择结构和循环结构（图 7-7）。

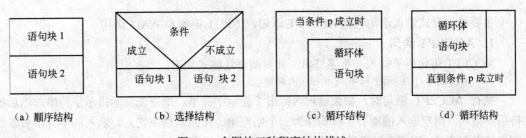

（a）顺序结构　　　　（b）选择结构　　　　（c）循环结构　　　　（d）循环结构

图 7-7　盒图的三种程序结构描述

顺序结构中依次执行语句块 1、语句块 2、…。选择结构当条件 p 成立（为"真"）时执行语句块 1，条件 p 不成立（为"假"）时执行语句块 2。循环结构 1 在条件 p 成立时重复执行循环体语句块。循环结构 2 首先执行循环体语句块，如果条件 p 不成立则重复执行一次循环体语句块，然后继续判定条件 p，如此重复直到 p 成立时结束。

盒图中没有流程线，各种结构可以嵌套组合，整个盒图由若干顺序块组成，每个顺序块内可能嵌套各种结构。【例 7-1】的流程图可以用如图 7-8 所示的盒图表示。

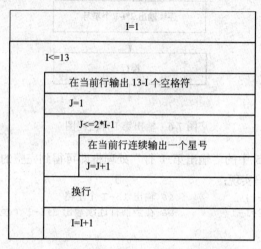

图 7-8　输出图 7-4 图形的盒图

一般而言，只有当程序设计规模足够大、足够复杂时才需要使用图形设计工具，比如流程图或盒图，这既有利于问题的分析和求解，也便于形成完整的设计文档，为程序的开发、测试和运行维护提供依据。在可视化程序设计环境下，需要设计的是对象的事件脚本代码，这些代码一般规模较小，复杂度也较低，因此一般不需要借助流程图或盒图等图形工具进行设计。

7.2　交互式输入输出语句

在可视化程序设计工具出现以前，程序的输入和输出都是通过语句实现的，用户根据屏幕操作提示输入数据，程序把处理结果在屏幕上输出，就像人和计算机相互对话一样。一般把这样的操作状态叫做交互状态。Visual FoxPro 依然保留了许多面向交互式操作的输入、输出语句。2.1.2 节已经介绍的输出语句（?和??命令）就属于交互式输出语句。

7.2.1　交互式输入语句

主要的交互式输入语句包括 ACCEPT 语句、INPUT 语句和 WAIT 语句。

1．ACCEPT 语句

ACCEPT 语句用于输入一个字符串，其典型语法格式如下：

```
ACCEPT [<提示字符串>] TO <内存变量>
```

执行 ACCEPT 语句时，如果语句内给出了提示字符串，则首先显示提示字符串，然后等待用户输入，用户输入的所有字符均作为一个字符串，按回车结束输入，输入的字符串被赋给指定的内存变量。程序可以通过内存变量取得用户输入的字符串。如果希望用 ACCEPT 语句输入数值等其他类型的数据，需要在程序中通过转换函数进行转换。

2．INPUT 语句

INPUT 语句可以输入多种类型的数据，其典型语法格式如下：

```
INPUT [<提示字符串>] TO <内存变量>
```

执行 INPUT 语句时，如果语句内给出了提示字符串，则首先显示提示字符串，然后等待用户输入。用户可以输入数值、日期、逻辑值或字符串，输入时需要输入相应数据的定界符；例如，输入日期值时需要按日期常量格式输入；输入字符串时，需要输入两端的引号或方括号。按回车结束输入，输入的数据被赋给指定的内存变量。程序可以通过内存变量取得用户输入的数据。

3. WAIT 语句

WAIT 语句可以输入一个控制字符，以决定程序的执行路线。WAIT 语句的典型语法格式如下：

```
WAIT [<提示字符串>] [TO <内存变量>]
```

WAIT 语句执行时，首先显示提示信息（如果给出了提示字符串则提示该字符串，否则显示"按任意键继续……"）并等待用户输入一个字符，用户按下键盘的任一键后结束执行。如果指定了内存变量，则把用户按下的键盘字符保存到该变量中，程序可以通过该变量判断用户的操作意图。

【例 7-2】 随机生成一个 1～6 的整数，然后用户猜想这个数是几（输入一个 1～6 的数），无论猜的对错，都给出提示并让用户选择是否继续。

下面的程序可以实现这样的处理要求：

```
CLEAR
DO WHILE .T.
    I=INT(6*RAND() + 1)
    ACCEPT "已经生成了一个数（1-6），猜一下是几: " TO N
    IF VAL(N) = I
        ? "恭喜，猜对了!!! "
    ELSE
        ? "哈哈，猜错了!!! "
        ?? "刚才产生的数是: ",I
    ENDIF
    WAIT "继续吗（Y/N）? " TO C
    IF UPPER(C)<>"Y"
        EXIT
    ENDIF
ENDDO
? "游戏结束了!!! "
```

程序中 INT(6*RAND() + 1)可以生成一个 1～6 之间的随机整数。一般地，INT(N*RAND()+1)可以生成一个 1～N 之间的随机整数。请注意逻辑表达式 UPPER(C)<>"Y"，如果直接判断 C="N"是否更好。用户在响应 WAIT 提示时，可能输入的不是 Y 或 N，如果判断 C="N"，显然不满足，因此会把所有不是 N，同时也不是 Y 的响应当作 Y 处理，这是错误的。如果用 C<>"Y"代替也会有问题，因为用户输入的可能是 y，这时判断结果为.T.，也是错误的。

7.2.2 定位输入/输出语句

定位输入/输出语句可以在屏幕的任意位置输入或输出数据，其典型语法结构如下：

```
@<行>,<列> [SAY <表达式 1>] [GET <变量 1>]
……    ……
READ
```

定位输入/输出语句在指定的行、列位置输出表达式 1（如果有 SAY 选项），在表达式 1 输出之后等待输入数据（如果有 GET 选项），输入的内容被赋给变量 1。一组包含 GET 选项的定位输入/输出语句之后需要有一个 READ 语句，执行到 READ 语句时，才开始各语句的输入。包含 GET 选项时，对应的变量必须已生成，其输入格式依据对应变量的类型自动改变。

【例 7-3】 利用定位输入/输出语句编辑修改 zgb 中指定职工号的记录，待修改记录职工的职工号通过键盘输入。

下列程序可以实现上述要求：

```
USE zgb
CLEAR
ACCEPT " 请输入查找职工的职工号: " TO Cno
LOCATE ALL FOR zgh=Cno
IF FOUND()
    bmh1=bmh
    zgh1=zgh
    zgm1=zgm
    xb1=xb
    sr1=sr
    jbgz1=jbgz
    tzsj1=tzsj
    @ 3,10 SAY "部门编号: " GET bmh1
    @ 4,10 SAY "职工编号: " + zgh1
    @ 5,10 SAY "职工姓名: " GET zgm1
    @ 6,10 SAY "职工性别: " GET xb1
    @ 7,10 SAY "出生日期: " GET sr1
    @ 8,10 SAY "基本工资: " GET jbgz1
    @ 9,10 SAY "调整时间: " GET tzsj1
    READ
    REPLACE bmh WITH bmh1,zgm WITH zgm1,;
    xb WITH xb1,sr WITH sr1,jbgz WITH jbgz1,tzsj WITH tzsj1
ELSE
    MessageBox("查无此人! ","提示! ")
ENDIF
USE
```

上述程序运行时的交互操作效果如图 7-9 所示。"部门编号:"的输出位置是第 3 行、第 10 列。

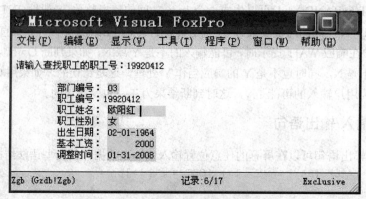

图 7-9　交互输入输出结果

7.3 嵌套分支

在一个条件分支语句的内部可以包含新的条件分支语句，这种结构叫做嵌套分支。

【例 7-4】 分别计算 01、02、03 号部门的职工总数并按人数从多到少的顺序输出之。

解决此问题的 N-S 图如图 7-10 所示。

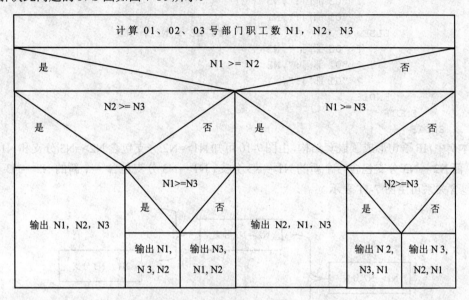

图 7-10 程序 N-S 图

依据程序 N-S 图可以实现相应的程序代码如下：

```
USE zgb
COUNT FOR bmh = "01" TO N1
COUNT FOR bmh = "02" TO N2
COUNT FOR bmh = "03" TO N3
USE
IF N1 >= N2
    IF N2 >= N3                    && N1 >= N2 >= N3
        ? "01 部门:",N1
        ? "02 部门:",N2
        ? "03 部门:",N3
    ELSE                           && N2 最小，N1,N3 谁最大？
        IF N1 >= N3                && N1 >= N3 >= N2
            ? "01 部门:",N1
            ? "03 部门:",N3
            ? "02 部门:",N2
        ELSE                       && N3 > N1 >= N2
            ? "03 部门:",N3
            ? "01 部门:",N1
            ? "02 部门:",N2
        ENDIF
    ENDIF
ELSE                               && N2 > N1
```

```
     IF N1 >= N3                    && N2 > N1 >= N3
        ? "02 部门:",N2
        ? "01 部门:",N1
        ? "03 部门:",N3
     ELSE                           && N1 最小，N2,N3 谁最大？
        IF N2 >= N3                 && N2 >= N3 > N1
          ? "02 部门:",N2
          ? "03 部门:",N3
          ? "01 部门:",N1
        ELSE                        && N3 > N2 > N1
          ? "03 部门:",N3
          ? "02 部门:",N2
          ? "01 部门:",N1
        ENDIF
     ENDIF
  ENDIF
```

本例中，IF 语句形成了嵌套结构，由图 7-10 可知 N1>=N2 分支包含 N2>=N3 分支和 N1>=N3 分支，而 N2>=N3 分支包含一个新的 N1>=N3 分支，N1>=N3 分支包含一个新的 N2>=N3 分支。这种包含关系可用图 7-11 表示。

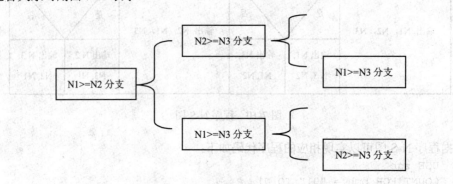

图 7-11　分支语句的包含关系

由图 7-11 可以看出，IF 语句的包含层次为 3 层，一般把这种包含层次叫做嵌套层次或嵌套深度。当 IF 语句嵌套层次较多时，程序会变得非常难懂，应尽可能避免出现这样的情况，可以用 DO CASE 语句来降低或避免 IF 语句的多层嵌套。

7.4　子程序、自定义函数、过程文件、变量作用域

在设计程序代码时，可能需要经常进行相同的处理，这些处理的代码完全相同，不同的只是参数，这样的程序代码可以独立出来单独编写，一般把这样的代码叫做程序模块，其他程序在需要时执行（调用）已经编写好的程序模块即可。子程序、自定义函数就是这样的程序模块。子程序、函数都是供其他程序调用的，一般把调用子程序或函数的程序称为调用程序（调用模块）或主程序（主模块）。当一个模块调用另一个模块时，往往把前者叫做上级模块，后者叫做下级模块。

可以把不同的子程序或函数保存到一个程序文件中，这个程序文件就是过程文件，其中的程序模块就叫做过程（Procedure），过程包括子程序过程和函数过程。

7.4.1 子程序

可以被其他程序调用执行，执行完成后返回到调用程序处继续执行的程序段叫做子程序。子程序可以保存在单独的程序文件中，也可以保存在过程文件中。

1. 子程序调用与返回

调用子程序用 DO 语句（命令）实现，其语法格式如下：

```
DO <子程序名>
```

子程序名可以是子程序文件名或子程序过程名，执行该命令时即开始执行子程序，执行完子程序后返回到 DO 语句之后的语句处继续执行。

在子程序中通过 RETURN 语句返回到调用程序，当执行到子程序中的 RETURN 语句时结束子程序执行。

【例 7-5】 假定程序中经常需要输出一行星号（90 个），可以用子程序输出之。

```
? REPLICATE("*",90)          && 输出 90 个星号
RETURN                       && 返回
```

假定上述子程序文件名为 p7_5_1.prg，下列程序调用该子程序（p7_5.prg）：

```
CLEAR
USE zgb
DO p7_5_1
LIST OFF FOR bmh = "01"
DO p7_5_1
LIST OFF FOR bmh = "02"
DO p7_5_1
LIST OFF FOR bmh = "03"
DO p7_5_1
USE
```

上述程序调用子程序 p7_5_1 输出 4 行星号。可以不用子程序，把子程序调用处换成输出星号的语句（p7_5_2.prg）：

```
CLEAR
USE zgb
? REPLICATE("*",90)          && 输出 90 个星号
LIST OFF FOR bmh = "01"
? REPLICATE("*",90)          && 输出 90 个星号
LIST OFF FOR bmh = "02"
? REPLICATE("*",90)          && 输出 90 个星号
LIST OFF FOR bmh = "03"
? REPLICATE("*",90)          && 输出 90 个星号
USE
```

上述两个程序的输出结果是相同的。用子程序的好处是 p7_5.prg 程序更易于调试修改。如果需要改变输出星号的个数，只要修改 p7_5_1.prg 中 REPLICATE 函数的参数即可，p7_5_2.prg 则要修改 4 个 REPLICATE 函数的参数。如果程序很大，对应的输出行很多，p7_5_2.prg 的修改会更困难。

2. 子程序参数传递

可以在调用子程序时向子程序传递参数，子程序针对具体参数进行处理。要向子程序传递参数，首先必须在子程序首部说明需要传递的参数，说明参数语句的典型语法格式如下：

```
PARAMETERS | LPARAMETERS  <参数表>
```

参数表为用逗号分隔的变量名，这些变量可以在子程序中引用，变量的值由调用程序传递给子程序。

用 PARAMETERS 指定的参数可以在本子程序及其调用的子程序中引用，其有效范围是子程序及其下级模块。用 LPARAMETERS 指定的参数则只能在本子程序中引用。

调用带参数的子程序时指定传递的参数，调用语句语法格式有如下两种：

```
DO  <子程序名> WITH <参数表>
<子程序名>（<参数表>）
```

子程序名可以是子程序文件名或子程序过程名，参数表是用逗号分隔的可求值的表达式列表。

子程序中的参数取值是不确定的，这些参数只有形式上的意义，代表着特定类型的量。一般把子程序中的参数叫做形式参数或形参。

在调用子程序时指定的参数类型、取值必须是确定的，这些参数可以是常量、变量、函数调用或可以计算求值的表达式。一般把调用子程序时传递的参数叫做实际参数或实参。

在调用子程序时，实参的个数、顺序、类型必须与形参一一对应。参数传递方式有两种：引用和传值。参数传递的规则如下：

- 表达式一律传值，即把表达式的值赋给对应参数；
- 第一种调用格式：单变量参数不加括号表示引用传递，加括号表示传值；
- 第二种调用格式：单变量参数不加括号时，按 UDFPARMS 设置确定传递方式，如果最近执行的是 SET UDFPARMS TO VALUE 则传值，如果最近执行的是 SET UDFPARMS TO REFERENCE 则引用。

传值传递时，子程序中对参数的操作与实参无关，子程序返回后，实参的值不变。引用传递时，子程序中对参数的操作就是对相应实参的操作，子程序返回后，实参的值可能被子程序改变。应该慎用引用传递。

【例 7-6】 设计一个可以打印输出包含任意多行（行数在 5~40 之间）星号的等腰三角形的子程序并调用该子程序输出 4 个等腰三角形，星号行数依次为 8，20，18，35。

由【例 7-1】可知，输出包含 13 行星号的等腰三角形的程序如下：

```
FOR I=1 TO 13
    ?? SPACE(13-I)
    FOR J=1 TO 2*I-1
        ?? "*"
    ENDFOR
    ?
ENDFOR
```

要输出包含 n 行星号的等腰三角形，把上述程序中的 13 修改为 n 即可。由此得到相应的子程序如下（假定子程序文件名为 p7_6_1.prg）：

```
Parameters n
FOR I=1 TO n
    ?? SPACE(n-I)
    FOR J=1 TO 2*I-1
        ?? "*"
    ENDFOR
    ?
ENDFOR
RETURN
```

可以设计下列程序输出相应的等腰三角形（p7_6.prg）：

```
CLEAR
DO p7_6_1 WITH 8
WAIT
?
DO p7_6_1 WITH 20
WAIT
?
DO p7_6_1 WITH 18
WAIT
?
DO p7_6_1 WITH 35
WAIT
```

上述子程序调用传递的实参都是常数（属于表达式），因此都属于传值。【例 7-7】说明了引用和传值的区别。

【例 7-7】 设有子程序 p7_7_1.prg 如下：

```
PARAMETERS x,y
STORE x+1 TO x
y = y + 1
RETURN
```

p7_7_1.prg 用赋值语句依次把参数 x，y 的值增 1。程序 p7_7.prg 调用 p7_7_1.prg 子程序，p7_7.prg 内容如下：

```
SET UDFPARMS TO VALUE
CLEAR
STORE 100 TO x1,x2
DO p7_7_1 WITH x1,(x2)
? " 第一次调用后", "x1=",x1,"x2=",x2
STORE 100 TO x1,x2
DO p7_7_1 WITH (x1),(x2)
? " 第二次调用后", "x1=",x1,"x2=",x2
STORE 100 TO x1,x2
P7_7_1(x1,(x2))
? " 第三次调用后", "x1=",x1,"x2=",x2
STORE 100 TO x1,x2
p7_7_1(x1+x2,x2)
? " 第四次调用后", "x1=",x1,"x2=",x2
STORE 100 TO x1,x2
SET UDFPARMS TO REFERENCE
p7_7_1(x1+x2,x2)
? " 第五次调用后", "x1=",x1,"x2=",x2
```

执行 p7_7.prg 的输出结果如图 7-12 所示。

```
第一次调用后 x1=        101 x2=        100
第二次调用后 x1=        100 x2=        100
第三次调用后 x1=        100 x2=        100
第四次调用后 x1=        100 x2=        100
第五次调用后 x1=        100 x2=        101
```

图 7-12 程序输出结果

由输出结果可知，第一次调用后 x1 改变了，第五次调用后 x2 改变了，其他调用 x1, x2 均未改变。第一次调用时，实参 x1 为引用传递，子程序对形参 x 的操作就是对实参 x1 的操作，因此从子程序返回后 x1 改变了。第二次调用时，实参均加了括号，都是传值，因此子程序不影响 x1、x2 的的值。第三次调用时，实参 x1 传递方式取决于最近的 SET UDFPARMS 设置，属于传值，实参 x2 加括号，也属于传值，因此调用后 x1、x2 均未改变。第四次调用时，第一个实参为表达式，传值，实参 x2 取决于 SET UDFPARMS 设置，属于传值，调用后 x1、x2 均未改变。第五次调用时，刚刚执行了 SET UDFPARMS TO REFERENCE，实参 x2 属于引用传递，因此从子程序返回后 x2 改变了。

7.4.2　自定义函数

在程序中可以直接调用系统函数，如果没有对应的系统函数，也可以自己设计一个函数来实现相应的处理，为把这种函数与系统函数相区别，一般把这种函数叫做自定义函数。

自定义函数的典型语法结构如下：

```
FUNCTION <函数名>
[PARAMETERS <参数表>]
    <函数体语句序列>
```

函数必须以 FUNCTION 开头，其后给出函数名。函数可以有参数，这时用 PARAMETERS 语句指定参数。函数体语句序列用于进行运算处理。

函数体语句序列中用 RETURN 语句返回处理结果，其语法格式为：

```
RETURN <表达式>
```

函数调用时将返回表达式运算结果。如果函数中没有 RETURN 语句，函数返回值为逻辑真（.T.）。

函数调用方式与系统函数调用方式相同，即直接在表达式中调用即可。如果有参数，实参是常数、表达式或加括号的变量时，传递方式是传值。当实参为单个变量且没加括号时，传递方式有如下区别：

- 实参变量前加@符号时为引用传递；
- 实参变量前无@符号时传递方式取决于 SET UDFPARMS 设置。

函数模块可以放在其主程序文件中，也可以放在过程文件中。

【例 7-8】　编写自定义函数，并调用该函数计算 s =(m!+n!)/k!。

在 2.5.2 节【例 2-44】中已经编写了求 N!的代码，可以把这段代码改写为函数放到主程序的末尾，设计程序如下：

```
CLEAR
INPUT "请输入m:" TO m
INPUT "请输入n:" TO n
INPUT "请输入k:" TO k
s = (bb(m)+bb(n))/bb(k)
? "s的值为: ", s
*函数bb
FUNCTION bb
PARAMETERS N
S = 1
FOR I = 1 TO N
    S = S*I
```

```
ENDFOR
RETURN S
```

7.4.3 过程文件

如果把每个程序模块都保存在单独的程序文件中，会出现程序文件数量较大、而每个文件字节数相对较少的情况，这对软件开发管理是不利的，过多的程序文件会给版本控制带来困难。过程文件可以解决这样的问题，可以把一些子程序和函数保存在一个过程文件中。由于过程文件中包含很多程序模块，因此必须能够区分其中的每个模块。

1．过程文件中的子程序、函数定义

过程文件中的子程序定义格式如下：

```
PROCEDURE <子程序名>
        <参数说明>
        <子程序体语句序列>
ENDPROC
```

参数说明、子程序体语句序列是子程序的功能定义部分，与前面介绍的子程序结构相同。

过程文件中的函数定义格式如下：

```
FUNCTION <函数名>
        <参数说明>
        <函数体语句序列>
ENDFUNC
```

参数说明、函数体语句序列是函数的功能定义部分，与前面介绍的函数结构相同。

2．过程文件中模块的调用

要调用过程文件中的子程序、函数，首先需要使系统知道相应的子程序、函数所在的过程文件，这通过 **SET PROCEDURE** 命令实现，其典型语法格式如下：

```
SET PROCEDURE TO [<过程文件名1>[,<过程文件名2>… …]]
```

该命令将依次打开指定的过程文件。未指定任何过程文件时将关闭所有已打开的过程文件。

在打开过程文件后，执行子程序调用或函数调用时，首先会在主程序文件中查找指定的子程序或函数，如果没找到会继续到已经打开的过程文件中查找。

【例 7-9】 过程文件应用举例。

可以把【例 7-5】中输出 90 个星号的子程序、【例 7-6】中的 p7_6_1.prg 子程序和【例 7-8】中求 N!的函数放到一个过程文件中（假定文件名是 p7_9_1.prg）：

```
PROCEDURE PNTLINE
    ? REPLICATE("*",90)        && 输出 90 个星号
    RETURN                     && 返回
ENDPROC
PROCEDURE PNTTGL
    Parameters n
    FOR I=1 TO n
        ?? SPACE(n-I)
        FOR J=1 TO 2*I-1
            ?? "*"
        ENDFOR
        ?
    ENDFOR
```

```
        RETURN
    ENDPROC
    FUNCTION bb
        PARAMETERS N
        S = 1
        FOR I = 1 TO N
            S = S*I
        ENDFOR
        RETURN S
    ENDFUNC
```

下列程序（p7_9.prg）调用了该过程文件中的子程序和函数：

```
SET PROCEDURE TO p7_9_1
CLEAR
DO PNTLINE                    && 输出一行星号
?                             && 换行
DO PNTTGL WITH 10             && 输出一个包含 10 行星号的等腰三角形
?                             && 换行
? bb(10)                      && 输出 10！
```

7.4.4 变量的作用域

在 Visual FoxPro 应用程序中，变量的作用范围是不同的，所谓变量的作用范围也叫变量的作用域，是指变量起作用的程序代码区间。

1. 公共变量

公共变量是指在程序模块中说明为 PUBLIC 的变量，也叫全局变量，其说明语法格式如下：

```
PUBLIC <变量名列表>
```

公共变量在说明语句后调用的所有程序模块中都有效，在执行 CLEAR MEMORY、RELEASE 等操作释放之后，相应的公共变量将失效。

变量说明后，其初值为.F.，通过赋值可以改变其数据类型。

2. 私有变量

私有变量包括在程序模块中通过赋值语句生成的变量以及说明为 PRIVATE 的变量，PRIVATE 语句的语法格式如下：

```
PRIVATE <变量名列表>
```

私有变量在说明它的模块及下级模块内有效。用 PRIVATE 说明变量后，其初值为.F.，通过赋值可以改变其数据类型。

当用 PRIVATE 说明私有变量时，变量名可以与上级模块说明的私有变量或公共变量同名，这时，在模块内及其下级模块中引用该变量名时，引用的是该模块定义的私有变量（上级模块定义的同名私有变量或公共变量不起作用），用 PRIVATE 说明的私有变量的这种作用叫做变量屏蔽。

3. 局部变量

在模块内说明为 LOCAL 的变量为局部变量，其说明语法格式如下：

```
LOCAL <变量名列表>
```

局部变量只在定义它的模块内有效。局部变量在说明之后的初值为.F.，通过赋值可以改变其数据类型。

7.5 表单设计进阶

在第 4 章中已经对表单设计作了比较完整的介绍，可以基本满足程序设计需要。本节对表单设计做更深入的探讨，以更好地进行表单设计。

7.5.1 自定义表单属性与方法

在表单中有时可能需要使用变量来传递数据，可以利用公共变量实现这样的操作要求，但公共变量存在与其他公共变量发生冲突的可能。在表单事件脚本中定义的私有变量、局部变量不能被其他事件脚本引用，因此不能用来在脚本之间传递数据。表单属性在表单及表单控件脚本中都可以访问，可以通过自定义表单属性的方法解决这样的问题。

自定义表单属性的操作步骤如下所述。

<1> 打开需要添加自定义属性的表单（打开表单设计器），菜单条中自动出现"表单"菜单。

<2> 选择"表单"菜单中"新建属性"菜单项，系统显示"新建属性"对话框（图 7-13）。

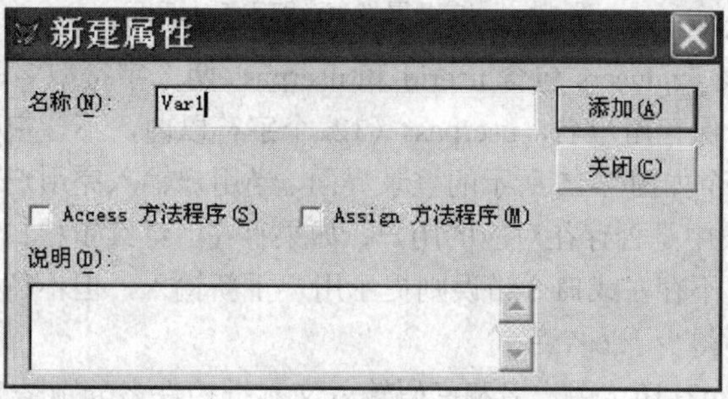

图 7-13 新建属性对话框

<3> 在"名称"输入框中输入新属性的名字，可以选择"Access 方法程序"和"Assign 方法程序"，这时，系统在建立属性时会同时为表单建立对应的方法，方法名为属性名后接下划线再接 access 或 assign，如 var1_access、var1_assign 即是与图 7-13 属性名对应的方法。可以编写方法脚本代码，Access 方法会在查询属性时执行，Assign 方法在修改属性值时执行。一般不需要设置"Access 方法程序"和"Assign 方法程序"。可以在"说明"编辑框中输入注释文字。设置完成后，点击"添加"按钮即可关闭对话框，相应属性即被添加到表单中，在属性窗口"其他"选项卡中可以找到相应的属性，其初值为.F.，可以编辑输入新的初值以改变属性类型。

删除自定义属性及方法的操作在"编辑属性/方法程序"对话框中实现，也可以在"编辑属性/方法程序"对话框中编辑建立新属性，操作步骤如下所述。

<1> 打开需要添加自定义属性的表单（打开表单设计器）。

<2> 选择"表单"菜单中"编辑属性/方法程序"菜单项，系统显示"编辑属性/方法程序"对话框（图 7-14）。

<3> 对话框内"属性/方法程序信息"列表中将列出所有自定义属性及方法。点击"新建属性"按钮打开"新建属性"对话框，点击"新建方法程序"按钮可以建立新的方法程序，选中"属性/方法程序信息"列表中的某个属性或方法时，"移去"按钮有效，点击该按钮可以删除相应的属性或方法。选中"属性/方法程序信息"列表中的某个属性时，"Access 方法程序"和"Assign 方法程序"复选框有效，可以修改选择状态，这时"应用"按钮有效，点击该按钮

可以添加或删除相应属性的指定方法程序。

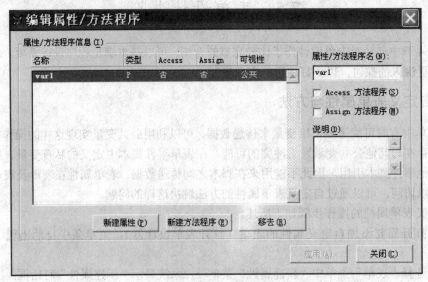

图 7-14 编辑属性/方法程序对话框

【例 7-10】 假定表 gzglusers 包含 userid 和 userpass 两个字符型字段，userid（8 个字符以内，不含空格符）用于保存用户名，userpass（12 个字符以内，不含空格符）字段用于保存对应用户的口令。设计一个如图 7-15 所示的登录界面，当用户输入完用户名和口令并点击登录按钮后，检查 gzglusers 表中是否存在对应的用户，如果存在，继续审核口令是否正确，口令正确则登录成功。如果用户不存在或口令错误则提示用户重新输入，但不超过 3 次。要求用户必须设置口令且口令长度不得少于 6 个字符。

假定表单名是 Form7_10，用户名和密码输入文本框控件名分别是 Text1、Text2，"登录"按钮控件名为 Command1，"退出"按钮控件名为 Command2（图 7-15）。

显然，表单执行时应该首先将焦点置于 Text1 上，输入完用户名并按回车后应将输入焦点移动到 Text2 上，因此应将 Text1、Text2 和 Command1 控件的 TabStop 属性设置为.T.，TabIndex 属性依次设置为 1、2、3。

Text1 的 MaxLength 属性应设置为 8，即只能输入至多 8 个字符。

Text2 的 MaxLength 属性应设置为 12，即只能输入至多 12 个字符，PassWordChar 属性设置为星号，即输入的口令字符用星号显示。

Text1、Text2 的字体、字型大小等属性可以酌情设置。

设置表单的数据环境如图 7-16 所示。

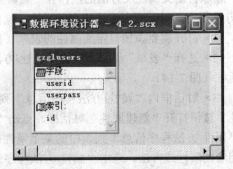

图 7-15 登录界面表单　　　　　图 7-16 表单数据环境设置

  表单中需要有一个计数变量，它在启动表单时置初值，每次登录尝试计数值增 1，如果错误尝试达到了 3 次则应拒绝登录。由于该计数变量需要在脚本中多次访问，因此不能用局部变量或私有变量，可以为表单添加一个属性 Cnt 来实现计数控制，其初值应置为 0。

  当用户点击"退出"按钮时应关闭表单，退出登录，其 Click 事件脚本代码设计为：

```
ThisForm.Release()
```

  当用户点击"登录"按钮时，首先应检查用户名、口令是否为空（含空格符）并提示用户输入，检测用户名为空可以用下列表达式判断：

```
LEN(TRIM(ThisForm.Text1.Value)) < 1
```

  TRIM 函数截掉所有尾部连续空格，如果用户未输入或输入的均是空格符，则 TRIM 函数执行的结果是一个空字符串，其长度为 0，即 LEN 函数的执行结果是 0，表达式为.T.。口令是否为空可以用同样的方式检测。

  当用户名或口令为空时，应继续把输入焦点置为用户名或口令输入文本框，这可以通过调用对应控件的 SetFocus 方法实现。

  当用户名及口令均不为空时则在 gzglusers 表中查找是否存在该用户，如果用户不存在则提示，如果存在则继续检查口令是否正确并在口令错误时给出提示。用户及口令均正确则登录成功，否则判断尝试是否达到 3 次，是则登录失败，否则可以继续尝试。"登录"按钮的 Click 事件脚本设计如下：

```
IF LEN(TRIM(ThisForm.Text1.Value)) < 1  && 检查是否输入了用户名
    MessageBox("请输入用户名","提示! ")
    ThisForm.Text1.SetFocus( )
    RETURN
ENDIF
IF LEN(TRIM(ThisForm.Text2.Value)) < 6  && 检查是否输入口令
    MessageBox("请输入口令,不少于 6 个字符","提示! ")
    ThisForm.Text2.SetFocus( )
    RETURN
ENDIF
ThisForm.Cnt = ThisForm.Cnt + 1           && 尝试登录次数计数器增 1
SELECT gzglusers                          && 选择 gzglusers 表
LOCATE FOR TRIM(userid) = TRIM(ThisForm.Text1.Value)
IF NOT FOUND()                            && 用户不存在判断
    IF ThisForm.Cnt < 3                   && 没达到 3 次，继续尝试
        MessageBox("用户不存在，再试一次! ","提示! ")
        ThisForm.Text1.Value =""          && 清空用户名输入文本框
        ThisForm.Text1.SetFocus()         && 将输入焦点置于用户名输入文本框
        RETURN
    ELSE                                  && 尝试达到 3 次
        MessageBox("登录失败! ","提示! ")
        * 登录失败操作代码
        ThisForm.Release()
    ENDIF
ELSE                                      && 用户存在，继续检查口令的正确性
    IF TRIM(userpass) <> TRIM(ThisForm.Text2.Value)
        IF ThisForm.Cnt < 3
            MessageBox("口令错误，再试一次! ","提示! ")
            ThisForm.Text2.Value = ""
            ThisForm.Text2.SetFocus()
            RETURN
```

```
        ELSE
            MessageBox("登录失败！","提示！")
            * 登录失败操作代码
            ThisForm.Release()
        ENDIF
    ELSE                                        && 口令正确，允许登录
        MessageBox("登录成功，欢迎使用本软件！","提示！")
        * 正常登录操作代码
        ThisForm.Release()
    ENDIF
ENDIF
```

7.5.2 表单控件的快速访问键设置

在表单操作时使用鼠标和键盘是比较典型的操作方式，但也存在操作效率的问题。试想表单中有若干文本框和按钮，用户在输入文本框内容时需要操作键盘，而在提交编辑结果时又需要拿起鼠标点击命令按钮，用户可能需要不断在键盘和鼠标之间进行切换，效率自然会降低。如果用户能通过键盘完成按钮点击操作将会有效改善操作效率。可以通过定义表单控件的访问键来解决这样的问题。一般可以为表单上的命令按钮、命令按钮组中的按钮、选项按钮组中的按钮、复选框等控件设置访问键，方法是在控件的 Caption 属性中通过 "\<" 引导访问键字母。

【例 7-11】 访问键定义举例。

设计如图 7-17 所示的表单 Form7_11，其上命令按钮组控件名为 Commandgroup1，选项按钮组控件名为 Optiongroup1，其他控件的控件名与原始标题相同。

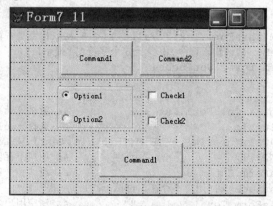

图 7-17 表单控件布局

编辑 Commandgroup1 中 Command1、Command2 按钮的 Caption 属性如图 7-18 所示。

其他控件属性设置如下：

```
OptionGroup1.Option1.Caption="选项按钮 1 (\<C)"
OptionGroup1.Option2.Caption="选项按钮 2 (\<D)"
Check1.Caption="复选框 1 (\<E)"
Check2.Caption="复选框 2 (\<F)"
Command1.Caption="命令按钮 (\<G)"
```

全部设置完成后的表单编辑效果如图 7-19 所示。

运行表单时，按下访问键观察效果可知，按下相应访问键时自动选中指定控件，例如，按下 A 键，则命令按钮 1 被选中（触发 Click 事件），按下 D，选项按钮 2 被选中，按下 F，复选框 2 切换选中状态。

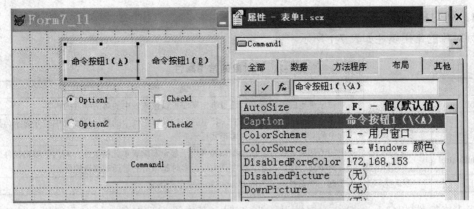

图 7-18　Commandgroup1 命令按钮 Caption 属性设置

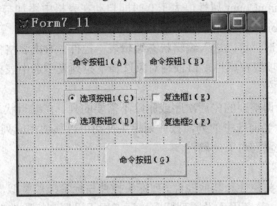

图 7-19　控件访问键设置效果

7.5.3　表格控件高级应用

表格控件是一个容器控件，其中包含若干列对象，在每个列对象中又包含列标头控件和其他单元格编辑控件（可以根据对应字段的类型选择控件），可以单独设置这些内部对象及控件。图 7-20 表单中 Grid1 控件包含 3 个列对象（ColumnCount 属性设置为 3），依次为 Column1、Column2 和 Column3，每个列对象中都包含一个列标头控件 Header1 和一个文本框控件 Text1。

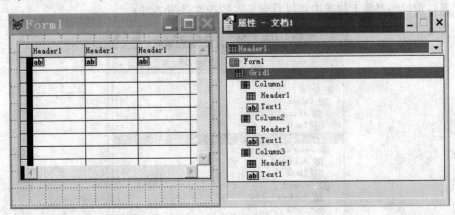

图 7-20　表格控件中的对象及控件

1. 列对象设置

列对象的常用属性如表 7-1 所示。

表 7-1 列对象的常用属性

属 性 名	类 型	说 明
ControlSource	字符型	与列对象绑定的表字段名，通过绑定字段可以修改表中的对应字段的内容
Sparse	逻辑型	如果将 Sparse 属性设置为.T.，其中的控件只有在列中的单元格被选中时才显示为控件（列中的其他单元格仍以文本形式显示）
CurrentControl	字符型	列中的活动编辑控件，活动编辑控件用于显示和编辑单元格数据，列内的编辑控件中只能有一个处于活动状态，选中列内单元格时起作用的是活动编辑控件
Bound	逻辑型	为.T.时，当前控件与列的 ControlSource 字段绑定

当表格控件的 ColumnCount 属性设置为−1 时，其中没有列对象，这时不能进入编辑状态编辑表格控件。当 ColumnCount 属性值大于 0 时即自动在表格中添加与之相同数量的列对象。可以通过表格控件的 ColumnCount 属性调整列数。

当表格中有列对象时，可以进入编辑状态编辑表格控件。右击表格控件并在弹出的快捷菜单中选择"编辑"菜单项或在属性窗口顶端对象选择下拉列表中选中表格中的列对象或控件均可进入表格控件编辑状态。

在编辑状态下可以调整列的先后次序或删除不需要的列。在编辑状态下选中某一列，然后按 DELETE 键即可删除当前选中的列，按住列标头拖动可以移动相应列的位置。

可以在属性窗口设置列对象的属性。

2. 列中的控件

列中包含一个列标头控件和其他控件。列标头控件与标签控件类似，其常用属性是 Caption 属性和 Alignment 属性，前者用于设置列标题，后者用于设置列标题的对齐方式。

可以设置其他控件用于列中单元格数据编辑。常用的控件包括：文本框、编辑框、复选框、选项按钮组等（也可以是其他的控件）。向列对象中添加控件的操作步骤如下：

<1> 选中表格中的列（假定选中图 7-20 中的 Column1）。可以在编辑状态下点击相应的列或在属性窗口对象选择下拉表中选择对应的列；

<2> 选择表单控件工具栏中对应的控件（假定选中的控件是复选框）；

<3> 点击表格控件中对应列的单元格（不能点击列标头），选中的控件自动添加到相应的列对象中。

在属性窗口的对象下拉表中可以看到插入的控件（图 7-21）。

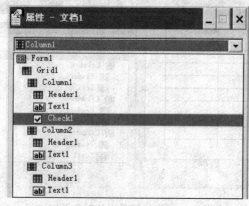

图 7-21 列中添加的控件

当列对象中包含多个控件（不包括列标头控件）时，可以通过列的 CurrentControl 属性选择活动控件，选中的活动控件图标会自动显示在表格控件对应的列中（图 7-22）。

图 7-22　选中的活动控件

可以删除列对象中的控件，操作步骤如下：

<1> 在属性窗口中选中要删除的控件（假定选中图 7-22 Column1 中的 Check1），这时表格进入编辑状态；

<2> 点击表单标题栏（此步操作非常重要，注意点击鼠标的位置）；

<3> 按下 DELETE 键即可删除相应的控件，如果删除的控件是活动控件，则会自动选择列对象中的下一个控件为活动控件。

在属性窗口中选中某一列对象中的控件即可编辑修改该控件的属性，其设置方法与第 4 章中介绍的方法完全相同。

设计表格时应根据列对应的表字段类型选择合适的单元格编辑控件。

【例 7-12】 设计一个如图 7-23 所示的用于编辑 zgb 数据的表单。

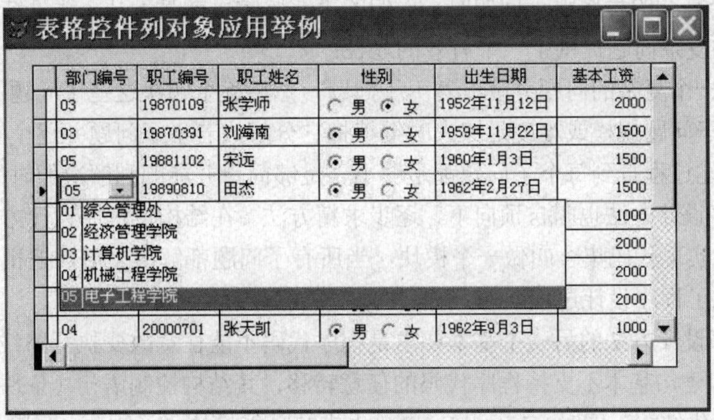

图 7-23　表格控件列对象应用举例

可以按如下步骤设计本表单：

<1> 建立表单 Form7_12，设置其 Caption 属性为"表格控件列对象应用举例"，设置其数据环境对象为 zgb；

<2> 在表单中心位置放置表格控件 Grid1，设置其 ColumnCount 属性为 6，RecordSourceType 属性为 1（别名），RecordSource 为 zgb；

<3> 将 Grid1 中各列对象的列标头控件 Caption 属性分别设置为部门编号、职工编号、职工姓名、性别、出生日期、基本工资；

<4> 删除"部门编号"列对象和"性别"列对象中预置的单元格编辑文本框控件，在"部门编号"列对象中插入一个组合框控件，在"性别"列对象中插入一个选项按钮组控件；

<5> 设置"性别"列对象的 Sparse 属性为.F.，其他列取缺省值.T.；

<6> 设置"部门编号"列对象中的组合框控件的 ColumnCount 属性为 2，RowSourceType 属性为 3（SQL 命令），RowSource 属性值为"SELECT bmh,bmm FROM bmb into cursor tmp"；

<7> 设置"性别"列对象中选项按钮组控件的 AutoSize 属性为.T.，BorderStyle 属性为 0（无边框），ButtonCount 属性为 2，Value 属性为"无"；设置第一个按钮的 Caption 属性为"男"，第二个按钮的 Caption 属性为"女"，设置两个按钮的 Top、Width、Height 属性相等，调整两个按钮的 Left 属性值使按钮水平间距合理；

<8> 设置"出生日期"列对象中文本框控件的 Format 属性值为 D（按系统区域日期设置显示）；

<9> 完成上述设置后，运行表单，其效果与图 7-23 相同。

7.6 程序设计方法简介

当程序的规模足够大时，程序设计工作往往不能由一个人独立完成。而当多个人共同进行程序设计时，相互之间的设计必须能够最终集成到一起形成一个完整的整体。要达到这一目标并不是一件简单的事情，程序设计方法学就是针对程序设计的技术及管理所形成的系统化的方法。目前，比较成熟的方法是结构化程序设计方法和面向对象程序设计方法。

7.6.1 结构化程序设计

当面对一个复杂的程序设计问题时，人们的第一感觉可能是无从下手。结构化程序设计方法为解决这样的复杂问题提供了一个有效的途径：

① 首先把一个复杂的问题分解成若干子问题，然后逐个解决这些子问题；

② 当某个子问题规模或难度足够大时继续把它分解成若干子问题并逐个解决之；

③ 重复上述过程直到每个子问题都足够小、足够简单并能顺利解决的时候为止。

结构化程序设计方法也叫自顶向下、逐步求精方法。在结构化程序设计方法中，一般可以把每个子问题的实现代码集合叫做一个模块，当所有子问题都解决之后，把相应的程序模块组织到一起就完成了程序设计过程。

结构化程序设计方法的另一个基本要求是程序代码不能任意改变执行路线（转移）。Visual FoxPro 的命令和语句基本不支持程序代码的任意转移，其结构控制语句（条件分支、循环）都具有明显的模块化结构。同时，Visual FoxPro 也支持功能模块（子程序、函数）的定义。正是由于这样的原因，人们往往也把 Visual FoxPro 程序设计语言叫做结构化程序设计语言。

7.6.2 面向对象程序设计

面向对象程序设计（Object-Oriented Programming）方法是在结构化程序设计方法得到广泛应用的基础上提出的程序设计方法。面向对象程序设计的核心思想是试图直接刻画现实世界中的客观事物及相互影响，按照人们习惯的行为和思维方式来设计和实现应用程序。设想一下十字路口交通管理的问题。十字路口管理问题中有红绿灯、车道、人行道、车辆和行人等实体，这些实体之间不是孤立的，而是相互联系的。车辆和行人在绿灯亮起的时候才能通过，通过横道的过程中，行人须不断观察车辆情况以决定自己的通过过程。同样，车辆也要判断是否有行人在行进路线上。显然，行人、车辆、信号灯、路等都是十字路口交通管理的管理对象。

　　面向对象程序设计的基本程序单位是对象，对象可以用来描述现实世界的客观事物，上述十字路口交通管理问题中的行人、车辆、信号灯、道路等都用对象来表示。在面向对象程序设计中，通过对对象的控制从而模拟客观事物的操作过程以实现应用程序的处理要求。

　　对象包含描述对象特征的一组属性和对对象自身的一组操作（也可以叫做服务或方法）。例如，行人可能有所处位置、行进方向、行进速度等属性，可能有行进、停止等操作。对象作为一个独立的整体进行操作和处理。对象之间通过消息传递相互影响，进而实现对象之间的协调操作。

Visual FoxPro 属于面向对象的程序设计语言，其核心对象是表单、菜单和控件。

第8章 应用程序设计实例

本章通过一个工资管理程序来说明 Visual FoxPro 应用程序设计的基本方法，实例以表单、菜单为核心展开，试图为读者提供一个功能完整的应用程序设计实例。

8.1 示例程序结构概述

工资管理程序应能录入、修改、删除、查询和统计工资及相关数据，包括部门、职工和工资数据。另外，程序应能输出打印必要的工资报表，包括个人工资条和部门工资表等。

假定系统包括部门管理、职工管理、工资管理三个模块。

部门管理模块可以添加、修改、删除和浏览查询部门信息。职工管理模块可以添加、修改、删除和浏览查询职工信息。工资管理模块可以生成和编辑当月工资数据、打印输出工资报表和统计汇总工资数据。另外，假定应用程序在开始时自动定义数据库及表，即完成数据库初始化操作。

假定应用程序从主程序 gzmainp.prg 开始执行，该程序首先检测是否需要进行初始化并设置相应的标志。初始化检测检查工资管理数据库表是否存在，如果不存在或不完整则需要进行初始化。主程序在检测完系统数据库后打开主表单及主菜单，然后进入事件处理循环。

假定工资管理程序主表单为 gzmains.scx，

主菜单为 gzmainm.mnx，主菜单分级结构如下：

> 部门管理
>> 部门数据编辑
>> 部门数据浏览
> 职工管理
>> 职工记录编辑
>> 职工记录查询
> 工资管理
>> 当月工资管理
>>> 工资记录编辑
>>> 工资记录浏览
>>> 工资报表打印
>> 工资数据查询
> 结束退出

假定在菜单启动时，如果系统尚未初始化，则除"结束退出"菜单外，其他所有菜单均无效。

假定各功能子表单的表单名如下：

> 部门数据编辑表单：gzbmBj.scx

部门数据浏览表单：gzbmLl.scx
职工记录编辑表单：gzzgBj.scx
职工记录查询表单：gzzgCx.scx
工资记录编辑表单：gzgzBj.scx
工资记录浏览表单：gzgzLl.scx
工资报表打印表单：gzgzDy.scx
工资数据查询表单：gzgzCx.scx

假定工资报表包括个人工资条、部门工资明细表和部门工资汇总表。

假定所有文件保存在"工资管理"文件夹中，置该文件夹路径为默认目录并建立开发项目文件 gzpj.pjx。

8.2 主程序、主表单、主菜单设计

8.2.1 主程序与主表单

打开项目文件 gzpj.pjx，在项目管理器"代码"选项卡建立 gzmainp.prg，代码设计如下：

```
PUBLIC gzInit                    && 说明公共变量 gzInit 用于标记数据库状态
gzInit = .T.
IF NOT FILE("bmb.dbf")           && bmb.dbf 不存在
    gzInit = .F.
ENDIF
IF NOT FILE("zgb.dbf")           && zgb.dbf 不存在
    gzInit = .F.
ENDIF
IF NOT FILE("gzb.dbf")           && gzb.dbf 不存在
    gzInit = .F.
ENDIF
IF NOT gzInit                    && 数据库表不完整，需要重新初始化
    Ans= MessageBox("数据库不完整，是否进行初始化？",4,"提示！")
    IF Ans = 6        && 执行初始化操作
        CREATE DATABASE gzgl      && 建立并打开 gzgl 数据库
        CREATE TABLE bmb(;        && 建立 bmb
bmh C(2) NOT NULL CHECK(bmh=>"01".AND.bmh<="99") ERROR "部门编号必须在
01～99 之间" PRIMARY KEY,;
bmm C(60) NULL;
        )
        CREATE TABLE zgb(;                    && 建立 zgb
            bmh C(2) NULL REFERENCES bmb,;    && 与父表（bmb）建立参照关系
            zgh C(8) NOT NULL PRIMARY KEY,;
            zgm C(12) NULL,;
            xb C(2) NULL,;
            sr D NULL,;
            jbgz N(6,0) NULL,;
            tzsj D NULL;
        )
        CREATE TABLE gzb(;                    && 建立 gzb
```

```
            ny C(6) NOT NULL,;
            zgh C(8) NOT NULL REFERENCES zgb,;
            jbgz N(6,0) NULL DEFAULT 0,;
            jj N(4,0) NULL DEFAULT 0,;
            bt N(4,0) NULL DEFAULT 0,;
            kk N(8,2) NULL DEFAULT 0,;
            sfgz N(10,2) NULL DEFAULT 0,;
            ffbz L NULL DEFAULT .F.,;
            PRIMARY KEY ny+zgh TAG gz;
        )
        CREATE SQL VIEW gz_view AS ;       && 建立工资浏览视图
            SELECT Gzb.ny, Gzb.zgh, Zgb.zgm, Gzb.jbgz,;
            Gzb.jj,Gzb.bt, Gzb.kk,Gzb.sfgz,Gzb.ffbz ;
            FROM zgb INNER JOIN gzb ON Zgb.zgh = Gzb.zgh ;
            WHERE VAL(Gzb.ny)=100*YEAR(DATE())+MONTH(DATE()) ;
            ORDER BY Gzb.ny, Gzb.zgh
        CREATE SQL VIEW gz_rpt AS ;        && 建立工资报表视图
            SELECT Bmb.*, Gzb.ny, Gzb.zgh, Zgb.zgm, Gzb.jbgz,;
            Gzb.jj, Gzb.bt, Gzb.kk, Gzb.sfgz;
            FROM bmb INNER JOIN zgb INNER JOIN gzgl!gzb ;
            ON Zgb.zgh = Gzb.zgh ON Bmb.bmh = Zgb.bmh;
            WHERE VAL(Gzb.ny)=100*YEAR(DATE())+MONTH(DATE())
        CLOSE DATABASES                    && 关闭 gzgl 数据库
        gzInit = .T.
    ENDIF
ENDIF
IF gzInit
    DO FORM gzmains
    READ EVENTS
ENDIF
```

主程序通过公共变量 gzInit 记录数据库表是否完整，如果某一表不存在则置 gzInit 为.F.并提示是否进行初始化。初始化完成后置 gzInit 为.T.。如果没执行初始化操作则不显示主表单 gzmains.scx，程序结束。如果已经初始化则打开主表单并进入事件处理循环。

主程序中的 FILE 函数用于检测指定文件是否存在，存在则返回.T.，否则返回.F.。FILE 函数的参数为文件名路径字符串，只给出文件名时检测当前文件夹。应用程序执行时，当前文件夹为应用程序安装文件夹。初始化处理时在应用程序安装文件夹建立数据库及表。

建立完主程序后，先注释掉打开主表单和启动事件处理循环代码，然后执行一下主程序以建立 gzgl 数据库，然后将数据库及表添加到项目管理器。

主程序打开主表单 gzmains.scx。在 gzpj 项目"文档"选项卡建立主表单并设置其属性如下：

```
Caption: 工资管理
Name: gzmains
ShowWindow: 2
WindowState: 2
```

打开主表单时打开主菜单，设计主表单 Init 事件脚本如下：

```
DO gzmainm.mpr WITH This,"gzzcd"
```

撤消主表单时撤消主菜单，设计主表单 Unload 事件脚本如下：

```
Release Menu gzzcd
Clear Events
```

8.2.2 主菜单

在 gzpj 项目"其他"选项卡建立主菜单 gzmainm.mnx，设计菜单结构及访问键、快捷键如图 8-1 所示。

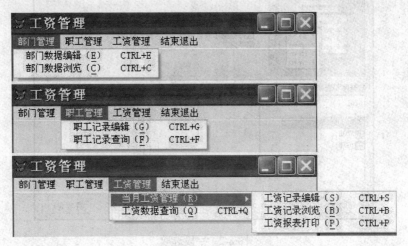

图 8-1 菜单结构

设置菜单条"部门管理"、"职工管理"、"工资管理"子菜单的"跳过"表达式（在提示选项对话框设置，参阅 5.2.1 节图 5-5）为 gzInit = .F.，即当数据库表不完整时，子菜单无效（灰色显示），这时只能选择"结束退出"。

设置菜单常规选项"顶层表单"复选框为选中状态，即本菜单是在顶层表单上显示的。

各功能菜单项菜单命令如表 8-1 所示。

表 8-1 功能菜单命令列表

菜 单 名	所属子菜单	菜 单 命 令
结束退出	菜单条	gzmains.Release
部门数据编辑	部门管理	DO FORM gzbmBj.scx
部门数据浏览	部门管理	DO FORM gzbmLl.scx
职工记录编辑	职工管理	DO FORM gzzgBj.scx
职工记录查询	职工管理	DO FORM gzzgCx.scx
工资记录编辑	工资管理→当月工资管理	DO FORM gzgzBj.scx
工资记录浏览	工资管理→当月工资管理	DO FORM gzgzLl.scx
工资报表打印	工资管理→当月工资管理	DO FORM gzgzDy.scx
工资数据查询	工资管理	DO FORM gzgzCx.scx

8.3 功能表单设计

8.3.1 部门数据编辑表单

部门数据编辑表单用向导生成。生成步骤如下。

<1> 在项目管理器选中"文档"选项卡，点击"新建"按钮打开"新建表单"对话框，选择对话框"表单向导"打开"向导选取"对话框，选择"表单向导"并点击"确定"按钮，打开表单向导字段选取界面（图8-2）。

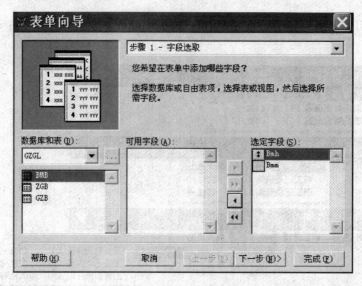

图 8-2　字段选取

<2> 按图8-2选取字段，然后点击"下一步"按钮进入表单样式选择界面，选择"浮雕式"和"文本按钮"，然后点击"下一步"按钮进入排序次序设置界面（图8-3）。

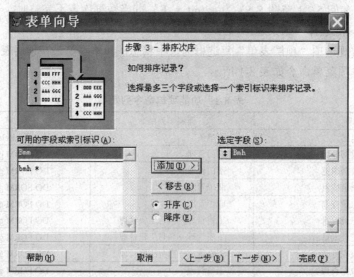

图 8-3　排序次序设置

<3> 按图8-3设置排序次序，即按bmh升序排序，点击"下一步"按钮进入完成界面，继续点击"完成"按钮显示"另存为"对话框，设置保存表单文件名为gzbmBj.scx并点击"保存"按钮，相应的表单即被建立并加入到项目中。

打开刚刚建立的表单文件gzbmBj.scx，调整表单边框至合适大小（图8-4）。

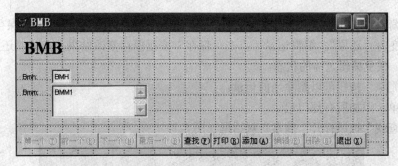

图 8-4　自动生成的表单

调整表单设计如下：

- 修改表单标题为"部门编辑"，修改表单名为 GZBMBJ；
- 拉宽 bmm1 文本框，调整高度与 bmh1 文本框高度相同；
- 设置除 bmh1、bmm1 文本框及对应标签和命令按钮组之外的其他所有控件的 Visible 属性为.F.（有的控件不能被删除，可以通过隐藏控件或把控件坐标位置移除表单边界的方法来消除相应控件，即使相应控件运行时不可见），运行效果如图 8-5 所示；
- 修改 bmh1、bmm1 文本框对应的标签控件标题分别为"编号:"、"名称:"；
- 调整控件位置和表单至合适大小；
- 修改表单 BorderStyle 属性为 2，即边框为固定对话框（不可调）；
- 将其他无关控件移出表单边框，最终表单设计效果如图 8-6 所示。

图 8-5　隐藏无关控件后的运行效果

图 8-6　调整后的表单设计效果

运行时，点击"添加"按钮可以添加一条新记录，这时"添加"按钮标题变为"保存"，"编辑"按钮标题变为"还原"，输入完部门编号和名称后，点击"保存"按钮即完成了添加部门的操作。如果点击"还原"按钮，新添加的记录被自动撤消。

点击"编辑"按钮可以编辑当前显示的记录，这时"添加"按钮标题变为"保存"，"编辑"按钮的标题变为"还原"，编辑记录后点击"保存"按钮保存修改结果，点击"还原"按钮撤消编辑结果，恢复编辑之前的状态。

点击"删除"按钮可以删除当前记录。

运行表单，添加所有部门记录。

点击"查找"按钮打开"搜索"对话框（图 8-7）。

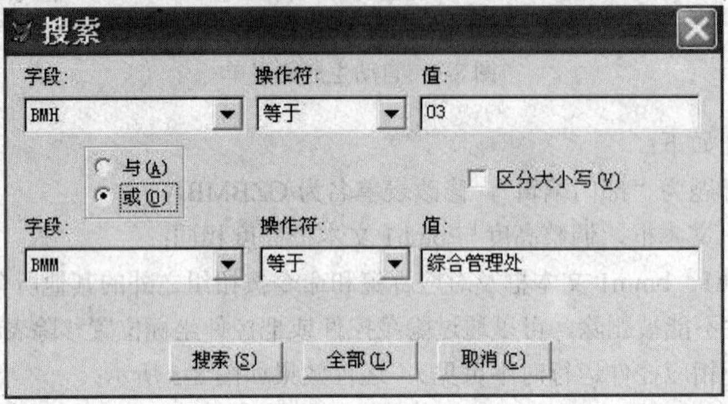

图 8-7　搜索对话框

"字段"下拉列表中列出了 bmb 的所有字段，"操作符"下拉列表中列出所有可以选择的关系运算符，值输入框用于输入一个字符串（不需要输入定界符），可以选择两个关系表达式，选择"与"表示两个关系表达式进行"与"运算，选择"或"表示两个关系表达式进行"或"运算，选择"区分大小写"时字符串比较时区分英文字母大小写。

输入完成后，点击"搜索"按钮即开始查找满足给定条件的记录。以图 8-7 为例，将搜索 bmh="03"或 bmm="综合管理处"的记录，这时会定位到第一个满足条件的记录上，显然，01 号部门满足条件，因此定位记录为 01 号部门的记录。

8.3.2　部门数据浏览表单

在部门数据编辑（gzbmBj）表单中可以查找满足指定条件的记录，但该表单只能每次显示一条记录，无法整体浏览 bmb 全部记录。

在项目管理器选中"文档"选项卡，点击"新建"按钮打开"新建表单"对话框，选择对话框"新建表单"打开表单设计器。设置表单数据环境包含 bmb，设置表单属性如下：

```
Name: GZBMLL
Caption: 部门浏览
BorderStyle: 2
ShowWindow: 1
```

在表单上放置一个表格控件，控件名为 Grid1，设置 Grid1 属性如下：

```
RecordSourceType: 1
RecordSource: bmb
ReadOnly: .T.
ColumnCount: 2
```

编辑设置 Grid1 第一列的标题为"部门编号"，第二列的标题为"部门名称"，调整列宽。

在表单上放置一个命令按钮，控件名为 Command1，设置其标题为"关闭"，设计其 Click 事件脚本为：

```
ThisForm.Release
```
完成上述设计后，表单运行效果如图 8-8 所示。

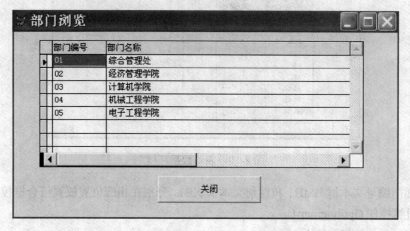

图 8-8　部门浏览表单运行效果

8.3.3　职工记录编辑表单

职工记录编辑表单同样先用向导生成然后再进行适当修改实现。生成步骤与部门数据编辑表单相同，不再祥述。生成的原始表单如图 8-9 所示。

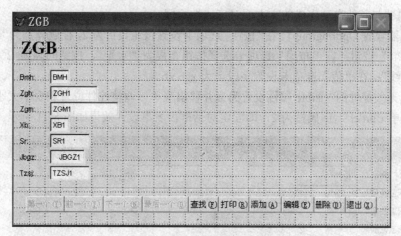

图 8-9　生成的原始表单

修改表单属性如下：
```
Name: GZZGBJ
Caption: 职工记录编辑
BorderStyle: 3
ShowWindow: 1
```
设置文本框左侧的标签控件标题依次为：部门编号:、职工编号:、职工姓名:、职工性别:、出生日期:、基本工资:、调整时间:。右移文本框至合适位置。

把表单数据环境中 zgb 对象的 Order 属性清空，即取消主控索引。向数据环境中添加 bmb，不建立 bmb 与 zgb 之间的关系（图 8-10）。

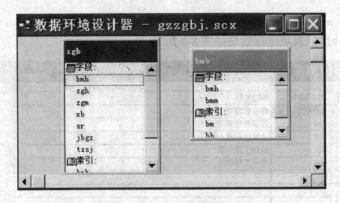

图 8-10 表单数据环境

删除部门编号文本框 BMH1 和性别文本框 XB1,分别在相应位置放置组合框控件 Combo1 和选项按钮组控件 Optiongroup1。

设置 Combo1 的属性如下:

```
ColumnCount: 2
ControlSource: zgb.bmh
InputMask: 99
RowSource: bmb.bmh,bmb.bmm
RowSourceType: 6
```

设置 Combo1 的 DisabledBackColor、DisabledForeColor、SelectedBackColor、Selected ForeColor 属性与其他自动生成的文本框对应属性相同。

用生成器设置 Optiongroup1,在"按钮"选项卡设置按钮数目为 2,标题分别为"男"、"女",按钮为"标准"按钮;在"布局"选项卡选择按钮布局为"水平"、按钮间隔为 2 像素、边框样式为"单线";在"值"选项卡设置字段名为 zgb.xb。

将其他无关控件的 Visible 属性设置为.F.并移出表单,调整控件位置和表单大小至适当值,然后修改表单 BorderStyle 属性为 2,即固定对话框,表单设计效果如图 8-11 所示。

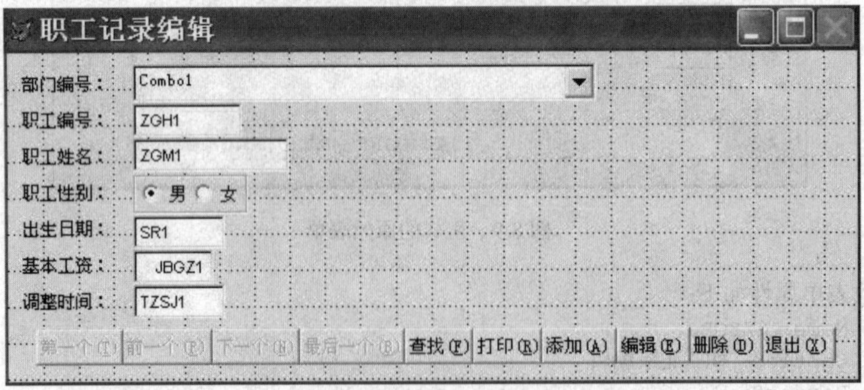

图 8-11 修改后的表单布局

同部门数据编辑表单一样,当点击"添加"或"编辑"按钮后表单控件才可以编辑修改,这时"添加"按钮标题变为"保存","编辑"按钮标题变为"还原"。在其他状态下表单控件不能编辑。需要设置新添加的 Combo1 和 Optiongroup1 控件的状态与其他文本框控件一样变化。总结按钮变化规律可知,当"编辑"按钮标题变为"还原"时,控件可以编辑,否则不能编辑,自动生成的按钮组控件名如图 8-12 所示。

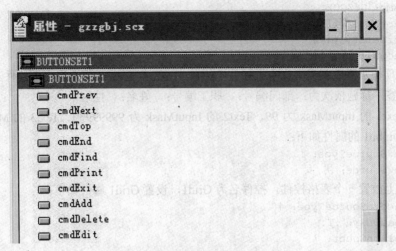

图 8-12　生成的命令按钮组控件

生成的命令按钮组名为 BUTTONSET1，"编辑"按钮名为 cmdEdit。可以设计如下表单
Refresh 脚本控制 Combo1 和 Optiongroup1 的编辑状态：

```
IF LEFT(This.BUTTONSET1.cmdEdit.Caption,4) = "还原"
    This.Combo1.ReadOnly = .F.              && 设置 Combo1 为可编辑
    This.Optiongroup1.Enabled = .T. && 设置 Optiongroup1 可修改
ELSE
    This.Combo1.ReadOnly = .T.              && 设置 Combo1 为不可编辑
    This.Optiongroup1.Enabled = .F. && 设置 Optiongroup1 不可修改
ENDIF
```

完成上述设计后，运行表单的效果如图 8-13 所示。

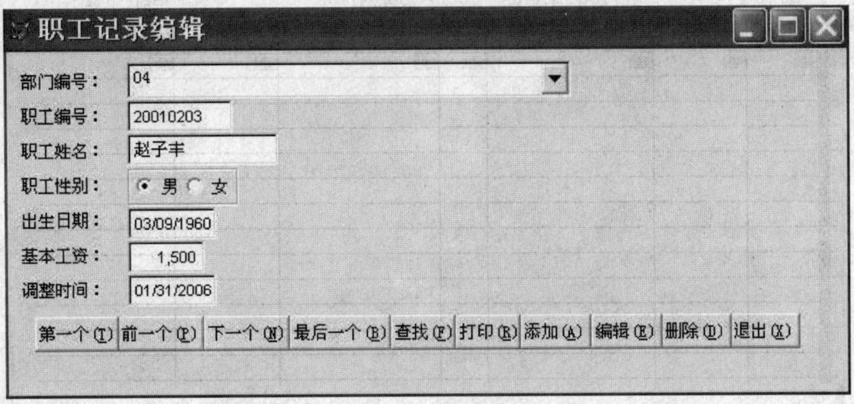

图 8-13　表单运行效果

在编辑状态下，可以通过组合框选择部门，可以通过选项按钮组选择性别。通过该表单可
以添加、修改和查找 zgb 记录。

8.3.4　职工记录查询表单

在项目管理器选中"文档"选项卡，点击"新建"按钮打开"新建表单"对话框，选择对

话框"新建表单"打开表单设计器。设置表单属性如下：

```
Name: GZZGCX
Caption: 职工记录查询
BorderStyle: 2
ShowWindow: 1
```

在表单顶端水平放置三个文本框控件 Text1、Text2 和 Text3，一个组合框控件 Combo1。在控件前加标签，标题依次为：部门编号：、职工编号：、姓名：、性别：。

设置 Text1 的 InputMask 为 99、Text2 的 InputMask 为 99999999、Text3 的 MaxLength 为 12。设置 Combo1 的属性如下：

```
RowSourceType: 1
RowSource: 男,女
```

在表单上放置一个表格控件，控件名为 Grid1，设置 Grid1 属性如下：

```
RecordSourceType: 4
ReadOnly: .T.
ColumnCount: 7
AllowAddNew: .F.
AllowHeaderSizing: .F.
AllowRowSizing: .F.
```

编辑设置 Grid1 各列标题依次为：部门编号、职工编号、职工姓名、性别、出生日期、基本工资、工资调整日期，调整各列至合适宽度。

在表单上放置两个命令按钮，控件名为 Command1、Command2，标题分别为"重新查询"和"关闭"，"关闭"按钮 Click 事件脚本为：

```
ThisForm.Release
```

完成上述设计后，表单设计界面如图 8-14 所示。

图 8-14　表单布局设计

表单运行时，用户可以选择输入部门编号、职工编号、职工姓名、性别。四项都输入时，查找同时满足四个输入条件的记录，输入部分内容时，查找对应条件同时满足的记录。点击"重新查询"按钮时，生成相应的 SELECT-SQL 命令并设置 Grid1 的 RecordSource，设计"重新查询"按钮 Click 事件脚本代码如下：

```
sqlExp="SELECT * FROM zgb WHERE .T. "  && 设置初始 SQL 命令格式
IF LEN(TRIM(ThisForm.Text1.Value)) = 2  && 增加 bmh 条件
    sqlExp = sqlExp + " AND bmh='" + TRIM(ThisForm.Text1.Value) + "'"
ENDIF
IF LEN(TRIM(ThisForm.Text2.Value)) = 8  && 增加 zgh 条件
    sqlExp = sqlExp + " AND zgh='" + TRIM(ThisForm.Text2.Value) + "'"
ENDIF
IF LEN(TRIM(ThisForm.Text3.Value)) > 0  && 增加 zgm 条件
    sqlExp = sqlExp + " AND '" + TRIM(ThisForm.Text3.Value) + "' $ zgm"
ENDIF
IF LEN(TRIM(ThisForm.Combo1.Value)) = 2 && 增加 xb 条件
    sqlExp = sqlExp + " AND xb='" + TRIM(ThisForm.Combo1.Value) + "'"
ENDIF
sqlExp = sqlExp + " INTO CURSOR zgbtmp" && 生成完整的 SQL 命令
ThisForm.Grid1.RecordSource = sqlExp    && 设置表格数据源
```

表单运行效果如图 8-15 所示。

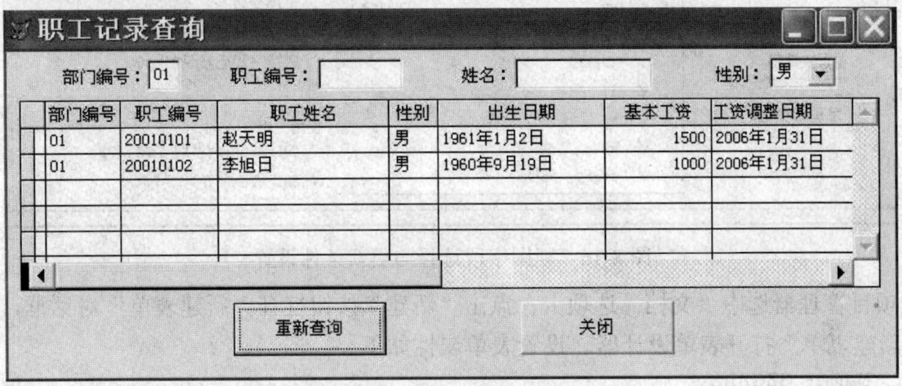

图 8-15 表单运行效果

8.3.5 工资记录编辑表单

工资记录编辑表单采用 4.2.6 节【例 4-13】设计的表单。将对应的表单另存为 gzgzBj.scx，然后将其复制到"工资管理"文件夹并添加到项目中。在项目管理器中打开 gzgzBj.scx 表单，重新设置数据环境并把表单 Name 属性修改为 GZGZBJ、Caption 属性修改为"工资记录编辑"、ShowWindow 属性设置为 1。

8.3.6 工资记录浏览表单

工资记录浏览表单只浏览编辑当月工资记录，编辑修改内容仅限于工资数据（不含基本工资）。

为浏览修改工资记录，需要建立一个当月工资浏览数据库视图 gz_view（参阅 8.2.1 节初始化代码），该视图由 zgb 和 gzb 生成，gz_view 视图输出列包括 gzb 表的所有列和 zgb 的 zgm 列，联接条件为 zgb.zgh = gzb.zgh。更新条件选择只更新 gzb 的 jj、bt、kk、sfgz 和 ffbz 字段，更新采用 UPDATE - SQL 实现，其 WHERE 子句中只包含关键字字段（ny+zgh）。设置更新条件时，先选中待设置更新的表（本例选择 gzb），然后依次选择字段并设置，选中某一字段时，在其前面自动显示关键字设置按钮和更新设置按钮，点击相应按钮可以切换状态，标记为"√"号表示设置，没有符号表示未设置。设置视图"筛选"条件为：

```
VAL(zgb.ny)=100*YEAR(DATE())+MONTH(DATE())
```

上述筛选条件表示只保留工资发放时间为当前月份的记录。视图字段选择和更新条件操作界面如图8-16所示。

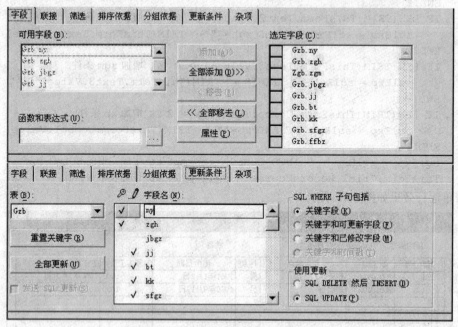

图8-16　视图字段选择与更新条件设置

在项目管理器选中"文档"选项卡，点击"新建"按钮打开"新建表单"对话框，选择对话框"新建表单"打开表单设计器。设置表单属性如下：

```
Name: GZGZLL
Caption: 工资记录浏览
BorderStyle: 2
ShowWindow: 1
```

设置表单数据环境包含 gz_view。在表单上放置一个表格控件，控件名为 Grid1，设置 Grid1属性如下：

```
RecordSourceType: 4
RecordSource: gz_view
ReadOnly: .F.
ColumnCount: 9
AllowAddNew: .F.
AllowHeaderSizing: .F.
AllowRowSizing: .F.
```

编辑设置 Grid1 各列标题依次为：发放年月、职工编号、姓名、基本工资、奖金、补贴、扣款、实发工资、发放标志。删除第9列中的文本框控件，然后添加一个复选框控件并设置其标题为"已发放"，设置列 Sparse 属性为.F.（所有记录均显示复选框）。设置第一至第四列、第八列列对象的 ReadOnly 属性为.T.，设置其他列的 ReadOnly 属性为.F.，即奖金、补贴、扣款、发放标志可以修改。修改奖金、补贴或扣款时，应该同时修改实发工资，为此，先设置 Grid1中 Column4、Column5、Column6、Column7、Column8 中的文本框控件的 Vaulue 属性值为0（数值型），然后，依次在 Column5、Column6、Column7（奖金、补贴、扣款列对象）中文本框控件 Text1 的 InteractiveChange 事件脚本中添加如下实发工资计算代码：

```
ThisForm.Grid1.Column8.Text1.Value = ;
    ThisForm.Grid1.Column4.Text1.Value + ;
    ThisForm.Grid1.Column5.Text1.Value + ;
    ThisForm.Grid1.Column6.Text1.Value - ;
    ThisForm.Grid1.Column7.Text1.Value
```

在表单上放置两个命令按钮，控件名为 Command1、Command2，标题分别为"保存"和"关闭"，完成上述设计后，表单设计界面如图 8-17 所示。

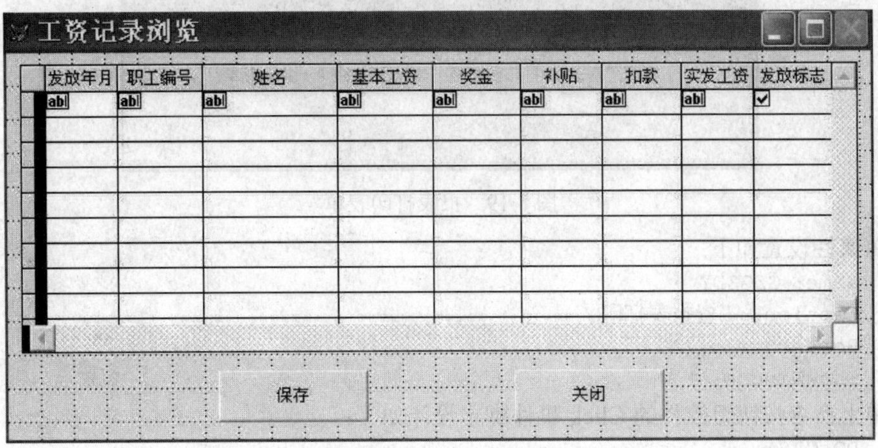

图 8-17　表单布局设计

设计"关闭"按钮 Click 事件脚本为：

```
ThisForm.Release
```

设计"保存"按钮 Click 事件脚本为：

```
SELECT gz_view
TABLEUPDATE()
```

表单运行效果如图 8-18 所示。

图 8-18　表单运行效果

8.3.7 工资报表打印表单

工资报表包括个人工资条、部门工资明细表和部门工资汇总表。假定三种报表均可在表单中选择打印。

1. 表单设计

设计如图 8-19 所示的报表打印表单：

图 8-19　报表打印表单

表单属性设置如下：

```
Name: GZGZDY
Caption: 工资报表打印
BorderStyle: 2
ShowWindow: 1
```

表单上命令按钮组控件的 Click 事件脚本设计如下：

```
DO CASE
    CASE This.Value = 1
        REPORT FORM gzrpt_p PREVIEW        && 预览工资条
    CASE This.Value = 2
        REPORT FORM gzrpt_d PREVIEW        && 预览工资明细表
    CASE This.Value = 3
        REPORT FORM gzrpt_s PREVIEW        && 预览工资汇总表
    CASE This.Value = 4
        ThisForm.Release
ENDCASE
```

上述代码依据按下的按钮预览对应的报表，代码中 This 指代命令按钮组控件名。

2. 打印视图设计

为打印工资报表建立一个当月工资数据库视图 **gz_rpt**（参阅 8.2.1 节初始化代码），该视图包含 bmb 的字段、zgb 的 zgm 字段和 gzb 的全部字段。联接条件为 bmb.bmh=zgb.bmh 和 zgb.zgh= gzb.zgh，视图筛选条件与 gz_view 视图相同，更新条件所有字段均选择不更新。

利用 gz_rpt 视图可以打印当月工资条、工资明细表和工资汇总表。

3. 工资条（gzrpt_p）报表设计

可以按如下步骤建立 gzrpt_p 报表：

<1> 打开报表设计器；

<2> 设置报表数据环境为 gz_rpt 视图；

<3> 添加分组，分组表达式：gz_rpt.bmh；

<4> 把 gz_rpt.bmm 拖放到报表"组标头"带区，在其前面放置标签控件，标签内容为"部门："；

<5> 用矩形框、线条控件在"细节"带区画一个包含两行、八列的实线表格，第一行单元格依次放入标签控件，内容依次是：发放月份、职工编号、姓名、基本工资、奖金、补贴、扣

款、实发工资；

　　<6> 依次把数据环境 ny、zgh、zgm、jbgz、jj、bt、kk、sfgz 字段拖入表格第二行对应列；

　　<7> 在"组标头"和"细节"带区底端添加水平虚线，作为工资条剪裁线。

　　完成上述设计并适当调整控件布局后的报表设计器界面如图 8-20 所示。打印预览输出效果如图 8-21 所示。

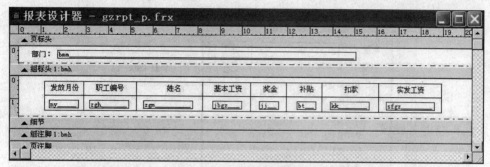

图 8-20　工资条报表设计

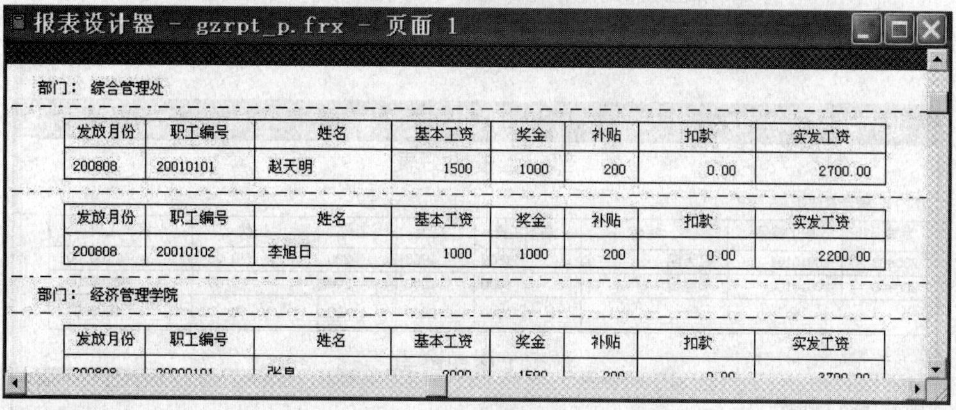

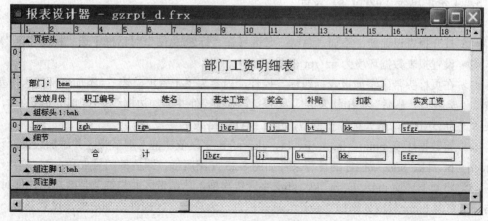

图 8-21　工资条报表预览输出效果

4. 工资明细表（gzrpt_d）设计

　　工资明细表 gzrpt_d 按部门输出各部门工资数据，可以在 gzrpt_p 的基础上继续修改，增加合计项，同时去掉裁剪线，设计报表如图 8-22 所示。

图 8-22　工资明细表报表设计

合计项按分组求和，以 jbgz 为例，其表达式及计算字段设置如图 8-23 所示。其他合计字段设置与此相同。报表预览效果如表 8-24 所示。

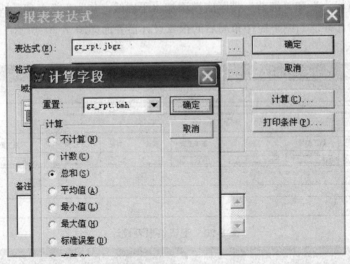

图 8-23 表达式及计算字段设置

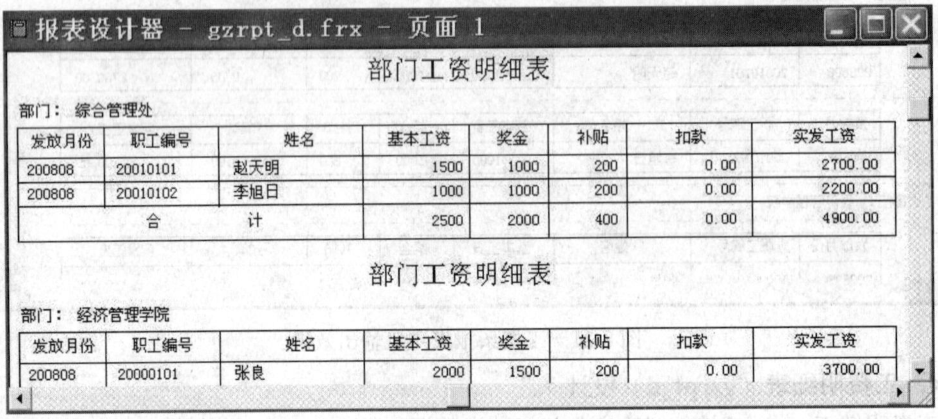

图 8-24 报表预览效果

5. 工资汇总表（gzrpt_s）设计

可以按如下步骤建立 gzrpt_s 报表：

<1> 打开报表设计器，添加"总结"带区（在"标题/总结"对话框不选"标题带区"）；

<2> 设置报表数据环境为 gz_rpt 视图；

<3> 在页标头带区添加报表标题标签控件，内容为"工资汇总表"；添加"部门"、"基本工资"、"奖金"、"补贴"、"扣款"、"实发工资"标签控件并添加边框线；添加日期域控件，设置表达式为 DATE()，格式选择日期型，SET DATE 格式；

<4> 将数据环境 bmm、jbgz、jj、bt、kk、sfgz 字段依次拖入细节带区并添加边框，设置 jbgz、jj、bt、kk、sfgz 域控件的计算条件如图 8-25 左图所示，即按部门号求和；

<5> 将数据环境 jbgz、jj、bt、kk、sfgz 字段依次拖入总结带区并与细节带区对应控件对齐，在与细节带区 bmm 对应处添加"合计"标签控件，为总结带区控件添加边框，设置 jbgz、jj、bt、kk、sfgz 域控件的计算条件如图 8-25 右图所示，即对所有记录求和。

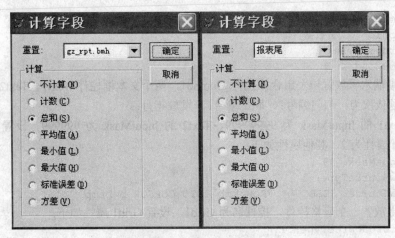

图 8-25　计算字段设置

完成上述设计后，报表设计器界面如图 8-26 所示，预览效果如图 8-27 所示。

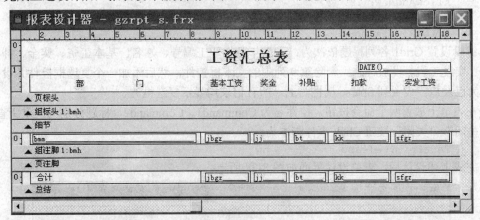

图 8-26　汇总表报表设计

部　　门	基本工资	奖金	补贴	扣款	实发工资
综合管理处	2500	2000	400	0.00	4900.00
经济管理学院	5000	3500	600	0.00	9100.00
计算机学院	3500	2500	400	0.00	6400.00
经济管理学院	1000	1000	200	0.00	2200.00
计算机学院	2000	1000	200	0.00	3200.00
机械工程学院	6500	4000	800	1500.00	9800.00
电子工程学院	6500	4000	800	0.00	11300.00
合计	27000	18000	3400	1500.00	46900.00

图 8-27　汇总表预览效果

上述报表设计完成后，运行工资报表打印表单时即可预览打印出对应的报表了。

8.3.8　工资数据查询表单

在项目管理器选中"文档"选项卡，点击"新建"按钮打开"新建表单"对话框，选择对话框"新建表单"打开表单设计器。设置表单属性如下：

```
Name: GZGZCX
Caption: 工资数据查询
BorderStyle: 2
ShowWindow: 1
```

在表单顶端水平放置一个组合框控件 Combo1，两个文本框控件 Text1、Text2。在控件前加标签，标题依次为：部门编号：、职工编号：、发放年月：。

设置 Text1 的 InputMask 为 99999999、Text2 的 InputMask 为 999999。设置 Combo1 的 ColumnCount 属性为 2，其他属性如下：

```
InputMask: 99
RowSourceType: 3
RowSource: SELECT * FROM bmb INTO CURSOR bmbtmp
```

在表单上放置一个表格控件，控件名为 Grid1，设置 Grid1 属性如下：

```
RecordSourceType: 4
ReadOnly: .T.
ColumnCount: 9
AllowAddNew: .F.
AllowHeaderSizing: .F.
AllowRowSizing: .F.
```

编辑设置 Grid1 各列标题依次为：发放年月、职工编号、姓名、基本工资、奖金、补贴、扣款、实发工资、发放标志。删除第 9 列中的文本框控件，然后添加一个复选框控件并设置其标题为已发放，设置列 Sparse 属性为.F.（所有记录均显示复选框）。

在表单上放置两个命令按钮，控件名为 Command1、Command2，标题分别为"重新查询"和"关闭"，"关闭"按钮 Click 事件脚本为：

```
ThisForm.Release
```

完成上述设计后，表单设计界面如图 8-28 所示。

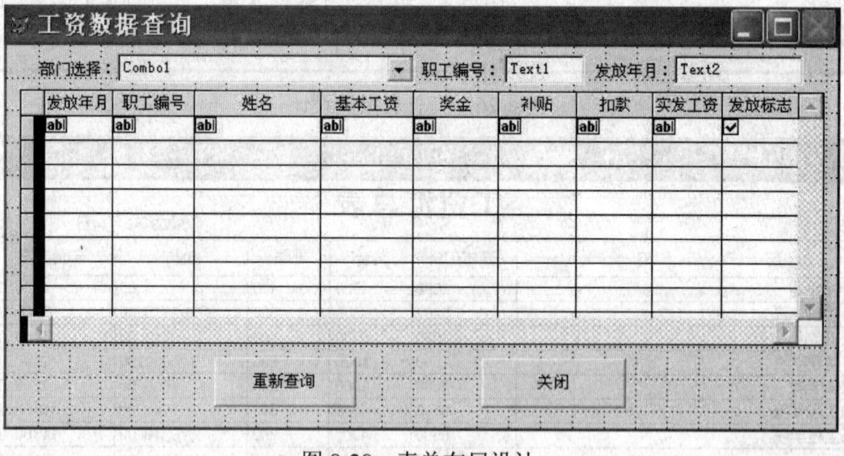

图 8-28　表单布局设计

表单运行时，用户可以选择输入部门编号、职工编号、发放年月。点击"重新查询"按钮时，生成相应的 SELECT—SQL 命令并设置 Grid1 的 RecordSource，设计"重新查询"按钮 Click 事件脚本代码如下：

```
sqlExp="SELECT b.ny,b.zgh,a.zgm,b.jbgz,b.jj,b.bt,b.kk,b.sfgz,"
sqlExp=sqlExp + "b.ffbz FROM zgb a,gzb b WHERE a.zgh = b.zgh"
IF LEN(TRIM(ThisForm.Combo1.Value)) = 2
   sqlExp=sqlExp + " AND a.bmh='"+ TRIM(ThisForm.Combo1.Value)+ "'"
ENDIF
```

```
IF LEN(TRIM(ThisForm.Text1.Value)) = 8
    sqlExp=sqlExp + " AND b.zgh='" + TRIM(ThisForm.Text1.Value)+"'"
ENDIF
IF LEN(TRIM(ThisForm.Text2.Value)) = 6
    sqlExp=sqlExp + " AND b.ny='" +  TRIM(ThisForm.Text2.Value)+"'"
ENDIF
sqlExp = sqlExp + " INTO CURSOR gzbtmp"
ThisForm.Grid1.RecordSource = sqlExp
```

表单运行效果如图 8-29 所示。

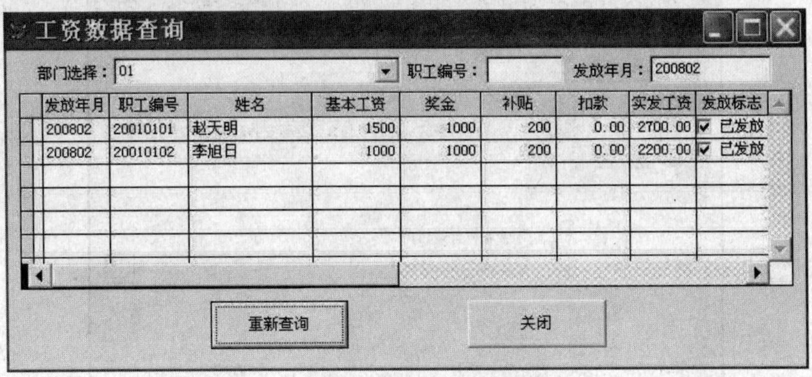

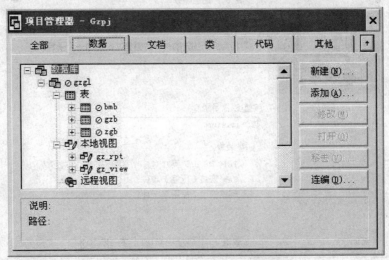

图 8-29　表单运行效果

8.4　发布程序制作

1. 连编应用程序

完成上述设计后，项目管理器"数据"选项卡内容如图 8-30 所示。

图 8-30　项目管理器"数据"选项卡

本应用程序在初始化时生成数据库、表及视图，因此数据库、表均设置为排除，即不包含在生成的应用程序中。

在项目"文档"选项卡中包含前述的九个表单和三个报表，在"代码"和"其他"选项卡包含主程序 gzmainp 和主菜单 gzmainm。设置 gzmainp 为主文件。

连编生成可执行程序 gzpj.exe，该文件就是最终需要打包发布的应用程序。

2. 制作安装程序

将 gzpj.exe 及相关动态连接库文件复制到一个安装制作文件夹中，假定是：C:\setupapp，另外，选择一个图标文件 DATABASE.ICO 并将其复制到 C:\setupapp 文件夹。按如下步骤制作安装程序：

<1> 启动安装向导，选择发布树目录为 C:\setupapp（图 8-31）；

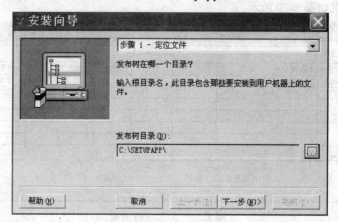

图 8-31　发布树目录设置

<2> 选择完发布树目录后点击"下一步"按钮，进入向导"指定组件"界面，继续点击"下一步"按钮进入"磁盘映象"界面（图 8-32）；

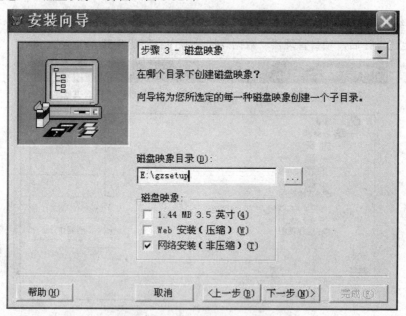

图 8-32　磁盘映象设置

<3> 假定生成的安装程序文件放在 E 盘的 gzsetup 文件夹中，选择安装方式为网络安装，点击"下一步"按钮进入"安装选项"界面（图 8-33）；

<4> 设置对话框标题和版权信息如图 8-33 所示，点击"下一步"按钮进入"默认目标目录"界面（图 8-34）；

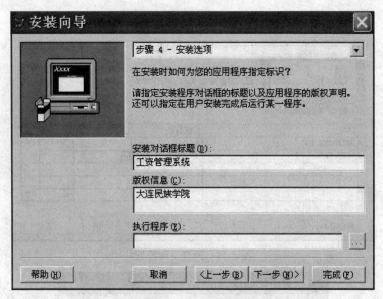

图 8-33　安装选项设置

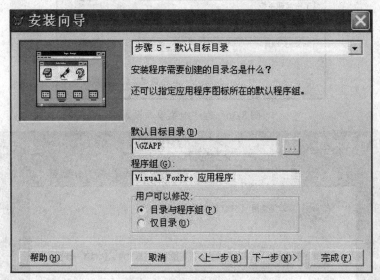

图 8-34　默认目标目录设置

　　<5> 设置默认安装目录为 GZAPP，程序组为"Visual FoxPro 应用程序"，点击"下一步"按钮进入"改变文件设置"界面（图 8-35）；

　　<6> GZPJ.EXE 是应用程序文件，应该在程序管理器中生成程序项，选定"程序管理器项"打开"程序组菜单项"设置对话框（图 8-36）；

　　<7> 设置程序项名为"工资管理系统"，命令行%sGZPJ.EXE 表示运行安装目录中的 GZPJ.EXE 文件，点击"图标"按钮浏览选择安装制作文件夹中的 DATABASE.ICO（图 8-36 中"图标"按钮上显示的图标）；点击"确定"按钮返回向导，继续点击"下一步"按钮进入"完成"界面，点击"完成"按钮开始生成安装程序，生成结束后，在 E:\gzsetup 中即建立了生成的安装文件夹 netsetup，执行其中的 setup.exe 即可安装工资管理系统，初始安装界面如图 8-37 所示，安装结束后，即在系统开始菜单所有程序程序组中建立了"Visual FoxPro 应用程序"组，其中包含"工资管理系统"程序项，其程序图标即为设置的图标（图 8-38）。

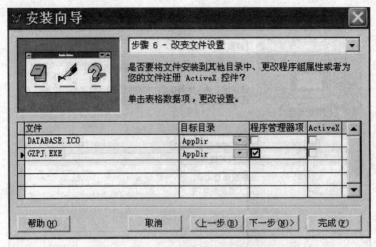

图 8-35 改变文件设置

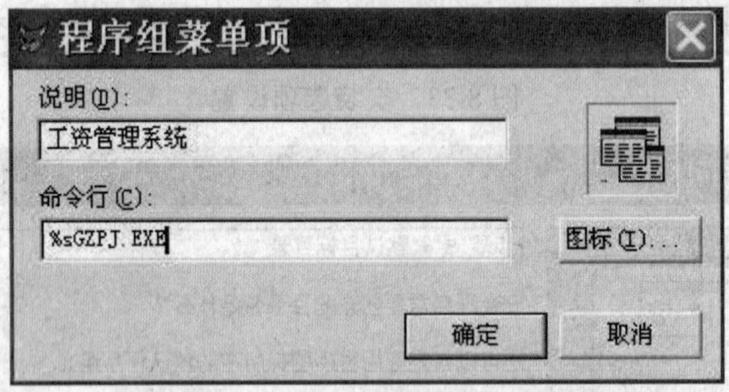

图 8-36 程序组菜单项设置

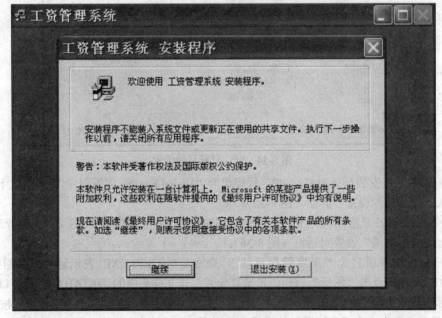

图 8-37 安装界面

图 8-38 安装生成的程序组和程序项

附　录

附录 1　常用命令

Visual FoxPro 常用命令列表

常用 Visual FoxPro 命令	
命 令 格 式	功 能 说 明
?|?? <表达式列表>	依次输出表达式值。?命令换行输出，??命令在当前行输出
APPEND [BLANK] [IN <工作区>|<别名>]	追加记录。选择 BLANK 时追加空白记录，未选 BLANK 时追加记录并打开编辑窗口。指定 IN 子句时，为指定工作区或别名的已打开表追加记录，否则为当前工作区中的表追加记录
AVERAGE [<表达式列表>] [<范围>] [FOR <条件1>] [WHILE <条件2>] [TO <内存变量名表> | TO ARRAY<数组名>]	对当前表指定范围内连续满足条件2的记录中所有满足条件1的记录依次求表达式列表中各表达式的算术平均值，计算结果可以在屏幕直接输出或保存到对应的内存变量或数组中
BROWSE [FIELDS <字段名表>] [FOR <条件>] [FREEZE <字段名>] [NOAPPEND] [NODELETE] [NOEDIT | NOMODIFY] [TITLE <标题字符串>]	在独立窗口中以二维表的方式浏览编辑当前表中满足 FOR 条件记录的指定字段。FIELDS 选项用于指定浏览编辑的字段，省略时浏览编辑当前表中的所有字段。FREEZE 选项用于指定可编辑字段（其他字段不可编辑），省略时所有字段均可编辑。NOAPPEND 选项用于防止用户按 CTRL+Y 或者选择"显示"菜单下的"追加方式"向表中追加记录。NOEDIT | NOMODIFY 选项禁止用户编辑修改。TITLE 选项用于指定浏览窗口标题
CANCEL	终止正在运行的程序
CLEAR [ALL | EVENTS | MEMORY | MENUS]	无任何选项时清除屏幕内容。选择 ALL 时释放内存中所有的变量和数组及用户所定义的菜单条、菜单和窗口，也释放内存中所有在 DECLARE-DLL 中注册的外部共享库函数。选择 EVENTS 时结束事件处理循环。选择 MEMORY 时清除自定义内存变量及数组。选择 MENUS 清除菜单条
CLOSE {ALL | DATABASES [ALL] | INDEXES | PROCEDURE | TABLES [ALL]}	关闭各种类型文件。选择 ALL 时关闭所有工作区中打开的数据库、表和索引，并选择 1 号工作区作为当前的工作区，同时关闭表单设计器、项目管理器、标签设计器、报表设计器、查询设计器。选择 DATABASES 时关闭当前数据库及其表，进一步选择 ALL 时，关闭所有数据库、表、索引，命令执行后选择 1 号工作区为当前工作区。选择 INDEXES 关闭当前工作区中所有打开的索引文件(独立索引文件和非结构复合索引文件，不包括结构复合索引文件)。选择 PROCEDURE 时关闭通过 SET PROCEDURE 命令打开的过程文件。选择 TABLES 时关闭当前选中数据库中所有打开的表（如果没有打开的数据库，则关闭所有打开的自由表)，进一步选择 ALL 时关闭所有打开的数据库中所有打开的表及打开的自由表
CONTINUE	继续查找满足 Locate 命令条件的下一条记录
COPY FILE <文件名1> TO <文件名2>	由文件名1指定的文件复制生成文件名2指定的文件。文件名应包含扩展名，对应的文件应在关闭状态
COPY STRUCTURE TO <表名1> [FIELDS <字段列表>] [[WITH] CDX | [WITH] PRODUCTION] [DATABASE <数据库名> [NAME <表名2>]]	复制当前表指定字段结构到表名1指定的表中。无 FIELDS 选项时，复制当前表的所有字段结构到新表中。选择 CDX 或 PRODUCTION 选项时建立一个与当前表结构复合索引文件相同的结构复合索引文件。选择 DATABASE 选项时复制生成的表被加入到指定数据库中，进一步选择 NAME 选项时，复制生成的表在数据库中的名字为表名2

常用 Visual FoxPro 命令

命 令 格 式	功 能 说 明

COPY TO <表名>
[DATABASE <数据库> [NAME <长表名>]]
[FIELDS <字段名表>
  | FIELDS LIKE <通配字段名>
  | FIELDS EXCEPT <通配字段名>]
[范围] [FOR <条件 1>] [WHILE <条件 2>]
	将当前表中指定范围内连续满足条件 2 的记录中满足条件 1 的记录复制到指定表中。选择 DATABASE 选项时生成的表被加入到指定数据库中并可进一步通过 NAME 选项指定表在数据库中的名字。FIELDS 选项用于指定复制字段，LIKE 用于指定满足通配符的字段，EXCEPT 用于排除满足通配符的字段

COPY TO ARRAY <数组名>
[FIELDS <字段名表>
  | FIELDS LIKE <通配字段名>
  | FIELDS EXCEPT <通配字段名>]
[范围] [FOR <条件 1>] [WHILE <条件 2>]
	将当前表中指定范围内连续满足条件 2 的记录中满足条件 1 的记录复制到指定数组中。其他选项作用同上

COUNT [范围] [FOR <条件 1>] [WHILE <条件 2>] [TO <变量名>]	对当前表中指定范围内连续满足条件 2 的记录中满足条件 1 的记录个数进行计数。选择 TO 选项时计数结果被保存在指定的变量中
CREATE DATABASE <数据库文件名>	打开数据库设计器，创建指定数据库
CREATE FORM <表单名>	建立指定表单并在表单设计器中打开相应表单
CREATE <表名>	建立指定表并打开表设计器
CREATE MENU <菜单文件名>	启动菜单设计器，创建指定菜单文件
CREATE PROJECT <项目文件名>	打开项目管理器，创建指定项目文件
CREATE QUERY <查询文件名>	打开查询设计器，创建指定查询文件
CREATE REPORT <报表文件名>	打开报表设计器，创建指定报表文件
DECLARE <数组名 1>(<行数>[,<列数>]) [,<数组名 2(<行数>[,<列数>]) ……]	创建一维(不指定列数)或二维数组（指定列数）
DELETE [范围] [FOR <条件 1>] [WHILE <条件 2>] [IN <工作区>|<表别名>]	删除指定表（选择 IN 选项）或当前表（未选择 IN 选项）中指定范围内连续满足条件 2 的记录中满足条件 1 的记录
DELETE DATABASE <数据库名> [DELETETABLES] [RECYCLE]	从磁盘上删除指定数据库，相应数据库应处于关闭状态。选择 DELETETABLES 选项时将同时删除数据库所含的表。选择 RECYCLE 选项时删除的文件被放入 WINDOWS 回收站
DELETE FILE <文件全名> [RECYCLE]	从磁盘上删除一个文件，RECYCLE 作用说明同上
DELETE TAG <索引名 1> [OF <复合索引文件名>][,<索引名 2> [OF <复合索引文件名>]] ……	删除指定复合索引文件（.CDX）中的指定索引（索引名）。未指定复合索引文件名时，删除结构复合索引中的指定索引
DELETE TAG ALL [OF <复合索引文件>]	删除指定复合索引文件中的全部索引（索引名）。未指定复合索引文件名时，删除结构复合索引中的全部索引
DIMENSION <数组名 1>(<行数>[,<列数>]) [,<数组名 2(<行数>[,<列数>]) ……]	创建一维(不指定列数)或二维数组（指定列数），与 DECLARE 命令作用相同
DISPLAY [[FIELDS] <字段列表>] [范围] [FOR <条件 1>] [WHILE <条件 2>] [OFF] [TO PRINTER [PROMPT] | TO FILE <文件名>]	在主窗口输出当前表指定范围内连续满足条件 2 的记录中满足条件 1 的记录。FIELDS 选项指定输出字段，省略时输出所有字段。选择 OFF 选项时不输出记录号。TO PRINTER 选项使结果直接输出到打印机上。 TO FILE 选项使结果直接输出到指定文件中
DISPLAY DATABASE [TO PRINTER [PROMPT] | TO FILE <文件名>	显示当前数据库的信息，包括字段、连接、表和当前数据库的视图等。参数说明同上
DISPLAY MEMORY [LIKE <通配变量名>] [TO PRINTER [PROMPT] | TO FILE 文件名	显示全部或指定（选 LIKE 选项时）内存变量或数组的当前内容。参数说明同上

常用 Visual FoxPro 命令	
命 令 格 式	功 能 说 明
DISPLAY STRUCTURE [IN <工作区>|<表别名>] [TO PRINTER [PROMPT] | TO FILE <文件名>>	显示指定工作区中打开的表的结构
DISPLAY TABLES [TO PRINTER [PROMPT] | TO FILE <文件名>]	显示当前数据库所包含的所有表的名称和文件名路径信息
DISPLAY VIEWS [TO PRINTER [PROMPT] | TO FILE <文件名>]	显示当前数据库中所有视图的视图名和类型（本地视图或远程视图）
DO <程序文件名 1>|<过程名> [IN <程序文件名 2>] [WITH <参数列表>]	执行指定程序或过程。IN 选项用于指定过程所在的 PRG 文件，WITH 选项用于向程序或过程传递参数
DO CASE……ENDCASE	多分支处理，参阅 2.4.3 节
DO FORM <表单名> [NAME <变量名> [LINKED]] [WITH <参数列表>] [TO <变量名>] [NOSHOW]	运行用表单设计器设计的、已编译的表单或者表单集。NAME 选项为打开的表单或表单集指定一个参考变量或数组元素，可以通过该变量引用表单或表单集，进一步选择 LINKED 时，表单或表单集与参考变量同时释放。WITH 选项用于指定传递的参数，这些参数在表单 Init 事件脚本中说明。TO 选项指定保存表单返回值的变量，该返回值为表单 Unload 事件脚本中的 RETURN 语句产生的。NOSHOW 选项不显示表单，直至调用了表单对象的 SHOW 方法，或将表单对象的 VISIBLE 属性设为.T.
DO WHILE….ENDDO	循环处理，参阅 2.5.1 节
EDIT [FIELDS <字段名列表>] [范围] [FOR <条件 1>] [WHILE <条件 2>] [FONT <字体名>[,<字号>]] [STYLE <字体样式>] [FREEZE <字段名>] [KEY <表达式 1> [,<表达式 2>]] [NOAPPEND] [NODELETE] [NOEDIT | NOMODIFY]	在窗口中编辑当前表指定范围内连续满足条件 2 的记录中满足条件 1 的记录的指定字段。FONT 选项用于指定显示的字体和字号，STYLE 选项用于选择字型（粗体、斜体等）。FREEZE 选项用于指定一个出现在编辑窗口中的可编辑字段，其他字段只显示但不能编辑。KEY 选项用于进一步过滤记录，用于指定主控索引的关键字或关键字区间，关键字值等于或处于区间内的记录才被显示编辑。其他选项的作用与 BROWSE 命令相同
ERASE <文件名全名>	从磁盘上删除指定文件。指定文件应处于关闭状态
EXIT	退出包含它的最内层循环
FIND	同 SEEK 命令
FOR….ENDFOR	循环处理。参阅 2.5.2 节
FUNCTION <函数名> <函数体语句序列> [RETURN [<表达式>]] ENDFUNC	函数说明。RETURN 选项用于返回调用程序，无 RETURN 或 RETURN 无返回表达式时函数返回值为.F.，有 RETURN <表达式>时返回表达式的值
GATHER FROM {<数组名> | MEMVAR} [FIELDS <字段列表> | FIELDS LIKE <通配符> | FIELDS EXCEPT <通配符>] [MEMO]	用指定数组（选择数组名）的对应元素或一组同名内存变量（选择 MEMVAR）替换（更新）当前表当前记录的指定字段（有 FIELDS 选项）或全部字段值。MEMO 选项用于指定替换操作包括 MEMO 型字段
{GO|GOTO} [RECORD] n [IN <工作区>| IN <表别名>]	移动指定工作区（有 IN 选项）或当前工作区（无 IN 选项）表的记录指针到 n 号记录。RECORD 关键字可选，对功能无影响。GO、GOTO 作用相同
{GO|GOTO} {TOP | BOTTOM} [IN <工作区>| IN <表别名>]	移动指定工作区（有 IN 选项）或当前工作区（无 IN 选项）表的记录指针到首记录（选择 TOP）或尾记录（选择 BOTTOM）
IF... ENDIF	条件分支处理。参阅本教材 2.4.1、2.4.2 节

常用 Visual FoxPro 命令	
命 令 格 式	功 能 说 明
INDEX ON <关键字表达式> TO <索引文件名> | TAG <索引标识名> [OF <复合索引文件名>] [FOR <条件>] [COMPACT] [ASCENDING | DESCENDING] [UNIQUE | CANDIDATE] [ADDITIVE]	为当前表中满足指定条件（FOR 选项指定）的记录按指定关键字表达式建立索引。选择 TO 选项时建立独立索引。选择 TAG 选项时建立复合索引，进一步指定 OF 选项时在指定非结构复合索引文件中建立索引，否则在结构复合索引文件中建立索引。COMPACT 选项指定生成压缩独立索引文件。ASCENDING 选项指定索引顺序为升序，DESCENDING 选项指定索引顺序为降序。UNIQUE 选项指定建立唯一索引，CANDIDATE 选项指定建立候选索引。ADDITIVE 选项将不关闭已经打开的其他索引文件
INPUT [<字符表达式>] TO <内存变量>	显示提示字符串（如果有字符表达式），等待输入，输入过程以回车结束，输入内容被保存到指定内存变量中。输入内容应区分数据类型
LIST [[FIELDS] <字段列表>] [范围] [FOR <条件 1>] [WHILE <条件 2>] [OFF] [TO PRINTER [PROMPT] | TO FILE <文件名>]	功能与 DISPLAY 命令相同，区别如下： ① 默认记录范围不同，DISPLAY 命令默认范围是当前记录，LIST 命令默认范围是所有记录 ② LIST 命令在记录较多时滚屏显示记录，用户往往只能看到最后一屏的记录。而 DISPLAY 命令在记录较多时，分屏显示记录
LIST DATABASE [TO PRINTER [PROMPT] | TO FILE <文件名>]	与 DISPLAY DATABASE 功能相同
LIST MEMORY [LIKE <变量名>][TO FILE <文件名>]	与 DISPLAY MEMORY 功能相同
LIST TABLES [TO PRINTER [PROMPT] | TO FILE <文件名>]	与 DISPLAY TABLES 功能相同
LIST VIEWS [TO PRINTER [PROMPT] | TO FILE <文件名>]	与 DISPLAY VIEWS 功能相同
LOCATE FOR <条件 1> [范围][WHILE <条件 2>]	按记录物理顺序定位记录指针到指定范围内连续满足条件 2 的记录中第一个满足条件 1 的记录。定位成功时 FOUND()函数返回.T.
MODIFY COMMAND [<文件名>]	打开程序编辑窗口，指定文件名时自动打开或创建指定程序文件
MODIFY DATABASE [<数据库名>][NOEDIT]	打开数据库设计器。如果指定了数据库名则在数据库设计器中打开指定数据库。NOEDIT 选项禁止编辑修改数据库及其中的数据库对象
MODIFY FORM [<表单名>] [METHOD <方法名>]	打开表单设计器并在其中自动打开或创建指定的表单。指定 METHOD 选项时同时打开指定事件或方法的脚本代码编辑窗口
MODIFY MENU [<文件名>]	打开菜单设计器并自动创建或打开指定菜单文件
MODIFY PROJECT [<文件名>]	打开项目管理器并自动创建或打开指定项目文件
MODIFY QUERY [<文件名>]	打开查询设计器并自动创建或打开指定查询文件
MODIFY REPORT [<文件名>]	打开报表设计器并自动创建或打开指定报表文件
MODIFY STRUCTURE	打开表设计器编辑修改当前表的结构
ON ERROR <命令>	指定程序发生执行错误时执行的命令，用于程序错误捕获处理
OPEN DATABASE [<文件名>] [EXCLUSIVE | SHARED] [NOUPDATE]	打开指定数据库。EXCLUSIVE 选项表示以独占方式打开，SHARED 选项表示以共享方式打开。NOUPDATE 选项指定数据库不允许被修改
PACK [MEMO] [DBF]	彻底删除表中标记为删除状态的记录并清除备注文件中未用空间。选择 MEMO 时只清除备注文件中未用空间，选择 DBF 时只彻底删除表中标记为删除状态的记录
PACK DATABASE	删除数据库中已删除表、视图等的数据库记录
PRIVATE <变量列表>	说明私有变量或数组。说明后变量初值为.F.，可以赋值改变变量类型
PROCEDURE <过程名> <过程体语句序列> [RETURN [表达式]] ENDPROC	在过程文件中说明过程

续表

常用 Visual FoxPro 命令	
命 令 格 式	功 能 说 明
PUBLIC <内存变量列表>	定义全局变量或数组。说明后变量初值为.F.，可以赋值改变变量类型
QUIT	退出 Visual FoxPro，返回操作系统
READ	启动定位输入命令的输入编辑
READ EVENTS	开始事件处理循环
RECALL [<范围>] [FOR <条件1>] [WHILE <条件2>]	恢复当前表指定范围内连续满足条件2的记录中满足条件1的记录，即撤消删除标记
REINDEX [COMPACT]	重建已打开的索引文件。选择 COMPACT 将常规的独立索引文件转换成压缩的独立索引文件
RELEASE <内存变量列表>	从内存中删除指定的内存变量或数组
RELEASE PROCEDURE <文件列表>	关闭用 SET PROCEDURE 命令打开的过程文件
REMOVE TABLE <表名> [DELETE] [RECYCLE]	从当前数据库中删除指定的表。选择 DELETE 选项时将同时从磁盘上删除指定表的表文件。选择 RECYCLE 选项时把删除的文件放到 Windows 的回收站中，必要时可以还原
RENAME <文件名1> TO <文件名2>	将文件名1指定的文件改名为文件名2
REPLACE <字段名1> WITH <表达式1> [ADDITIVE] [,<字段名2> WITH <表达式2> [ADDITIVE]] … … [<范围>] [FOR <条件1>] [WHILE<条件2>] [IN <工作区>|<表别名>]	对当前表或指定表（有 IN 选项）指定范围内连续满足条件2的记录中满足条件1的记录用对应表达式值更新字段值。ADDITIVE 选项仅用于备注字段，选择时将表达式的值追加在备注字段的原有内容之后，而不是替换原字段的内容，未选 ADDITIVE 时备注字段内容将被对应表达式值替换
REPLACE FROM ARRAY <数组名> [FIELDS <字段列表>] [范围] [FOR <条件1>] [WHILE <条件2>]	对当前表指定范围内连续满足条件2的记录中满足条件1的记录用对应数组元素更新指定字段值
REPORT FORM <文件名> [范围] [FOR <条件1>] [WHILE <条件2>] [HEADING <页标头文本>] [PLAIN] [RANGE <起如页> [,< 结束页>]] [PREVIEW] [TO PRINTER [PROMPT] | TO FILE <文件名>]	以指定报表格式输出数据环境中指定表指定范围内连续满足条件2的记录中满足条件1的记录。HEADING 选项用于指定在每页页眉输出的文本，在报表的每页增加标头文本。选择 PLAIN 时指定页标头只出现在报表的首页。RANGE 选项指定要打印的页码范围。PREVIEW 选项预览报表。TO PRINTER 选项打印输出报表。TO FILE 选项将报表输出到指定文本文件
RESTORE FROM <文件名> | MEMO <备注字段名> [ADDITIVE]	从指定内存变量文件或者备注字段中恢复保存的内存变量和数组。MEMO 选项指定恢复变量和数组的备注字段。ADDITIVE 选项将恢复的变量添加到当前的变量环境中，不选此选项时先清除所有内存变量，然后恢复
RESUME	继续执行挂起的程序
RETURN [<表达式> | TO MASTER | TO <过程名>]	返回调用程序。TO MASTER 选项使子程序返回时直接返回到最外层调用程序。TO <过程名>选项使子程序返回时强制返回到指定调用程序
SAVE TO <文件名> | MEMO<备注字段名> [ALL LIKE <通配符> | ALL EXCEPT <通配符>]	将满足通配符要求（满足 LIKE 通配符或不满足 EXCEPT 通配符）的内存变量和数组保存到指定内存变量文件（.MEM 文件）或备注字段中
SCAN… END SCAN	表扫描循环。参阅 2.5.3 节
SCATTER [FIELDS <字段名列表> | FIELDS LIKE <通配符> | FIELDS EXCEPT <通配符>] [MEMO] TO <数组名> [BLANK] | MEMVAR [BLANK]	将当前记录的指定字段（FIELDS 选项指定）或全部字段数据复制到一组变量（MEMVAR 选项指定）或数组（TO 选项指定）中。选择 MEMO 选项时包含备注型字段。选择 BLANK 关键字时生成的数组或变量均取空白值。SCATTER 命令一般与 GATHER 命令配合使用

	常用 Visual FoxPro 命令
命 令 格 式	功 能 说 明
SEEK <表达式> [ORDER n	<独立索引文件名>	[TAG] <索引标记名> [OF <复和索引文件名>] [ASCENDING	DESCENDING]] [IN <工作区>	<表别名>]	按指定索引顺序查找指定工作区(有 IN 选项)或当前工作区中打开的表中索引关键字值与指定的表达式相匹配的第一条记录。ORDER 选项用于指定使用的索引序号(当前复合索引中的索引号或 USE 命令中依次打开的独立索引序号)。TAG 选项用于指定复合索引文件中的索引标识,未选 OF 选项时使用结构复合索引,选择 OF 选项时使用指定的非结构复合索引。ASCENDING 选项表示按关键字值升序查找,DESCENDING 刚好相反
SELECT <工作区>	<表别名>	选择指定的工作区
SET CENTURY {ON	OFF}	设置日期年份显示方式,ON 选项显示四位年份,OFF 选项显示后二位
SET DATABASE TO [<数据库名>]	设置(指定数据库名时)或取消当前数据库
SET DATE [TO] {AMERICAN	ANSI	USA	MDY	DMY	YMD	SHORT	LONG}	设置日期型和日期时间型表达式显示格式。各种格式为:AMERICAN (mm/dd/yy),ANSI (yy.mm.dd),USA (mm/dd/yy),MDY、DMY、YMD (按月日年、日月年、年月日显示),SHORT、LONG (同 Windows 设置格式)
SET DEFAULT TO [<路径>]	设置默认目录
SET DELETED {ON	OFF}	设置是否处理逻辑删除的记录,ON——不处理,OFF——处理
SET EXACT {ON	OFF}	设置是否进行字符串精确比较。ON 表示精确比较,OFF 表示非精确比较
SET INDEX TO [<索引文件名表>] [ORDER <索引序号>	<独立索引文件名>	[TAG] <索引标记名> [OF <复合索引文件名>] [ASCENDING	DESCENDING]] [ADDITIVE]	为当前表打开一个或多个索引文件。ORDER 选项用于指定主控索引 ASCENDING、DESCENDING 用于指定记录排列顺序。省略所有选项时将关闭当前表除结构复合索引之外的所有其他索引。指定索引选项但未选择 ADDTIVE 时将先关闭所有索引然后打开指定索引。选择 ADDTIVE 时将在保留现有打开的索引的基础上再打开新的索引。选择 ORDER 0 时将按记录的物理顺序处理记录
SET MARK TO [<分隔符>]	指定显示日期表达式时所使用的分隔符。未指定分隔符时将恢复缺省分隔符 "/"
SET ORDER TO [<索引序号>	<独立索引文件>	[TAG] <索引名> [OF 独立复合索引文件]] [IN <工作区号>	<表别名>] [ASCENDING	DESCENDING]	为当前表或指定工作区(IN 选项指定)中的表设置主控索引并指定记录处理顺序(由 ASCENDING、DESCENDING 确定)。省略所有选项时将取消主控索引,记录按物理顺序处理
SET PROCEDURE TO [<文件名 1> [,<文件名 2>, ...]] [ADDITIVE]	打开一个或多个过程文件。选择 ADDITIVE 选项时在打开过程文件的时候,不关闭先前已打开的过程文件,否则先关闭已打开的过程文件
SET RELATION TO [<表达式 1> INTO <工作区 1>	<表别名 1> [,<表达式 2> INTO <工作区 2>	<表别名 2> ...] [IN <工作区>	<表别名>]	为当前表或指定工作区(IN 选项指定)中打开的表和指定工作区(INTO 选项指定)中打开的表按指定表达式建立关联
SET RELATION OFF INTO <工作区>	<表别名>	清除当前工作区和指定工作区(INTO 选项指定)内两个表之间的关联
SET SAFETY {ON	OFF}	设置安全覆盖模式。ON 表示安全模式,在试图覆盖已存在文件时会显示确认对话框以防止失误。OFF 表示非安全模式,这时没有覆盖提示
SET STRICTDATE TO [0	1	2]	对日期输入格式进行检查。0 表示不严格检查;1 表示严格检查,是系统默认的输入格式;2 表示严格检查并检查(CTOD、CTOT 函数参数)
SET SYSMENU {ON	OFF	AUTOMATIC	TO [<菜单列表>	TO [<菜单标题列表>]	TO [DEFAULT]	SAVE	NOSAVE]	设置程序执行期间系统菜单状态。选择 ON 时系统菜单可用,选择 OFF 时系统菜单不可用,选择 AUTOMATIC 时使系统菜单自动适应当前执行的命令,选择 TO 选项时将按相应列表设置系统菜单,选择 TO DEFAULT 将恢复系统菜单,选择 SAVE 时自动保存当前菜单状态为默认状态,再次执行 SET SYSMENU TO DEFAULT 时会恢复保存的默认菜单状态
SET TALK {ON	OFF}	设置主窗口交互状态(选择 ON)或非交互状态(选择 OFF)
SET UDFPARMS TO {VALUE	REFERENCE}	设置函数参数传递方式为传值(选择 VALUE)或引用(选择 REFERENCE)
SKIP <±n> [IN <工作区>	<表别名>]	向前或向后移动当前表或指定表(IN 选项指定)指针 n 个记录位置

续表

常用 Visual FoxPro 命令	
命 令 格 式	功 能 说 明
SORT TO <表名字> ON <字段名 1> [/A | /D] [/C] [,<字段名 2>[/A | /D] [/C] ...] [ASCENDING | DESCENDING] [范围] [FOR <条件 1>] [WHILE <条件 2>] [FIELDS <字段名列表> | FIELDS LIKE <通配符> | FIELDS EXCEPT <通配符>]	对当前表中连续满足条件 2 的记录中满足条件 1 的记录依次按指定字段（ON 选项指定）进行排序，将排序结果中的指定字段（FIELDS 选项指定）或全部字段保存到指定的表中。每个排序字段可以指定升序（/A）、降序（/D），同时可以指定关键字是否区分大小写，选/C 不区分大小写。ASCENDING、DESCENDING 选项用于指定记录排序顺序
STORE <表达式> TO {<变量列表> | <数组名列表>}	将表达式值依次赋给变量列表中的每个变量或数组中的每个数组元素
SUM [<表达式列表>] [范围] [FOR <条件 1>] [WHILE <条件 2>] [TO <内存变量列表> | TO ARRAY <数组名>]	对当前表中连续满足条件 2 的记录中满足条件 1 的记录的所有数值型字段或指定的数值表达式求和，求和结果可以在主窗口输出或保存到对应的内存变量或数组元素中
TOTAL TO <表名> ON <字段名> [FIELDS <字段名列表>] [范围] [FOR<条件 1>] [WHILE <条件 2>]	对当前表指定范围内连续满足条件 2 的记录中满足条件 1 的记录的指定数值型字段（省略 FIELDS 选项时取所有数值型字段）值按指定关键字分别汇总求和，结果存入新文件。在用 TOTAL 命令汇总求和之前，当前表必须已按关键字排序，可以是物理排序，也可以是索引排序
UNLOCK [RECORD <记录号>] [IN <工作区> | <表别名>] [ALL]	对当前表或指定工作区中打开的表（IN 选项指定）中的一个或多个记录解除锁定，或者解除文件的锁定。选择 RECORD 选项时解锁指定记录，选择 ALL 选项时解除所有工作区中的表的文件锁和所有记录锁
USE [[<数据库名>!]<表名字> | <SQL 视图名>] [IN <工作区> | <表别名>] [[INDEX <索引文件列表> [ORDER [<索引标识序号> | <独立索引文件名> | [TAG] <索引标识名> [OF <复合索引文件名>] [ASCENDING | DESCENDING]]]] [ALIAS <表别名>] [EXCLUSIVE] [SHARED]	在指定工作区（IN 选项指定）打开一个表及相关的索引文件或一个 SQL 视图。<数据库名>!用于指定表或视图所在的数据库。INDEX 选项用于指定打开的索引，ASCENDING 和 DESCENDING 用于指定记录处理顺序。ALIAS 选项为打开的表或视图指定别名，不指定别名时，别名与表或视图名相同。EXCLUSIVE 表示以独占方式打开表或视图。SHARED 表示以共享方式打开或视图。修改表的结构时必须以独占方式打开表
WAIT [<提示信息字符串>] [TO <变量名>] [WINDOW [AT <行,列>]] [TIMEOUT <等待秒数>]	等待用户按键响应，用户按任一键后继续。指定提示信息字符串时显示相应的提示信息，否则显示标准提示信息。选择 TO 选项时用户按键键值保存至指定变量。WINDOW 选项指定显示提示窗口的位置，无此选项时提示信息在主窗口显示。TIMEOUT 选项指定等待时间，超过设置秒数而用户没有按键时等待自动结束
ZAP [IN <工作区> | <表别名>]	将当前工作区或指定工作区（IN 选项指定）中打开的表中所有记录清除

SQL 命令（语句）	
命 令 格 式	功 能 说 明
ALTER TABLE <表名 1> ADD | ALTER [COLUMN] <字段名> <类型> [(<宽度> [, <小数位数>])] [NULL | NOT NULL] [CHECK <条件> [ERROR <提示字符串>]] [DEFAULT <缺省值>] [PRIMARY KEY | UNIQUE] [REFERENCES <表名 2> [TAG <索引标识>]]	添加或修改一个字段。选择 ADD 选项时添加指定字段，选择 ALTER 选项时修改指定字段。NULL，NOT NULL 选项为空值设置。CHECK 选项用于指定字段有效性规则，ERROR 选项用于指定违反字段有效性规则时的提示信息。DEFAULT 选项用于设置字段缺省值。PRIMARY KEY 指定相应字段为主索引字段，UNIQUE 指定相应字段为候选索引字段。REFERENCES 选项指定外键参照表及对应主表的索引标识
ALTER TABLE <表名 1> ALTER [COLUMN]] <字段名> [NULL | NOT NULL] [SET DEFAULT <缺省值>] [SET CHECK <条件> [ERROR <提示字符串>]] [DROP DEFAULT] [DROP CHECK]	修改表结构，修改一个字段。修改空值设置。SET DEFAULT 和 DROP DEFAULT 选项分别用于设置和删除缺省值，二者不能同时选择。SET CHECK 和 DROP CHECK 选项分别用于设置和删除字段有效性规则，二者不能同时选择

续表

<table>
<tr><td colspan="2" align="center">SQL 命令（语句）</td></tr>
<tr><td align="center">命 令 格 式</td><td align="center">功 能 说 明</td></tr>
<tr>
<td>CREATE [SQL] VIEW <视图名>
AS
　SELECT - SQL 查询语句</td>
<td>在当前数据库中建立一个视图。在程序中执行时 SQL 选项可以省略</td>
</tr>
<tr>
<td>CREATE TABLE | DBF <表名> [FREE]
(<字段名 1> <类型>[(<宽度>[,<小数位数>])]　[字段完整性约束]
[,<字段名 2> <类型>[(<宽度>[,<小数位数>])]　[字段完整性约束]]
……
[表完整性约束]
)</td>
<td>建立数据库表或自由表。选择 FREE 选项时建立自由表，否则在当前数据库中建立指定的数据库表。DBF 和 FREE 选项不是标准 SQL 语法成分
字段完整性约束语法内容如下：
[NULL | NOT NULL] [CHECK(<字段有效性规则表达式>) [ERROR <出错提示信息>]] [DEFAULT <默认值>] [PRIMARY KEY | UNIQUE | REFERENCES <参照表> [TAG <索引名>]]
表完整性约束选项语法内容如下：
[,PRIMARY KEY <索引关键字> [TAG <索引名>]]
[,UNIQUE　<索引关键字> [TAG <索引名>]]
[,FOREIGN KEY <参照关键字>　TAG <索引名> REFERENCES <参照表> [TAG <参照索引名>]]
[,CHECK <有效性规则表达式> [ERROR <出错提示信息>]]
相关关键字前已述及，不再赘述</td>
</tr>
<tr>
<td>DELETE FROM [数据库名!]表名字
[WHERE <条件>]</td>
<td>逻辑删除指定数据库表中满足指定条件的记录</td>
</tr>
<tr>
<td>DROP TABLE <表名字>|<文件名></td>
<td>从当前数据库移去表并从磁盘上删除它</td>
</tr>
<tr>
<td>DROP VIEW <视图名></td>
<td>从当前数据库中删除指定视图</td>
</tr>
<tr>
<td>INSERT INTO <表名> [<字段名列表>)]
VALUES(<值列表>)</td>
<td>向指定表中添加一条记录。值列表中的数值个数、类型、顺序必须与字段名列表中的字段对应一致。省略字段名列表时，值列表中的数值个数、类型、顺序应与表的字段一一对应</td>
</tr>
<tr>
<td>SELECT [ALL | DISTINCT] <输出表达式列表>
FROM <查询对象列表>
[WHERE <条件>]
[GROUP BY <分组表达式>]
[HAVING <过滤条件>]
[ORDER BY <排序表达式 1> [ASC | DESC] [,<排序表达式 2> [ASC | DESC]]]
[INTO ARRAY <数组名>| CURSOR <临时表名>| DBF <表名> | TABLE <表名>]</td>
<td>数据查询。选择 ALL 输出结果集的所有行，选择 DISTINCT 输出结果集中不重复的行。输出表达式列表项形如：
　　　<表达式或字段名>　[[AS] <列名>]
选择 AS 选项时为对应输出列指定列名（AS 可以省略），否则取字段名
查询对象列表中可以包含表或视图（可以加数据库名前缀），当查询对象多于一个时，结果集在这些对象的笛卡儿乘积上产生
WHERE 选项用于从结果集中过滤出满足条件的行
GROUP BY 选项用于对结果进行分组
HAVING 选项用于过滤满足要求的分组
ORDER BY 选项对结果进行排序，输出结果依次按各排序表达式和排序顺序进行排序
INTO 选项指定查询结果输出去向，可以输出到数组、临时表或表中</td>
</tr>
<tr>
<td>SELECT [ALL | DISTINCT] <输出表达式列表>
FROM <表 1>
<连接选项>
[WHERE <条件>]
[GROUP BY <分组表达式>]
[HAVING <过滤条件>]
[ORDER BY <排序表达式 1> [ASC | DESC] [,<排序表达式 2> [ASC | DESC]]]
[INTO ARRAY <数组名>|CURSOR <临时表名>|DBF <表名>|TABLE <表名>]</td>
<td>数据查询
其他选项说明同上。连接选项形如：
[INNER | LEFT | RIGHT | FULL JOIN <表名 2>　[[AS] <别名>]
ON <连接条件>...]
可以进行多个表（或视图）的连接查询，每增加一个连接表（或视图），重复一次连接选项即可。连接条件为一关系表达式，其中包含相关表的连接关键字</td>
</tr>
</table>

续表

SQL 命令（语句）	
命 令 格 式	功 能 说 明
UPDATE [<数据库名>!]<表名字> SET <列名 1> = <表达式 1> [,<列名 2> = <表达式 2> ...] [WHERE <条件>]	更新指定数据库表中满足条件的记录，将记录指定字段值修改为对应表达式的值

附录 2　常用函数

Visual FoxPro 常用函数列表

检 测 函 数		
函　数	返回值类型	功 能 说 明
ALIAS([<工作区号或表别名>])	字符型	返回当前或者指定工作区中打开的表的别名
BETWEEN(<表达式 1>,<表达式 2>,<表达式 3>)	逻辑型	如果 表达式 2<=表达式 1<=表达式 3 则返回.T.
BOF([工作区号或表别名])	逻辑型	测试当前表或指定工作区中打开的表的记录指针是否处于文件头（首记录之前）
CAPSLOCK()	逻辑型	如果字母锁定键（CAPSLOCK）锁定则返回.T.
CURDIR([目录])	字符型	返回指定磁盘目录的当前文件夹或当前缺省目录设置
DBC()	字符型	返回当前数据库的数据库文件全路径字符串
DBF（[工作区号或表别名])	字符型	返回当前或指定工作区中打开的表的表名
DBUSED(<数据库名>)	逻辑型	返回指定数据库的打开状态，已打开则返回.T.
DELETED（[<工作区号或表别名>])	逻辑型	检测当前表或指定工作区中打开的表当前记录的删除标志，已删除则返回.T.
DISKSPACE([<驱动器或卷>])	数值型	返回指定驱动器或卷的可用字节数
EMPTY(<表达式>)	逻辑型	检测指定表达式值是否为"空"（EMPTY），为空返回.T.
EOF([<工作区号或别名>])	逻辑型	测试当前表或指定工作区中打开的表的记录指针是否处于文件尾（尾记录之后）
FCOUNT([<工作区号或别名>])	数值型	返回当前表或指定工作区中打开的表的字段个数
FILE(<文件名路径字符串>)	逻辑型	指定文件存在则返回.T.，路径字符串可以是全路径或相对路径
FLOCK([<工作区号或别名>])	逻辑型	锁定当前表或指定表，锁定成功返回.T.
FOUND([<工作区号或表别名>])	逻辑型	测试当前表或指定表查找结果，查找成功则返回.T.
FULLPATH(<文件名字符串>)	字符型	返回指定文件的全路径字符串
HOME()	字符型	返回 Visual FoxPro 启动路径字符串
IIF(<条件>,<表达式 1>,<表达式 2>)	与表达式类型相同	如果条件为.T.，则返回表达式 1 的值，否则返回表达式 2 的值
INLIST(<表达式 1>,<表达式 2>[,<表达式 3>....])	逻辑型	如果表达式 1 的结果与后续表达式中某一表达式值相同则返回.T.
ISALPHA(<字符串表达式>)	逻辑型	如果字符串表达式结果首字符是字母则返回.T.
ISBLANK(<字符串表达式>)	逻辑型	如果字符串表达式结果为"空"则返回.T.
ISDIGIT(<字符串表达式>)	逻辑型	如果字符串表达式结果首字符是数字则返回.T.
ISEXCLUSIVE([表别名|工作区号|数据库名[,n]])	逻辑型	返回当前表或指定表、指定数据库是否是独占方式打开的，是则返回.T.。检测表时，n 取 1，检测数据库 n 取 2

续表

<table>
<tr><td colspan="3" align="center">检 测 函 数</td></tr>
<tr><td align="center">函　数</td><td align="center">返回值类型</td><td align="center">功 能 说 明</td></tr>
<tr><td>ISLOWER(<字符串表达式>)</td><td>逻辑型</td><td>如果给定字符串首字符是小写字母则返回.T.</td></tr>
<tr><td>ISMOUSE()</td><td>逻辑型</td><td>如果安装了鼠标则返回.T.</td></tr>
<tr><td>ISNULL(<表达式>)</td><td>逻辑型</td><td>如果给定表达式值为空值则返回.T.</td></tr>
<tr><td>ISREADONLY([<工作区号或表别名>])</td><td>逻辑型</td><td>检测当前表或指定表是否是只读方式打开的，是返回.T.</td></tr>
<tr><td>ISRLOCKED([<记录号>[,<工作区号或表别名>]])</td><td>逻辑型</td><td>检测当前表或指定表当前记录或指定记录的锁定状态，已经锁定则返回.T.</td></tr>
<tr><td>ISUPPER(<字符串表达式>)</td><td>逻辑型</td><td>如果给定字符串首字符是大写字母则返回.T.</td></tr>
<tr><td>LIKE(<字符表达式 1>,<字符表达式 2>)
LIKEC(<字符表达式 1>,<字符表达式 2>)</td><td>逻辑型</td><td>检测字符表达式 1 是否匹配表达式 2，是则返回.T.。字符表达式1 中可以包含通配符。LIKEC 用于测试全角字符或汉字</td></tr>
<tr><td>LOCK([[<记录号列表>,]<工作区号或表别名>])</td><td>逻辑型</td><td>尝试锁定当前表或指定工作区中打开的表当前记录或指定记录，锁定成功返回.T.</td></tr>
<tr><td>MCOL()</td><td>数值型</td><td>返回鼠标在主窗口中的列坐标值</td></tr>
<tr><td>MEMORY()</td><td>数值型</td><td>返回可用于运行外部程序的内存空间大小</td></tr>
<tr><td>MROW()</td><td>数值型</td><td>返回鼠标在主窗口中的行坐标值</td></tr>
<tr><td>NUMLOCK()</td><td>逻辑型</td><td>如果数字锁定键（NUMLOCK）锁定则返回.T.</td></tr>
<tr><td>OLDVAL(<字段名>[,<工作区号或表别名>])</td><td>字段类型</td><td>返回当前表或指定表指定字段编辑修改前的值</td></tr>
<tr><td>RECCOUNT([<工作区号或表别名>])</td><td>数值型</td><td>返回当前表或指定工作区中打开的表中的记录总数</td></tr>
<tr><td>RECNO([<工作区号或表别名>])</td><td>数值型</td><td>返回当前表或指定工作区中打开的表中的当前记录号</td></tr>
<tr><td>RECSIZE([<工作区号或表别名>])</td><td>数值型</td><td>返回当前表或指定工作区中打开的表的记录宽度</td></tr>
<tr><td>RLOCK([[<记录号列表>,]<工作区号或表别名>])</td><td>逻辑型</td><td>与 LOCK 函数相同</td></tr>
<tr><td>SEEK(<关键字表达式>[,<工作区号或表别名>[,<索引序号> | <独立索引文件名> | <索引标识>]])</td><td>逻辑型</td><td>在当前表或指定工作区中打开的表中按指定的索引查找索引关键字值与关键字表达式值匹配的记录，如果找到则返回.T.并将记录指针指向第一个匹配的记录</td></tr>
<tr><td>SELECT([0 | 1 | <表别名>])</td><td>数值型</td><td>SELECT(0)返回当前工作区号，SELECT(1)返回最大空闲工作区号。SELECT(<表别名>)返回指定表打开的工作区号</td></tr>
<tr><td>TYPE(<表达式>)</td><td>字符型</td><td>返回指定表达式的数据类型符</td></tr>
<tr><td>USED([<工作区号或表别名>])</td><td>逻辑型</td><td>返回当前工作区或指定工作区（含别名）是否有表打开</td></tr>
<tr><td colspan="3" align="center">数据类型转换函数</td></tr>
<tr><td align="center">函　数</td><td align="center">返回值类型</td><td align="center">功 能 说 明</td></tr>
<tr><td>BINTOC(<数值表达式>[,长度])</td><td>字符型</td><td>将指定数值转换为指定长度的二进制位串</td></tr>
<tr><td>CTOD(<字符串表达式>)</td><td>日期型</td><td>将日期形式的字符串转换为日期型数据</td></tr>
<tr><td>CTOT(<字符串表达式>)</td><td>日期时间型</td><td>将字符串表达式值转换为对应的日期时间值</td></tr>
<tr><td>DMY(<日期表达式> | <日期时间表达式>)</td><td>字符型</td><td>返回表达式的日期字符串，字符串格式：DD-MM-YY，如果 SET CENTURY ON，则年度输出为四位</td></tr>
<tr><td>DTOC(<日期表达式> | <日期时间表达式>[, 1])</td><td>字符型</td><td>将指定日期或日期时间转换为 MM/DD/YY 格式的字符串(选 1 选项则输出字符串内容格式为 YYYYMMDD)</td></tr>
<tr><td>DTOS(<日期表达式> | <日期时间表达式>)</td><td>字符型</td><td>将指定日期或日期时间转换为 YYYYMMDD 格式的字符串</td></tr>
<tr><td>DTOT(<日期表达式>)</td><td>日期型</td><td>将指定日期转换为日期时间</td></tr>
<tr><td>MDY(<日期表达式> | <日期时间表达式>)</td><td>字符型</td><td>返回表达式的日期字符串，字符串格式：MM-DD-YY，如果 SET CENTURY ON，则年度输出为四位</td></tr>
<tr><td>RGB(<红色分量值>,<绿色分量值>,<蓝色分量值>)</td><td>数值型</td><td>返回指定三原色分量对应的颜色值。每一个颜色分量的取值范围是 0～255，数值越大，相应的颜色越浓</td></tr>
</table>

续表

数据类型转换函数		
函　　数	返回值类型	功　能　说　明
STR(<数值表达式>,[<长度>,[<小数位数>]])	字符型	将指定数值表达式的值转换为指定长度，指定小数位数的字符串，结果不足以填满长度时高位用空格填充
TTOC(<日期时间表达式>[,1])	字符型	将指定的日期时间转换为 MM/DD/YY HH:MM:SS AM 形式的字符串（选1：YYYYMMDDHHMMSS，24 小时制）
TTOD(<日期时间表达式>)	日期型	将指定日期时间转换为日期
VAL(<字符串表达式>)	数值型	将指定字符串左端连续的有效数字位转换为对应的数值，没有有效数字位时返回 0

数值运算函数		
函　　数	返回值类型	功　能　说　明
ABS(<数值表达式>)	数值型	返回数值表达式的绝对值
ACOS(<数值表达式>)	数值型	返回指定数值表达式值的反余弦
ASIN(<数值表达式>)	数值型	返回指定数值表达式值的反正弦
ATAN(<数值表达式>)	数值型	返回指定数值表达式值的反正切
CEILING(<数值表达式>)	数值型	返回大于或等于指定数值表达式值的最小整数
COS(<弧度值>)	数值型	返回指定数值表达式值的余弦值
DTOR(<度数值>)	数值型	返回与指定度数值对应的弧度值
EXP(<数值表达式>)	数值型	返回 e 的指定次幂
FLOOR(<数值表达式>)	数值型	返回小于或等于指定数值表达式值的最大整数
INT(<数值表达式>)	数值型	返回数值表达式结果的整数部分
LOG(<数值表达式>)	数值型	返回指定数值的自然对数
LOG10(<数值表达式>)	数值型	返回指定数值的以 10 为底的对数
MAX(<同类型表达式序列>)	表达式类型	返回表达式序列中值最大者
MIN(<同类型表达式序列>)	表达式类型	返回表达式序列中值最小者
MOD(<数值表达式 1>,<数值表达式 2>)	数值型	返回表达式 1 对表达式 2 的模，即表达式 1 除以表达式 2 的余数。数值表达式必须是整型的
PI()	数值型	返回圆周率值，精度取决于 SET DECIMAL 设置
RAND()	数值型	返回一个 (0,1) 区间内的随机小数，精度取决于 SET DECIMAL 设置
ROUND(<数值表达式>,<舍入位置>)	数值型	对数值表达式结果按指定位置（正数——小数点后位数，0——个位，负数——个位前位数）下一位四舍五入
RTOD(<数值表达式>)	数值型	返回与指定弧度数值对应的度数值
SIGN()	数值型	返回表达式运算结果的符号（负数–1，零 0，正数 1）
SIN(<数值表达式>)	数值型	返回指定数值表达式值的正弦值
SQRT(<数值表达式>)	数值型	返回表达式运算结果的平方根

字符串处理函数		
函　　数	返回值类型	功　能　说　明
ALLTRIM(<字符表达式>)	字符型	去掉字符串首尾的连续空格
ASC(<字符表达式>)	数值性	返回字符表达式结果中首字符的 ASCII 码值
AT(<字符串 1>,<字符串 2>[,<次数>])	数值型	返回字符串 1 在字符串 2 中出现指定次数（区分大小写）时的位置，省略次数时等效于 1

字符串处理函数

函　数	返回值类型	功 能 说 明
ATC(<字符串 1>,<字符串 2>[,<次数>])	数值型	功能与 AT()函数相同，但不区分大小写
CHR(<数值表达式>)	字符型	返回机器码值与给定数值表达式结果值相等的代码所对应的字符（0-255 ASCII，33088 及以上为汉字和全角字符，无对应字符时产生错误信息）
CHRTRAN(<字符串表达式 1>,<字符串表达式 2>,<字符串表达式 3>)	字符型	返回将字符串 1 中出现的在字符串 2 中某一位置指定的字符用字符串 3 中对应位置字符替换后的结果，无对应位置字符时，用空字符替换
LEFT(<字符表达式>,<长度>)	字符型	返回从指定字符表达式的左端截取指定个数（长度）字符的字符串。全角字符长度为 2
LEFTC(<字符表达式>,<长度>)	字符型	功能与 LEFT 函数相同，全角字符长度为 1
LEN(<字符表达式>)	数值型	返回字符串长度。全角字符长度为 2
LENC(<字符表达式>)	数值型	返回字符串长度。全角字符长度为 1
LOWER(<字符表达式>)	字符型	返回将字符表达式中大写字母转换成小写字母后的结果
LTRIM(<字符表达式>)	字符型	返回去掉字符串首部连续空格后的结果串
OCCURS(<字符串表达式 1>,<字符串表达式 2>)	数值型	返回字符串 1 在字符串 2 中出现的次数，区分大小写
REPLICATE(<字符串表达式>,<重复次数>)	字符型	返回指定字符串连续重复连接指定次数后的字符串
RIGHT(<字符表达式>,<数值表达式>)	字符型	返回从指定字符表达式的右端截取指定个数（长度）字符的字符串。全角字符长度为 2
RIGHTC(<字符表达式>,<数值表达式>)	字符型	功能与 RIGHT 函数相同，全角字符长度为 1
RTRIM(<字符表达式>)	字符型	返回去掉字符串尾部连续空格后的结果
SPACE(<数值表达式>)	字符型	返回包含与数值表达式值相同数目空格符的字符串
STUFF(<字符串表达式 1>,<起始位置>,<长度>,<字符串表达式 2>)	字符型	返回用字符串 2 替换字符串 1 中从指定位置开始的指定长度子串后的结果。全角字符长度为 2
STUFFC(<字符串表达式 1>,<起始位置>,<长度>,<字符串表达式 2>)	字符型	功能与 STUFF 函数相同，全角字符长度为 1
SUBSTR(<字符表达式>,<起始位置>,<长度>)	字符型	返回字符串表达式结果从起始位置开始、指定长度的子串。全角字符长度为 2
SUBSTRC(<字符表达式>,<起始位置>,<长度>)	字符型	功能与 SUBSTR 函数相同，全角字符长度为 1
TRIM(<字符表达式>)	字符型	功能与 RTRIM 函数完全相同
UPPER(<字符表达式>)	字符型	返回将字符表达式中小写字母转换成大写字母后的结果

日期时间处理函数

函　数	返回值类型	功 能 说 明
CDOW(<日期表达式>)	字符型	返回星期几的英文名(字符串)
CMONTH(<日期表达式> | <日期时间表达式>)	字符型	返回日期或日期时间值对应的英文月份字符串
DATE([<年度数值>,<月份数值>,<日数值>])	日期型	返回当前系统日期（无参数）或返回与指定年、月、日数值对应的日期值
DATETIME([<年度数值>,<月份数值>,<日数值>[时数[,分数[,秒数]]]])	日期时间型	返回当前系统日期时间（无参数）或返回与指定年、月、日、时、分、秒数值对应的日期时间值
DAY(<日期表达式>|<日期时间表达式>)	数值型	返回日期中的日的数值
DOW(<日期表达式>|<日期时间表达式>)	数值型	返回指定日期用数值表示的星期值（1-日，2-一…）
HOUR(<日期时间表达式>)	数值型	返回指定日期时间中的小时数

续表

日期时间处理函数		
函 数	返回值类型	功 能 说 明
MINUTE(<日期时间表达式>)	数值型	返回指定日期时间中的分钟数
MONTH(<日期表达式>|<日期时间表达式>)	数值型	返回指定日期中的月的数值
SEC(<日期时间表达式>)	数值型	返回指定日期时间中的秒数
SECONDS()	数值型	返回自 0 时起经过的秒数
TIME()	字符型	返回 24 小时制的当前系统时间字符串（hh:mm:ss）
YEAR(<日期表达式>|<日期时间表达式>)	数值型	返回指定日期中的年度数值
ACOPY(<源数组>,<目标数组>)	数值型	将源数组复制到目标数组中，返回复制的元素个数
ADIR(<数组名>[,<文件通配符>])	数值型	将指定类型文件信息保存到指定数组中，返回文件数
AFIELDS(<数组名>[,<工作区号或表别名>])	数值型	将当前表或指定工作区中打开的表的字段结构信息保存到指定数组中并返回表的字段数
ALEN(<数组名> [, 0|1|2])	数值型	返回数组中元素的个数（无第 2 个参数或第 2 个参数为 0）、行数（第 2 个参数为 1）或者列数（第 2 个参数为 2）
ASORT(<数组名>[,<起始元素序号>[,<排序元素个数>[,<排序顺序>]]])	数值型	对指定数组从指定元素（缺省为 1）开始的指定数目（缺省为所有后续元素）的数组元素按指定排序顺序（省略或 1 表示升序，非零值表示降序）排序，返回 1 表示成功，返回-1 表示失败
其 他 函 数		
函 数	返回值类型	功 能 说 明
MESSAGEBOX(<提示字符串>,[<对话框类型>[,<标题字符串>]])	数值型	显示一个指定标题、提示信息和类型的提示对话框并返回用户选择的按钮编号，详细说明请参阅 2.1.3 节
REFRESH([<记录数>[,<偏移值>]] [, <工作区号或表别名>])	数值型	对视图（当前或指定工作区中打开的视图）从当前记录向前指定记录（偏移值指定，缺省为 0）开始连续更新指定个数（缺省为 1，为 0 时不更新记录）的记录。返回值为更新的记录个数
SQLCANCEL(<活动连接号>)	数值型	撤消指定活动连接上正在执行的 SQL 语句，成功则返回 1，发生连接错误则返回-1，发生环境错误则返回-2
SQLCOMMIT(<连接号>)	数值型	提交指定连接上的事务，成功则返回 1，否则返回-1
SQLCONNECT([<数据源名(DSN)>,<用户名>,<口令>|<已命名连接名>])	数值型	按指定数据源名、用户名和口令（或命名连接）建立到指定数据源的连接，返回值大于零的连接号表示成功
SQLDISCONNECT(<连接号>)	数值型	断开指定（参数为 0 表示所有连接）连接。返回 1 表示操作成功。发生连接错误返回-1，发生环境错误返回-2
SQLEXEC(<连接号>[,<SQL 命令字符串>[,<临时表名>]])	数值型	向指定连接数据源发送执行指定的 SQL 命令，执行结果被保存到指定临时表（缺省为 SQLRESULT）中。返回 1 表示成功，返回-1 表示失败。缺省 SQL 命令时，须先通过 SQLPREPARE 函数设置 SQL 命令
SQLPREPARE(<连接>,<SQL 命令字符串>,[<临时表名>])	数值型	为 SQLEXEC 函数准备待执行的 SQL 命令。缺省临时表为 SQLRESULT。返回 1 表示执行成功
SQLROLLBACK(<连接号>)	数值型	撤消指定连接上正在执行的事务并恢复到初始状态
SYS(5)	字符型	返回默认（缺省）驱动器
SYS(17)	字符型	返回计算机系统 CPU 类型字符串
SYS(2003)	字符型	返回缺省驱动器上的当前目录路径字符串
SYS(2020)	字符型	返回缺省磁盘驱动器的磁盘空间大小（字节数）
TABLEREVERT([.T. | .F. [,<工作区号或表别名>]])	数值型	撤消对当前表或指定工作区中打开的表的当前行（第一个参数选.F.或表打开方式为行缓冲）更新或所有行更新（第一个参数选.T.且表打开方式为表缓冲）并恢复 OLDVAL()值。返回撤消更新的记录数

函　　数	返回值类型	功　能　说　明
其 他 函 数		
TABLEUPDATE([<行数>[,<覆盖方式>]] [,<工作区号或表别名>] [,<错误信息数组>])	逻辑型	提交对行缓冲或表缓冲的表或视图（在当前工作区或指定工作区打开）的更新。行数为 0（缺省值）或.F.时只更新当前记录，行数为 1 且为表缓冲时更新所有修改记录，行数为 1 或.T.且为行缓冲时只更新当前记录。覆盖方式为.T.时，修改结果将覆盖网络上其他用户的修改结果，为.F.时，如果其他用户修改了相关记录则会产生错误。可以通过指定的错误信息数组获得错误信息

附录 3　ASC Ⅱ 编码表

控制字符				可打印字符								
十进制编码	十六进制编码	代码	说明	十进制编码	十六进制编码	字符	十进制编码	十六进制编码	字符	十进制编码	十六进制编码	字符
0	0	NUL	空值（NULL）	32	20	空格	64	40	@	96	60	`
1	1	SOH	头标开始	33	21	!	65	41	A	97	61	a
2	2	STX	正文开始	34	22	"	66	42	B	98	62	b
3	3	ETX	正文结束	35	23	#	67	43	C	99	63	c
4	4	EOT	传输结束	36	24	$	68	44	D	100	64	d
5	5	ENQ	查询	37	25	%	69	45	E	101	65	e
6	6	ACK	确认	38	26	&	70	46	F	102	66	f
7	7	BEL	震铃	39	27	'	71	47	G	103	67	g
8	8	BS	退格	40	28	(	72	48	H	104	68	h
9	9	TAB	水平制表符	41	29	)	73	49	I	105	69	i
10	A	LF	换行/新行	42	2A	*	74	4A	J	106	6A	j
11	B	VT	竖直制表符	43	2B	+	75	4B	K	107	6B	k
12	C	FF	换页/新页	44	2C	,	76	4C	L	108	6C	l
13	D	CR	回车	45	2D	-	77	4D	M	109	6D	m
14	E	SO	移出	46	2E	.	78	4E	N	110	6E	n
15	F	SI	移入	47	2F	/	79	4F	O	111	6F	o
16	10	DLE	数据链路转意	48	30	0	80	50	P	112	70	p
17	11	DC1	设备控制 1	49	31	1	81	51	Q	113	71	q
18	12	DC2	设备控制 2	50	32	2	82	52	R	114	72	r
19	13	DC3	设备控制 3	51	33	3	83	53	S	115	73	s
20	14	DC4	设备控制 4	52	34	4	84	54	T	116	74	t
21	15	NAK	反确认	53	35	5	85	55	U	117	75	u
22	16	SYN	同步空闲	54	36	6	86	56	V	118	76	v
23	17	ETB	传输块结束	55	37	7	87	57	W	119	77	w
24	18	CAN	取消（Cancel）	56	38	8	88	58	X	120	78	x
25	19	EM	媒体结束	57	39	9	89	59	Y	121	79	y
26	1A	SUB	替换	58	3A	:	90	5A	Z	122	7A	z
27	1B	ESC	转意（Escape）	59	3B	;	91	5B	[	123	7B	{
28	1C	FS	文件分隔符	60	3C	<	92	5C	\	124	7C	|
29	1D	GS	组分隔符	61	3D	=	93	5D	]	125	7D	}
30	1E	RS	记录分隔符	62	3E	>	94	5E	^	126	7E	~
31	1F	US	单元分隔符	63	3F	?	95	5F	_	127	7F	DEL

附录4　计算机二级等级考试说明

1. 等级考试

全国计算机等级考试（National Computer Rank Examination，简称 NCRE），是由教育部考试中心主办，面向社会，用于考查应试人员计算机应用知识与技能的全国性计算机水平考试体系。

NCRE 考试分四级：

一级：考核微型计算机基础知识和使用办公软件及因特网（Internet）的基本技能。考试科目：一级 MS Office、一级 WPS Office 等。

二级：考核计算机基础知识和使用一种程序设计语言编写及调试程序的基本技能。考试科目：语言程序设计（包括 C、C++、Java、Visual Basic、Delphi 等）、数据库程序设计（包括 Visual FoxPro、Access 等）。

三级：分为"PC 技术"、"信息管理技术"、"数据库技术"和"网络技术"四个类别。"PC技术"考核 PC 机硬件组成和 Windows 操作系统的基础知识以及 PC 机使用、管理、维护和应用开发的基本技能；"信息管理技术"考核计算机信息管理应用基础知识及管理信息系统项目和办公自动化系统项目开发、维护的基本技能；"数据库技术"考核数据库系统基础知识及数据库应用系统项目开发和维护的基本技能；"网络技术"考核计算机网络基础知识及计算机网络应用系统开发和管理的基本技能。

四级：考核计算机专业基本知识以及计算机应用项目的分析设计、组织实施的基本技能。

NCRE 考试采用全国统一命题，统一考试的形式。除一级各科全部采用上机考试外，其他各级别均采用笔试和上机操作考试相结合的形式。

① 笔试时间：二级均为90分钟；三级、四级为120分钟；计算机职业英语一级考试为90分钟。

② 上机考试时间：一级、二级均为90分钟，三级60分钟。

NCRE 考试每年开考两次，上半年开考一、二、三级，下半年开考一、二、三、四级。上半年考试时间为四月第二个星期六上午，下半年考试时间为九月倒数第二个星期六上午，上机考试从笔试当天下午开始（一级从上午开始）。上机考试期限定为五天，由考点根据考生数量和设备情况具体安排。

考生不受年龄、职业、学历等背景的限制，任何人均可根据自己学习和使用计算机的实际情况，选考不同等级的考试。每次考试报名的具体时间由各省（自治区、直辖市）级承办机构规定。考生按照有关规定到就近考点报名。上次考试的笔试和上机考试仅其中一项成绩合格的，下次考试报名时应出具上次考试成绩单，成绩合格项可以免考，只参加未通过项的考试。

NCRE 考试笔试、上机考试实行百分制计分，但以等级分数通知考生成绩。等级分数分为"不及格"、"及格"、"良好"、"优秀"四等。笔试和上机考试成绩均在"及格"以上者，由教育部考试中心发合格证书。笔试和上机考试成绩均为"优秀"的，合格证书上会注明"优秀"字样。

全国计算机等级考试合格证书式样按国际通行证书式样设计，用中、英两种文字书写，证书编号全国统一，证书上印有持有人身份证号码。该证书全国通用，是持有人计算机应用能力的证明。

2．二级 Visual FoxPro 试卷说明

笔试试卷包括两部分：

- 公共基础知识占总分 30%；
- Visual FoxPro 应用占总分 70%。

笔试试卷题型基本有两种：选择题和填空题，前者一般占总分 70%（35 题，每题 2 分），后者占总分 30%（15 空，每空 2 分）。

上机试卷包括三部分：

- 基本操作题占总分 30%；
- 简单应用题占总分 40%；
- 综合应用题占总分 30%。

基本操作题一般包含建立项目、数据库、表、报表、简单表单、简单 SQL 操作等内容。简单应用题一般包含表单界面设计、报表设计、SQL 应用等内容。综合应用题一般包含表单完整设计（含控件及脚本代码）、报表设计等内容。

3．公共基础知识内容说明

公共基础知识考试的基本要求如下：

（1）掌握算法的基本概念；

（2）掌握基本数据结构及其操作；

（3）掌握基本排序和查找算法；

（4）掌握逐步求精的结构化程序设计方法；

（5）掌握软件工程的基本方法，具有初步应用相关技术进行软件开发的能力；

（6）掌握数据库的基本知识，了解关系数据库的设计。

公共基础知识有 10 道选择题和 5 道填空题共三十分。内容包括四部分：基本数据结构与算法，程序设计基础，软件工程基础，数据库设计基础。

基本数据结构与算法部分包括以下内容：

（1）算法的基本概念；算法复杂度的概念和意义（时间复杂度与空间复杂度）；

（2）数据结构的定义；数据的逻辑结构与存储结构；数据结构的图形表示；线性结构与非线性结构的概念；

（3）线性表的定义；线性表的顺序存储结构及其插入与删除运算；

（4）栈和队列的定义；栈和队列的顺序存储结构及其基本运算；

（5）线性单链表、双向链表与循环链表的结构及其基本运算；

（6）树的基本概念；二叉树的定义及其存储结构；二叉树的前序、中序和后序遍历；

（7）顺序查找与二分法查找算法；基本排序算法（交换类排序，选择类排序，插入类排序）。

程序设计基础部分包括以下内容：

（1）程序设计方法与风格；

（2）结构化程序设计；

（3）面向对象的程序设计方法，对象，方法，属性及继承与多态性。

软件工程基础部分包括以下内容：

（1）软件工程基本概念，软件生命周期概念，软件工具与软件开发环境；

（2）结构化分析方法，数据流图，数据字典，软件需求规格说明书；

（3）结构化设计方法，总体设计与详细设计；

（4）软件测试的方法，白盒测试与黑盒测试，测试用例设计，软件测试的实施，单元测试、集成测试和系统测试；

（5）程序的调试，静态调试与动态调试。

数据库设计基础部分包括以下内容：

（1）数据库的基本概念：数据库，数据库管理系统，数据库系统；

（2）数据模型，实体联系模型及 E-R 图，从 E-R 图导出关系数据模型；

（3）关系代数运算，包括集合运算及选择、投影、连接运算，数据库规范化理论；

（4）数据库设计方法和步骤：需求分析、概念设计、逻辑设计和物理设计的相关策略。

4．Visual FoxPro 应用内容说明

Visual FoxPro 应用考试内容包括：Visual FoxPro 基础知识，Visual FoxPro 数据库的基本操作，SQL 语言、项目管理器、设计器和向导的使用，Visual FoxPro 程序设计。

Visual FoxPro 基础知识部分包括以下内容：

1）数据库基本概念、数据模型、数据库管理系统、类和对象、事件、方法

2）关系数据库

（1）关系数据库：关系模型、关系模式、关系、元组、属性、域、主关键字和外部关键字；

（2）关系运算：选择、投影、联接；

（3）数据的一致性和完整性：实体完整性、域完整性、参照完整性。

3）Visual FoxPro 系统特点与工作方式

（1）WINDOWS 版本数据库的特点；

（2）数据类型和主要文件类型；

（3）各种设计器和向导；

（4）工作方式：交互方式（命令方式、可视化操作）和程序运行方式。

4）Visual FoxPro 的基本数据元素

（1）常量、变量、表达式；

（2）常用函数：字符处理函数、数值计算函数、日期时间函数、数据类型转换函数、测试函数。

Visual FoxPro 数据库的基本操作部分包括以下内容：

1）数据库和表的建立、修改与有效性检验

（1）表结构的建立与修改；

（2）表记录的浏览、增加、删除与修改；

（3）创建数据库，向数据库添加或从数据库删除表；

（4）设定字段级规则和记录规则；

（5）表的索引：主索引、候选索引、普通索引、唯一索引。

2）多表操作

（1）选择工作区；

（2）建立表之间的关联：一对一的关联；一对多的关联；

（3）设置参照完整性；

（4）表的联接 JOIN：内部联接；外部联接：左联接、右联接、完全联接；

（5）建立表间临时关联。

3）建立视图与数据查询

（1）查询文件的建立、执行与修改；

（2）视图文件的建立、查看与修改；

（3）建立多表查询。

SQL 语言部分包括以下内容：

1）SQL 的数据定义功能

（1）CREATE–SQL；

（2）ALTER–SQL。

2）SQL 的数据修改功能

（1）DELETE–SQL；

（2）INSERT–SQL；

（3）UPDATE–SQL。

3）SQL 的数据查询功能

（1）简单查询；

（2）嵌套查询；

（3）联接查询；

（4）分组与计算查询；

（5）集合的并运算。

项目管理器、设计器和向导的使用部分包括以下内容：

1）使用项目管理器

（1）使用"数据"选项卡；

（2）使用"文档"选项卡。

2）使用表单设计器

（1）在表单中加入和修改控件对象；

（2）设定数据环境。

3）使用菜单设计器

（1）建立菜单栏；

（2）设计子菜单；

（3）设定菜单选项程序代码。

4）使用报表设计器

（1）生成快速报表；

（2）修改报表布局；

（3）设计分组报表；

（4）设计多栏报表。

5）使用应用程序向导

Visual FoxPro 程序设计部分包括以下内容：

1）命令文件的建立与执行

（1）程序文件的建立；

（2）简单的交互式输入输出命令；

（3）应用程序的调试与执行。

2）结构化程序设计

（1）顺序结构程序设计；

（2）选择结构程序设计；

（3）循环结构程序设计。

3）过程与过程调用

（1）子程序设计与调用；

（2）过程与过程文件；

（3）局部变量和全局变量、过程调用中的参数传递。

参考文献

[1] 萨师煊，王珊著. 数据库系统概论. 第 3 版. 北京：高等教育出版社，2000.

[2] 杨绍增主编. 中文 Visual FoxPro 应用系统开发教程. 北京：清华大学出版社，2006.

[3] 李雁翎编. Visual FoxPro 应用基础与面向对象程序设计教程. 第 2 版. 北京：高等教育出版社，2002.

[4] 黄洪强主编. Visual FoxPro 程序设计. 武汉：华中师范大学出版社，2004.

[5] 余文芳主编. Visual FoxPro 程序设计教程. 北京：人民邮电出版社，2004.

[6] 李春葆编著. Visual FoxPro 程序设计. 北京：清华大学出版社，2005.

[7] 郑阿奇主编. Visual FoxPro 实用教程. 北京：电子工业出版社，2004.

[8] 徐尔贵，富莹伦编著. Visual FoxPro 6.0 面向对象数据库教程. 北京：电子工业出版社，2003.

[9] 刘甫迎，党晋蓉编著. Visual FoxPro 面向对象程序设计. 北京：清华大学出版社，2004.

[10] 吴迪，曲蒙编著. Visual FoxPro 6.0 程序设计指南. 北京：清华大学出版社，1999.

[11] 张海藩编著. 软件工程. 北京：人民邮电出版社，2002.

[12] 孙家广主编. 软件工程-理论、方法与实践. 北京：高等教育出版社，2005.

[13] 鲍永刚等编著. SQL 语言及其在关系数据库中的应用. 北京：科学出版社，2007.

[14] 中国教育考试网（http://www.neea.edu.cn/zsks）.

丛书书目

计算机基础实践教程（单天德）

计算机应用技术（王明）

C语言程序设计（孙锋）

数据结构（C语言描述）（李素若）

C＋＋面向对象程序设计（李素若）

汇编语言案例教程（张开成）

Java程序设计案例教程（刘丽华）

Java面向对象程序设计（李素若）

Java Web应用开发（汤鸣红）

Visual FoxPro程序设计教程（鲍永刚）

Delphi 2005程序设计实用教程（何定华）

SQL Server 2000数据库实用教程（付兴宏）

ASP动态网页设计（李素若）

Photoshop图像处理技术（刘元生）

Illustrator 图形处理技术（刘元生）

Photoshop艺术设计案例教程（杨成伟）

电脑组装与维护（刘卿）

计算机硬件维修实训教程（孙承庭）

本书特色

1. 针对性强。本教材的内容设计充分考虑了目前普通高校非计算机专业学生的特点，教材内容围绕可视化程序设计展开，循序渐进，通俗易懂。

2. 注重应用。本教材不偏重概念的讲解，主要介绍可视化程序设计中经常使用的基本命令（含SQL命令）和Viusal FoxPro对象；命令讲解不深究完整的语法，主要从应用的角度讲解命令的典型语法结构，详细语法结构在附录中给出。

3. 适合自学。本教材的内容安排具有很强的连贯性，同时附有大量的例题和习题，还免费提供配套的学习材料，有利于读者自学。

ISBN 978-7-122-04100-5

9 787122 041005 >

www.cip.com.cn
读科技图书 上化工社网

销售分类建议：计算机

定价：29.00元

主编　黄志东　杨改蓉

DAXUE WULI JI SHIYAN

大学物理及实验

西南交通大学 出版社
Http://press.swjtu.edu.cn